·浙江大学哲学文存·

THESES ON
CHINESE LEISURE AESTHETICS

□ 潘立勇/著

中国休闲美学论纲

中国社会科学出版社

图书在版编目（CIP）数据

中国休闲美学论纲/潘立勇著.—北京：中国社会科学出版社，2022.2
（浙江大学哲学文存）
ISBN 978-7-5203-9150-4

Ⅰ.①中⋯ Ⅱ.①潘⋯ Ⅲ.①闲暇社会学—美学—研究—中国
Ⅳ.①B834.4

中国版本图书馆CIP数据核字（2021）第187390号

出 版 人	赵剑英
责任编辑	朱华彬
责任校对	谢　静
责任印制	张雪娇

出　　版	中国社会科学出版社
社　　址	北京鼓楼西大街甲158号
邮　　编	100720
网　　址	http://www.csspw.cn
发 行 部	010-84083685
门 市 部	010-84029450
经　　销	新华书店及其他书店
印刷装订	北京市十月印刷有限公司
版　　次	2022年2月第1版
印　　次	2022年2月第1次印刷
开　　本	710×1000　1/16
印　　张	25.5
插　　页	2
字　　数	329千字
定　　价	158.00元

凡购买中国社会科学出版社图书，如有质量问题请与本社营销中心联系调换
电话：010-84083683
版权所有　侵权必究

目 录

代序　当代中国休闲文化的美学研究和理论建构……………（1）

上篇　传统中国休闲审美的理论智慧、生存境界和话语体系

第一章　传统中国休闲审美的理路和走向……………（23）
第一节　传统中国休闲审美哲学的内在理路…………（23）
第二节　传统中国休闲文化的繁荣与美学转向………（39）

第二章　传统中国休闲审美的生存境界………………（67）
第一节　宋代休闲审美的人生哲学和境界……………（67）
第二节　宋代士人日常生活的休闲审美风范和旨趣………（77）
第三节　阳明心学的休闲审美智慧与境界……………（98）

第三章　传统中国休闲审美的话语体系………………（120）
第一节　儒家休闲审美的话语与体系…………………（121）
第二节　道家休闲审美的话语与体系…………………（142）
第三节　佛家休闲审美的话语与体系…………………（155）

下篇　当代中国休闲审美的社会实践、思维张力和理论构建

第四章　当代中国休闲审美的社会实践……………………（171）
　第一节　存在与栖居的休闲审美观照………………………（171）
　第二节　休闲产业的人本内涵与价值实现…………………（181）
　第三节　"微时代"的休闲反思………………………………（198）

第五章　当代中国休闲审美的思维张力……………………（214）
　第一节　休闲与美育…………………………………………（215）
　第二节　休闲教育与创意思维………………………………（228）
　第三节　休闲、审美与文化创意……………………………（240）

第六章　当代中国休闲美学的脉络和需求…………………（257）
　第一节　民国时期的休闲教育与审美教育理论建构………（258）
　第二节　从现代人生论美学到当代生活美学………………（269）
　第三节　走向休闲——中国当代美学不可或缺的
　　　　　现实指向……………………………………………（287）
　第四节　休闲美学构建的社会文化基础与
　　　　　吁求……………………………………………………（294）

第七章　当代中国休闲美学的理论构建……………………（307）
　第一节　当代中国休闲美学构建的语境……………………（308）
　第二节　休闲美学的身体感官机制…………………………（327）
　第三节　休闲美学的理论品格………………………………（340）

余论　休闲与审美的人生境界 …………………………………（354）

主要参考文献 …………………………………………………（371）

索　引 …………………………………………………………（386）

后　记 …………………………………………………………（396）

代　序

当代中国休闲文化的美学研究和理论建构[*]

　　鉴于当代中国休闲文化及其美学研究的现状和问题，如何使休闲真正重返人性自我创造、自我完善的本质，学会聪明地休闲、把握生存的审美境界，深入发掘和弘扬中国休闲的民族传统和精神智慧，建立当代休闲文化及理论的中国特色和中国话语，是休闲学研究的当务之急。美学如何走出传统的抽象领域和艺术中心论，走进当代社会大众丰富多彩的日常生活审美领域，更积极主动地适应社会发展的现实需求，使之具有更多的现实性品格，更切实地发挥应有的社会文化功能，让美学从纯粹的"观听之学"成为生动的"身心之学"，是美学研究的当务之急。美学提升休闲，引导当代健康的休闲文化；休闲文化丰富美学，推动审美切入人本生存，使美学拥有更多的现实话语和功能。两者相得益彰，共同提升国民的生活品质，助益实现美丽和谐的"中国梦"，这也就是相关人文学科学者的使命所在。因此，通过当代休闲文化的美学研究，提升当代生活品质，具有重要的理论意义和现实价值。走向休闲、深入休闲、引导休闲文化是当代中国美学不可或缺的现实指向，休闲美学

---

[*] 该序为本书的主干与逻辑构成；原刊于《社会科学辑刊》2015 年第 2 期，《新华文摘》2015 年第 16 期、人大复印报刊资料《美学》2015 年第 6 期全文转载，修改了个别文字。

应当为当代中国美学文库的重要、必要组成部分,深入系统地构建当代中国休闲美学已是历史和现实的必然要求。

一 审美与休闲

十多年前,笔者曾撰文提出:休闲与审美之间有着内在的必然关系。从根本上说,所谓休闲,就是人的自在生命及其自由体验状态,自在、自由、自得是其最基本的特征,休闲的这种基本特征也正是审美活动最本质的规定性。可以说,审美是休闲的最高层次和最主要方式。我们要深入把握休闲文化的本质特点,揭示休闲的内在境界,就必须从审美的角度进行思考;而要让审美活动更深层次地切入人的实际生存,充分显示审美的人本和现实价值,也必须从休闲的境界内在地把握。前者是生存境界的审美化,后者是审美境界的生活化。休闲与审美作为人的理想生存状态,其本质正在于自在生命的自由体验。[①]

休闲的根本内涵和最高境界就是生存境界的审美化。休闲的根本价值不在于生存实用,而在于精神的体验,它使人在精神的自由体验中历经审美的、道德的、创造的、超越的感觉方式,呈现自律性与他律性、功利性与超功利性、合规律性与合目的性的高度统一,从而使人进入一种自在自由的生命状态和从容自得的人生境界。

休闲意蕴古已有之。从古汉语字义上考察,"休"含吉庆、美善、福禄的意蕴;"闲",通常引申为范围,多指道德法度,"闲"通"娴",具有娴静、纯洁与安宁的意思。"休闲"的词义组合,表明其含有特定的文化内涵,它不同于一般的"闲暇""空闲""消闲",而是生命状态"从心所欲不逾矩"的自由自在与超越自

---

① 潘立勇:《审美与休闲——自在生命的自由体验》,《浙江大学学报》(人文社会科学版) 2005 年第 6 期。

得。"人倚木而休",这个颇具人文哲学意味的象喻,表达了人类生存过程中劳作与休憩的辩证关系,又喻示着物质生命活动之外的精神生命活动,使精神的休整和身体的颐养得以充分地进行,使人与自然浑然一体,使人的自由创造与世界的对象化欣赏浑然无间,从而赋予生命以真、善、美的价值。"休"的意义非凡,正缘于"休",人类的精神活动(体验和创造)才得以展开,艺术、审美、哲学及其他人文意识和理论才可能建构。

在西文词义学的考证中,也可以看到相似的暗喻。英文"leisure"源于法语,法语又源于希腊语的"skole"和拉丁语的"scola",意为休闲和教育;在闲暇中通过娱乐而提高文化水平和生存境界,发展到"leisure"时,休闲和消遣的因素退隐,"必要劳动之余的自我发展"之意显现。在此,人的"自由""自觉"的本性充分体现,人不仅按其类的固有尺度生存,也按"美的规律"生活。休闲与人的全面发展及社会的理想状态密切相关,而这种理想状态本质上与审美境界相通。

二 现状与研究

休闲文化的发展在我国已经有很悠久的历史,至少在宋代,休闲文化已经相当繁荣,无论是皇室、士大夫还是普通百姓,从"宫廷奢雅"到"壶中天地"至"瓦肆风韵",休闲情趣已蔚然成风。当今中国,休闲社会已普遍呈现。随着我国国民经济的发展、国民收入的提高、国人自由支配时间的日益充裕,休闲已成为我国居民一种新的追求,一种崭新的生活方式;休闲将对社会的全面发展与进步,对人类自身的健康发展,显示出越来越重要的作用。人类对社会"进步"的看法正在发生根本的变化。传统意义上的社会进步往往意味着物质生活水平的不断提高,今天,社会进步越来越意味着不断地增加休闲时间,以提高生活境界,即以一种更为健康的方式生存，这就是通过休闲解除身心疲惫，发展爱好、挖掘潜能，充实人生内容、提高人生品位，从中体会自己在自然、社会各种关系中的和谐与畅达。如何学会聪明地休闲、把握生存的休闲境界，正是建设和谐社会、实现"中国梦"的重要精神基础。总之，休闲将愈益成为人们的日常理想生存状态与方式，休闲理论的研究和休闲学科的构建已成为我国哲学社会科学回应社会需求必须面对的世纪性课题。

然而，中国当代的休闲研究起步较迟，休闲文化的美学研究更有隔靴搔痒之憾，尚远未发挥其应有的人文社会功能。当代中国休闲与审美的研究，就研究阶段与学术动态而言，可分为四个阶段，[①] 80年代中至90年代中期为第一阶段，可谓萌芽与探索期。于光远先生率先提出"玩是人的根本需求"，开启当代中国休闲文化研究，王雅琳等学者呼应之，该阶段相关论文不足百篇，内容大抵是对西方休闲理论的初步介绍和探讨。1995年至2000年为第二阶段，可谓发展译介期。随着"黄金周"假期实施，休闲现实地进入国民生活。学界开始普遍关注休闲问题，杜书瀛（《消闲与文化和审美》）、罗筠筠（《休闲娱乐与审美文化》）等学者率先将休闲与审美联系起来探讨，庄志民、章海荣、卢善庆等学者在国人休闲的最现实和主要领域开启"旅游美学"研究，成思危、马惠娣则开始系统译介西方休闲理论，标志为"西方休闲研究译丛"出版，该阶段相关论文升至千余篇。2001至2005年为第三阶段，可谓开始专门化期。更多学者关注和从事休闲与审美研究，吕尚彬等编著的《休闲美学》出版，首次使用了"休闲美学"这一专有名词，而笔者《休闲与审美：自在生命的自由体验》等论文则直接揭示了审美与休闲的内在关系；该阶段研究深入到中西方比较和对传统休闲智慧

---

① 章辉：《中国当代休闲美学研究综述》，《美与时代》2011年第8期。

的深入探讨，相关论文出现数千篇。2006至现在是第四阶段，可谓深入和实施期。不但理论研究不断深入，成果日益丰富，休闲理念迅速推广，而且在现实生活中，休闲日益成为人们新的生活方式，休闲产业成为新的经济增长点，休闲教育蔚然成势；以提出"休闲改变人类生活"口号的杭州"世界休闲产业博览会"为标志的2006年被学者称为中国休闲发展"元年"；浙江大学亚太休闲教育研究中心和中国自然辩证法研究会休闲哲学专业委员会等的出现标志着中国休闲高等专门研究机构的建立，浙江大学休闲学硕博学科点建立则标志着中国休闲教育的学科化和专门化。就美学研究而言，中国当代美学大体经历了从本质论、认知论，向语言论、生存论乃至生态论的转化，新世纪美学的生活论指向更为突出，美学应该关注当下的生存环境和方式成为学界的共识，休闲美学研究初见端倪。

当代中国休闲文化发展及其美学研究存在的主要问题是：在理论领域，存在"言必称希腊"的现象，西方休闲文化及理论呈现扩大、渗透的文化殖民倾向，中国休闲话语权严重不足；同时不少理论研究流于空洞和雷同，对休闲的关注度增强但理论还不够深入，原创性不足、领域开拓不足、实践深入不足；美学等人文学科尚未在休闲文化领域发挥其深入、全面的引导和提升的现实人文功能，"日常生活的审美化"等话题尚未能深入切实地与当下生存内在契合；审美与休闲的内在关系，其对和谐社会生活品质和生存境界的人本意义还缺乏深入的研究和系统的梳理，休闲美学尚未原创性地、系统深入地建构，已出的编著大体还是处于现象的描述层面，审美与休闲的内在关系，其对和谐社会生活品质和生存境界的人本意义还缺乏深入的研究和系统的梳理。在现实领域，休闲消费的异化现象频出、休闲形式作为炫耀性符号功能被夸大、有些休闲方式流于"俗闲"乃至"恶闲"；休闲活动及载体过于产业化、标准化，背离休闲自由实现人性需求的本质。

鉴于当代中国休闲文化及其美学研究的现状和问题，如何使休闲真正重返人性自我创造、自我完善的本质，学会聪明地休闲、把握生存的审美境界，深入发掘和弘扬中国休闲的民族传统和精神智慧，建立当代休闲文化及理论的中国特色和中国话语，是休闲学研究的当务之急。就美学学科发展的需求而言，如何走出传统的抽象领域和艺术中心论，走进当代社会大众丰富多彩的日常生活审美领域，更积极主动地适应社会发展的现实需求，使之具有更多的现实性品格，更切实地发挥应有的社会文化功能，让美学从纯粹的"观听之学"成为生动的"身心之学"，是美学研究的当务之急。就两者关系而言，美学提升休闲，引导当代健康的休闲文化；休闲文化丰富美学，推动审美切入人本生存，使美学拥有更多的现实话语和功能。两者相得益彰，共同提升国民的生活品质，助益实现美丽和谐的"中国梦"，这也就是相关学科学者的使命所在。因此，通过休闲、审美与当代生活品质、和谐社会关系的研究，构建当代中国休闲美学，具有重要的理论意义和现实价值，它有助于促进美学更现实地走向生活，丰富构建和谐社会的精神家园，提升以人为本社会的生存境界。走向休闲、深入休闲、引导休闲文化文化是当代中国美学不可或缺的现实指向，休闲美学应当为当代中国美学文库的重要、必要组成部分，深入系统地构建中国休闲美学已是历史和现实的必然要求。

三　理论与建构

研究这个世纪性课题，需要突破一些难题，主要体现在：（1）休闲文化领域应用层面、现象层面的资源和印象较为丰富和深刻，容易形成习惯定势，超越这种定势对其作深入的基础理论研究有一定难度，我们的研究要突破这种定势，提升休闲文化的理论内涵和境界；(2) 由于休闲与审美涉及多种边缘学科交叉，区分与梳理休闲美学边缘学科的联系与区别也是难点所在，这项研究要从多学科、交叉学科、边缘学科深入系统展开，使之获得哲学、心理学、社会学、文化学、文艺学、人类学、经济学等学科的理论支撑；(3) 这个课题现实品格较强，需要大量现实社会生活和产业载体的资源作理论支撑，因此，需要深入开展社会实证调研，为理论研究提供扎实的现实数据，突破仅限于思辨研究的局限。

当代中国休闲文化的美学研究和休闲美学的理论构建需要着重关注如下问题：

1. 审美与休闲的人本哲学与人本心理研究。深入分析审美、休闲与生存境界的内在关系，揭示审美与休闲作为自由生命的自在体验的本质规定与特征，透析审美与休闲在人的理想生存和社会理想状态中的本体意义。

需要从生存的哲学定位，人本需求的心理分析入手，深入分析休闲文化的人本哲学与心理基础，揭示休闲与审美作为自由生命的自在体验的本质规定与特征，彰显休闲与审美在人的理想生存和社会理想状态中的本体意义。"休闲"这个概念在应用层面、现象层面给人的印象较为丰富和深刻，容易形成习惯定势和俗见，如我们打开"中国休闲网"，里面的内容大体是沐浴、洗脚和美容，似乎休闲活动和休闲文化主要就是这类消遣性的活动与现象。其实这是一种偏见或俗见，对休闲文化、休闲活动所蕴含的深刻的人本价值缺乏基本的理解。超越这种定势对其作深入的基础理论研究有一定难度，但我们的理论工作者应该超越一般应用层面的休闲活动和现象，深入揭示其人本哲学和心理基础及其内在逻辑构成，使休闲研究理论升华。明确休闲是人的理想生命的一种状态，是一种"成为人"的过程；休闲不仅是寻找快乐，也是在寻找生命的意义。同时要分析聪明而合理的休闲与单纯或消极的闲暇、娱乐的区别，揭示理想的休闲境界。

按笔者的理解，休闲不仅具有绝对的社会尺度，还是一种相对的人生态度。所谓绝对的社会尺度是指社会物质经济发展的绝对水平，如果社会的生产力和发展水平尚未能提供给人们足够的闲暇时间和经济基础，人们的休闲就缺乏必要的外在条件。但聪明休闲的智慧在于，人们可以通过人生态度的恰当把握，超越这种绝对尺度，在当下的境地中获得相对的自由精神空间，由此进入休闲的人生境界，这就是人生体验的相对态度。从人本哲学上讲，人的存在本体就是世界向人的无遮蔽的呈现，也就是人对世界的本真的体验。这个世界对于人的意义，取决于人对世界的自由感受。自在的生命才是人的本真生命，自由的体验才是人的本真体验。我们可能无法绝对地左右物质世界，但我们可以通过对心灵的自由调节，获得自由的心灵空间，进入理想的人生境界。所以，我们在注重不断发展物质世界、创造物质水平以提升生存的外部环境和条件的同时，不能忽略自我心灵境界的调节与提升。有钱与有闲并不能保证人们聪明地休闲，为钱所累，为闲所困的例子比比皆是；反过来，在并不十分富裕的情况下，通过合理的心理与观念的调节与把握，使人生进入"从心所欲不逾矩""无往而非乐"的境界，这就是聪明的休闲，在这里，人的相对的感受系统起了重要的甚至是决定性的作用。

2. 当代中国休闲文化现状及美学提升研究。一是研究当代中国人的休闲需求、休闲观念、休闲心理、休闲体验等内在精神层面的现象；二是研究当代中国人的休闲行为、休闲方式等外显活动层面的现象；三是研究当代中国休闲产业（以休闲旅游、文化娱乐、休闲体育为核心）及其休闲消费等社会经济领域的现象；四是研究休闲与生活、生命价值的相互关系这一生存论层面的现象。通过以上研究，勾勒当代中国休闲文化发展轨迹和趋势，分析问题，提出对策，尤其是注意分析休闲文化及其发展中的美学元素，揭示美学对提升休闲文化的理论价值和现实意义。

当下中国休闲文化的蓬勃发展，极大地提升和丰富了社会和国民的精神生活，然而也存在着休闲方式不当、休闲消费异化等负面现象。物质化、货币化、技术化、数字化以及虚拟化的"现代化"进程，加之全球化带来的西方文化中的消极因素与传统中的某些不良休闲方式共同造成了休闲生活中的负面影响。它在社会生活丰富多彩的同时，又使得人们陷入休闲时代的某种精神困境之中，即导致人的某种"异化"——物欲化、平面化、单面化、数字化、虚拟化。其突出表现是将休闲当作单纯的感官享受甚或炫耀符号，因而沉沦于感性的物化世界，一味追逐和贪图感性享乐，失去对艺术和人生的理性思考与深刻把握。人们在感官快感的极度满足乃至虚荣中，心甘情愿地做了感性或物质符号的奴隶，不知不觉地丧失了判断能力、思考能力和批判能力，休闲的真实意义就被物欲横流的环境雾霾遮蔽掉了。因此，如何聪明地休闲便成了社会学者与人们普遍关注的话题。

需要辩证地分析休闲活动和文化对于社会和人生的多面性影响，在确认健康和聪明的休闲是实现人性自由全面发展、标志社会文明的前提下，现实地分析休闲方式发展和休闲文化演变过程中的异化现象，分析休闲及消费心态、方式异化形成的历史、社会和心理原因，分析休闲及其消费的两面性。注意"雅闲"与"俗闲"乃至"恶闲"的区别，分析消费异化对于社会状态的负面影响，区分聪明而合理的休闲与单纯或消极的闲暇、逸乐，揭示理想的休闲境界。分析借助审美态度和境界提升休闲方式和休闲文化的可能性和必要性，研究使健康的休闲文化成为具体美育方式的可能性和现实途径，研究通过审美"救赎"消解休闲中的异化现象，让人们更聪明地用闲的理论价值和现实意义。

当前，对休闲文化作美学提升十分必要而迫切。休闲活动实际上是一种体验生活的活动，在这个活动过程中，要求休闲者对事物的感知体验具备健康的心理和审美的意识与尺度。休闲美学所倡导的是要让休闲生活从无目的的形式渗透到合目的的生命体验中去，使其体现出高尚的、积极的审美价值，激扬人类生命活动的更高层次的价值和意义。把休闲置于审美的层面进行探讨是基于人类审美活动的无目的的合目的性及其具有的解放自我、释放自我的性质。休闲美学在以人为本的终极关怀下真实地关注着人类的生存，展现出高扬生命、个性解放的审美特征。它支撑和守护着人类的精神生活的家园，有助于克服不良文化的侵蚀，促进人的自由全面发展。因而，需要对休闲文化作深入的美学审视，深入系统梳理休闲与审美的内涵，分析休闲文化的审美元素，揭示审美意识、审美尺度、审美境界对于提升休闲文化的理论和现实意义。

通过美学的视角对休闲活动与方式进行审美的判断，可以让我们甄别休闲层次的高低、格调的雅俗，从而不仅可以选择那些最适合自己休闲的活动，也可以自觉地抵制或远离那些格调低下，对健康不利，损害生命、浪费时间的活动。休闲实践表明，越是高层次的休闲越是充满了审美的格调，越是体现出休闲主体对自我生命本身的爱护与欣赏，也越是能体验到生命—生活的乐趣。他不仅会为自己拥有了生命的自由、自得与自在而感到愉悦，而且这种愉悦一旦与其他同类的自由生命相感召，甚而与天地自然、周围环境的自由生命相呼应，他的愉悦程度会更加的强烈。

3. 休闲美学的现实品格和应用价值研究。揭示审美与休闲作为体验经济、文化产业的人本基础，显示其在推进和谐创业，构建和谐社会，提高当代生活品质中的积极意义。

需要分析休闲文化尤其是休闲美学的现实品格和应用价值，揭示休闲与审美作为体验经济、文化产业的人本基础，显示其在推进和谐创业、构建和谐社会、提高当代生活品质中的积极意义。休闲活动是连接体验和产业的中介和载体，休闲活动既是一种体验，而其活动的载体又是一种产业。休闲活动满足人的高层次的内在的需求，满足这种需求的产品的精神附加值特别巨大，于是，休闲活动及其载体就成为天然的"体验经济"，乃至"美学经济"。因此，通过休闲体验与消费，使审美活动真正现实地切入生存实际，体现人本价值和产业价值，使美学与产业内在结合，这就是文化产业的人本基础、文化产业的内在灵魂，也就是"美学经济"的现实前景所在。休闲是极为具体、极为现实的人的生存和活动方式，其载体又是丰富的产业类型，休闲美学作为应用性很强的学科，对它的研究不能仅仅停留于思辨的阐述和理性的论证，而且需要量化和实证的数据使之有切实的依托。可以国内休闲活动开展较早，休闲产业发展较快的杭州、成都等城市为典型，对休闲与审美活动及其观念在提高当代生活品质方面的现实价值作深入具体的调研，实现休闲经济的理论与实践对接。

4. 中外审美与休闲的理论和智慧比较研究，尤其需注重休闲文化与审美智慧的中国元素和中国话语发掘。梳理中外审美与休闲的理论和智慧及其对提升当代生活品质、构建和谐社会的价值，为当代中国休闲美学的建构发掘理论资源，尤其需要着重发掘休闲文化和休闲美学的中国话语，以期建立真正有中国特色的理论体系。

在古今中外的休闲观念和理论中，包含着丰富的休闲智慧。这些智慧，对于提高当代生活品质，尤其是对生活境况满意度的体验，具有重要的现实意义。要从全球化的视野做休闲文化的中西比较，梳理中西休闲文化的发展历史及其对当代的影响，发掘当代休闲文化的传统基因；尤其注重对西方休闲文化和理论渗透、殖民化的历史和现实原因分析，深入发掘整理休闲文化的中国元素和传统精神及智慧，以期实现与西方休闲文化和理论平等对话，建立当代中国休闲文化和休闲美学理论的本土话语。当代中国休闲文化及其美学研究和理论建构应该从本体传统汲取诸如"闲""适""宜""度""中""和""乐生""玩物适情""各得其分"等理念的精神元素和智慧，以及本体、工夫、境界等理论表述，形成中国休闲文化及其美学研究和理论建构的本土特色和理论话语。

与西方传统哲学重理念与形式的思路和话语体系不同，中国传统哲学注重的是"本体—工夫—境界"内在体系，中国哲学不是纯粹理性哲学，而是"身心"践履之学。按中国传统的休闲哲学，休闲的本体为适度之"闲"，"闲"即"各得其分"的生命本真，"从心所欲不逾矩"的生存体验和境界。休闲的工夫为"适"，既指对生存活动和生存方式的适度把握，亦指通过"心适"达到"物闲"的境界生成，其深层含义指人在身心欲求得以合乎限度地舒适满足之后，在当下的人生境遇中享受生命之安闲。"闲"之本体通过"适"之工夫呈现休闲境界，也是审美境界，传统的休闲审美境界分为三种，即遁世境界、谐世境界、自得境界。超然自得是休闲审美所能达到的最高境界。[①]

中国传统的休闲观由于把"闲"作为人生本体的价值与意义所在，因此，它的休闲之工夫更为强调的是"内向的调节"。在传统中国哲人看来，休闲重视的是内在的精神品格。心闲相对于身闲更具有根本之意义，所谓由内向调节达至休闲也就意味着是一种心灵的自我调适。孟子尝言"行有不得者，皆反求诸己"（《孟子·离娄上》），这种向内反省的文化心理结构体现在中国人的休闲观上，即表现为"适"的工夫。适何以成为闲之工夫？《说文》："适从啻声。""适""啻"同源，它们又都有从"止"义而引申出来的"仅限""恰好"之义。适原本具有到达、宜、刚刚、仅限、恰好

---

① 潘立勇、陆庆祥：《中国传统休闲审美哲学的现代解读》，《社会科学辑刊》2011年第4期。

的意思，后来就又自然发展出满足、舒适、当下、适度等意思。《易传》云："文明以止，文人也。"朱熹的解释是"止，谓各得其分"（《周易本义》），亦即我们现在所说"恰到好处""恰如其分"。适作为闲的工夫，要义在对生存活动和生存方式的"各得其分"地适度把握。人在身心欲求得以合乎限度地满足舒适之后，在当下的人生境遇中享受生命之安闲。在这里，"适"即《易传》所谓"止"，亦即《中庸》所谓"和"。"止"是"各正性命"，"和"则是"天下之达道"。唯其"适"而有度，方能"各正性命"，把握生命之本真，体验休闲之真意，达到天人合一的本体境界。

中国哲学不是实体论哲学，而是境界形态的哲学。[①] 中国传统的休闲审美哲学亦是如此。境界必然与人的心灵相关，是精神状态或心灵的存在方式，是心灵"存在"经过自我提升所达到的一种境地和界域。休闲与审美，终将归结于境界的追求。中国传统休闲审美哲学对当代人类生存还具有重要的启示意义，对于构建中国当代休闲美学也是重要的话语体系。

5. 休闲文化与休闲美学的身体机制研究。关注身体美学对于休闲文化和休闲美学研究的意义，分析"游戏""高峰体验""畅""玩物适情"等作为审美与休闲体验的身体机制，研究身心需求及其满足作为休闲体验与消费的动因，身体感受与幸福指数、生活满意度的关系、身体状态对于生活品质的意义。

传统美学仅仅把耳目作为审美感官，在审美方式上着重于距离性的形式，在审美对象上集中于艺术品领域，在审美本质上是对象性超功利的自由体验；休闲美学则把全身的感官乃至身心体验作为审美身体机制，在审美方式上是全身心的直接感知和体认，在审美对象上是当下整体的具体情境，在审美本质上则是融入性践履的自

[①] 蒙培元：《心灵超越与境界》，人民出版社1998年版，第455页。

由体验。休闲美学要超越传统审美,将审美主要作为一种带有距离性并侧重对象性超越的形式化观赏活动,而进入一种全身心直接感知并身与物化的融入性践履体验。强调审美感官融入性的身与物化,这是休闲美学在践履层面的现实关怀。

把鼻、舌、皮肤乃至人的周身器官视为休闲审美感官,不但是出于休闲活动的实际经验,也是"休闲"本身的学理要求。这是因为"休闲是以其自身为目的的",正如赫伊津哈对游戏的观点:"我们不可能从游戏之外认识游戏,游戏并非一种理性行为。"并且,游戏的乐趣"根本就是非理性的体验",所以"游戏的目的就是游戏本身"①,而休闲亦复如是。休闲的指向与目的,就在于休闲本身,在于休闲之人的存在本身和感受本身。因此,不像传统美学仅选择"外指性"的耳目作为其审美感官,休闲把人的整个身体作为休闲感官,并认为其"包含美学成分:优雅的动作,和谐的音乐,游戏和运动的复杂性,味觉的敏感和对所有感觉的表达"②。因而人的全身感官都被纳入了休闲美学的研究范畴。

休闲美学着眼于人的当下存在,关注人的自在生命之本然状态,既不会用虚幻的彼岸来否定人的此在之身,也不会以理性式样去束缚活泼泼的生命性情。所以,与传统美学不同,休闲美学不会仅通过耳目去寻求外在于人的彼在之美,而是尊重人感知世界的本然样态,使各种感官"各得其分"、诚如其是,以其自然特性而融合交汇于人的休闲审美过程,使人明闲之本体,得闲之境界。由此,休闲美学"使美学从纯粹的'观听之学'成为实践的'身心之学'"③。它给予人们的体验,不仅仅是形式上的自由与愉悦,而

---

① [美]托马斯·古德尔、杰弗瑞·戈比:《人类思想史中的休闲》,成素梅等译,云南人民出版社 2000 年版,第 260 页。
② [美]托马斯·古德尔、杰弗瑞·戈比:《人类思想史中的休闲》,第 238 页。
③ 潘立勇:《审美与休闲——自在生命的自由体验》,《浙江大学学报》(人文社会科学版) 2005 年第 6 期。

且是全身心的快乐与幸福。

6. 休闲美学的理论品质研究。揭示休闲美学构建的理论和现实意义，分析休闲美学的理论构成、逻辑体系和形态特色，梳理其与相关学科的逻辑关系，力图构建原创的、有中国特色的当代休闲美学。

笔者多次在不同场合强调，休闲学科应该"顶天立地"，既观照休闲作为理想生活境界的形上意义，又落实到休闲作为具体活动和产业载体的形下价值。"形而上谓之道，形而下谓之器，形而中谓之心"，相对而言，休闲哲学着重研究"顶天"，即休闲对于人的生存和社会文明的终极性意义，休闲产业和经济学着重研究"立地"，即休闲产品、休闲服务、休闲消费作为国民经济新的增长点的特色与规律，休闲美学则侧重于研究"体心"，即休闲、审美体验作为人本体验的形式、特点和规律。

概言之，休闲美学的哲学基础是人本的自由，社会功能是"成人的过程"；休闲美学的生理、心理机制是自由的全身心践履；休闲美学的观照对象是自由而本真的生命形态；休闲美学的应用价值是体验经济。这是笔者目前对休闲美学理论品质的总体思考和把握。

上 篇

传统中国休闲审美的理论智慧、生存境界和话语体系

休闲是古今中外人类共同追求的生存理想，审美是古今中外人类共同追求的体验境界。传统中国蕴含着非常深厚的休闲审美理论智慧，也有着极其丰富生动的休闲审美生存实践，并呈现着"极高明而道中庸"的境界，形成了独特的休闲审美话语和体系。我们研究当代中国休闲文化与美学建构，必须从发掘和整理这份弥足珍贵的文化和理论遗产入手。

在古代中国，老庄"道法自然""无为逍遥"的境界，固然蕴含着深刻的休闲审美智慧，而一生忧国忧民、励精图治的儒家创始人孔子，同样追求休闲审美的境界。《论语·先进》曾记载孔子问弟子们志向，子路、冉有、公西华等弟子或言带兵或言治国或言理庙，孔子均不作声，对子路"率尔"陈述的宏大志向孔子甚至还回以"哂之"。唯独曾点所言之志："莫春者，春服既成，冠者五六人，童子六七人，浴乎沂，风乎舞雩，咏而归。"孔子喟然叹曰："吾与点也！"前面几位弟子的志向，或关乎军事，或关乎政治，或关乎宗教，不可谓不宏大，不可谓不具体；而曾点的志向则是"沐乎沂，风乎舞雩，咏而归"，追求的是一种悠然洒落的生活情趣，自在、自由、自得乃至逍遥的人生态度。这种接近老庄的逍遥无为的人生态度和志向居然得到了一向只讲安邦治国大略的孔子的深深感叹与赞同，这未免引起了后代许多学人的不解，至于许多哲人叫弟子们反复思考"曾点之乐"，"乐在何处？"。朱熹对此做了这样的解释："曾点之学，盖有以见夫人欲尽处，天理流行，随处充满，无少欠缺。故其动静之际，从容如此。而其言志，则又不过即其所居之位，乐其日用之常，初无舍己为人之意；而其胸次悠然，直与天地万物上下同流，各得其所之妙，隐然自见于言外。视三子规规于事为之末者，气象不侔矣，故夫子叹息而深许之。"（《论语章句》）朱熹的解释是深刻和到位的，深得孔子及中国人生哲学旨趣。

在中国古代哲人看来,"万物本自闲","闲"是万物之本然状态,人亦如此。万物因"闲"而本真释放,呈现自然生机;人因"闲"而超越外在压力或功利,呈现"真人"状态。《易经》云:"形而上谓之道,形而下谓之器",道是极高明而实中庸的本体,不可做任何限定;任何形而下的存在都是器,而再伟大的器也有局限。因此,孔子主张"君子不器",作为理想的人格,君子不能局限于任何现成的规定,哪怕是伟大崇高的规定;君子之志,正应该如曾点"即其所居之位,乐其日用之常,初无舍己为人之意;而其胸次悠然,直与天地万物上下同流,各得其所之妙",然后才可能"无可无不可""无入而不自得""无往而非乐"。明白了这点,才可以理解孔子"吾与点也"的深意,也可以理解为何在古代中国,从儒家的"孔颜乐处""曾点之乐",道玄的"虚静逍遥""林下风流",到禅宗的"不立文字""拈花微笑",理学家的"万物静观""浑成气象",无不崇尚一种情感化修养途径和艺术化人生风范,将休闲与审美("闲"与"乐")作为人生的理想与境界。

这种境界就如朱熹所云"直与天地万物上下同流",亦即我们常说的"天人合一"的境界。在中国古代哲人的理念里,天不是外在的、绝对的、高高在上的本体或规则,而是当下的、恰如其分(朱熹谓"各得其分")的度或境界。为事为物、为人为行,只要返其本然,达其应然,就能接近天;恰如其分的本真,就是天。人可以顺性、尽性、知命、知天,最终与天同体,达到天人合一。

在朱熹看来,天人本来是合一的,但由于两个"渣滓",使天人相隔了,一是私意(即人欲),二是"勉强"(即刻意、逆性)。这两个"渣滓"均不能光通过外在的、刻意的方式来消解,而且需要通过内在的、顺性的方式来消解,因此朱熹得出结论:"乐能消融渣滓。"对于孔子的重要命题"游于艺",朱熹的解释是"玩物适情"。"艺教"这个环节,在朱熹看来,虽然放在

"志于道、据于德、依于认、游于艺"次序中的"末节",但却是"至理所寓",不可或缺。"艺"作为一种载体,以宜人的形式包含着宇宙和生活中的各种至理,"游于艺"的特点是自由自在,畅快愉悦,在玩物适情的游艺过程中,人们(尤其是少年儿童)会不知不觉地接受和把握各种道理,潜移默化地进入善的领域,这是其他教育方式无法奏效的。也正是由于这个道理,朱熹说"乐能消融渣滓",人能在休闲娱乐的过程中,消解自己的异在性,回归自己的本真。

王阳明有两句话说得更明白,一是"乐为心之本体",二是"悦则本体渐复矣"。前者说人的本然和本性应该是快乐的,快乐才是人的自然,才能合天;后者说是只有通过让人快乐的方式,才能恢复人的自然本性。由此可见,休闲和娱乐,既是中国古人人生的本然境界,也是沟通天人的基本途径。

中国古代这种休闲审美文化,在先秦已经奠定了基础,经汉魏晋唐的发展,到宋代臻于繁荣。宋代上至皇室,中至士人,下至百姓,莫不追求休闲和娱乐,追求生活的艺术化、品质化,由此也带动了相应的休闲和文化娱乐产业。《清明上河图》已经展示了北宋繁荣的休闲情景,到偏安的南宋,更是从文学艺术到庭院文玩,从文人雅士到凡夫俗子,休闲和娱乐成为普天同庆的盛景。

明代阳明心学的崛起和成熟,不但在哲学上以翻天覆地的方式改造了儒学,使之立足于心本,深化于人本,而且在休闲与审美本体、工夫、境界论上,达到了前所未有的高度和深度,化解了"敬畏"与"洒落"的紧张和矛盾,使传统中国休闲审美智慧和境界,更加圆熟而通透。

传统中国在休闲与审美追求上,儒道释三教合流,异曲同工,殊途同归。基于"天人之际"终极识度和工夫会证,传统中国形成了"本体—工夫—境界"三位一体的本土理论话语和体系,以迥别于西方哲学美学话语体系,这是我们建构当代中国休闲美学的本土基因、源头活水和与西方对话的国际标识。

第 一 章

传统中国休闲审美的理路和走向

传统中国有着源远流长的休闲理论和哲学智慧，从先秦原始儒家、道家、魏晋玄学，到隋唐中国化的佛家，乃至宋明新儒学，无不追求休闲审美的人生旨趣，并视其为理想境界，使人生在不同的生活环境中能够"无入而不自得"，"无往而非乐"。就中国的传统思想资源考察，儒家的"孔颜乐处""曾点之乐"、道玄的"虚静逍遥""林下风流"、佛禅的"不立文字""拈花微笑"、理学家的"浑然天成"和"无入而不自得"，均表达了休闲的理想与境界，也蕴含着审美的神韵与旨趣，并形成了独特而休闲的审美理论，有其内在的理路和发展的脉络。传统中国的休闲审美理论和实践，到宋代在文化表现上臻于繁荣成熟，至明代阳明心学又在哲理思辨上得到了深化和圆熟。

第一节 传统中国休闲审美哲学的内在理路

按中国传统的休闲哲学，休闲的本体为适度之"闲"，"闲"即"各得其分"的生命本真，"从心所欲不逾矩"的本然、恰好状态。休闲的工夫为"适"，既指对生存活动和生存方式的适度把握，亦指通过"心适"达到"物闲"的境界生成，其深层含义指人在身心欲求得以合乎限度地舒适满足之后，在当下的人生境遇中享受生命之安闲。传统的休闲审美境界分为三种,即遁世境界、谐世境界、自得境界;超然自得是休闲审美所能达到的最高境界。中国传统休闲审美哲学对当代人类生存还具有重要的启示意义。

一 休闲本体

这里所谓"本体",与西语的"Ontology"无涉,指的是中国传统的"本体"概念,即本然、本根、本质,事物的本然状态和终极意义。① 按中国传统哲学的理念,本体在当下呈现,本体与工夫一体两元,密不可分。本体即工夫,工夫即本体。本体为工夫所依之预设,工夫为本体现实之呈现。

按中国传统的休闲哲学,休闲的本体为适度之"闲","闲"即"各得其分"的生命本真,"从心所欲不逾矩"的本然、恰好状态。闲是个体生命和宇宙生命的本然、恰好状态,发现、认可闲的价值,追求、实现闲的境界,则是生命存在的应然意义所在。闲较忙的生活更有其意义,更值得人去体验。在古代中国社会中,士大夫之闲有着较为深刻的人生内涵,它受儒家、道家、佛家思想的多重影响与规范,更体现出个体在社会、国家甚至家庭中所进行的价值抉择。闲有时表示与国家政权的不合作,有时表示对社会职场的退避,有时又是对伦理责任的超越。闲的本体价值在古代社会士大夫文化心理结构中的最终确认的标志是,士大夫将"闲"同深刻的人生存在之思相联系。过一种闲的生活,并高度认同闲的价值,并非士大夫消极地对外界、人生的逃避、否定,而是更实在、更坚定、更真实地去拥抱生活、面向生活、面向自我生命。在这里,闲不仅成为本体,而且成为境界。

本体之闲更侧重内在闲适的精神体验,而不仅仅指外在生活时

---

① 潘立勇:《西学"存在论"与中学"本体论"》,《江苏社会科学》2004年第2期。

空的闲暇。作为本体之闲意味着"人之初，性本玩"（于光远语），人本然的状态是闲适的状态。人生在世虽然就是要做事，任何超越的价值也都要在"事事物物上磨"（王阳明语），不做事的人生是不现实的。就知识分子（士人）来说，士者，事也，就是要在职事中才能实现人生的价值。然而做事不代表不闲。若只知做事而不知休闲，这就意味着"失其本心"，是驰心于外而不知返。驰心于外是对象化的表现，而不知返则就会流于异化。人可以对象化但不可以异化，对象化的同时也要做到"物化"，即与物同化，天人合一，也就是用一颗闲心容纳周围的世界，这样就可以避免异化。休闲的深刻价值并不在于能够可以不做事，而是在做事的同时"游刃有余"，从容不迫，悠然自得；更在于懂得：做事或者工作、劳动的目的是"休闲"。对于人性来说，劳动是工具性的，休闲是目的性的，这就是休闲本体意义所在。

休闲的本体价值并不只是体现在人类世界中，作为本体的闲，更是具有宇宙的普遍意义。在中国古人看来，不仅人类本应休闲，万物也是"闲"的。"寒波淡淡起，白鸟悠悠下，怀归人自急，物态本自暇。"[1] 宇宙万物本体为闲暇，人也是万物之有机的一部分，故人之闲的根据是万物之闲。孔子言"天何言哉，四时行焉，百物生焉，天何言哉？"（《论语·阳货》），这是天道之无为；又说"无为而治者，其舜也与？"（《论语·卫灵公》），这是人道之无为。"无为"显然儒道两家共有的价值观。无为即"闲"，因此从终极意义上讲，儒道都是认同宇宙之闲的本体地位的。

休闲在西方常用一个词来表达，即 Leisure。在中国是由两个分别具有意义的字构成。休与闲有其内在的相关性，但也并不完全相同。相对而言，休更侧重的是外在的生理的维度，闲则是内在的精

---

[1] 元好问：《颍亭留别》，见钟星选注《元好问诗文选注》，上海古籍出版社 1990 年版，第 48 页。

神维度。一般来讲，休能导向闲，但并不具有必然性；而闲是更具有本体意义的范畴，是休闲之本质所在。

闲作为人的本体价值观，要从内在心理情感层面去理解。从闲的本意来看，闲从外在防范、设置栅栏的意义逐渐演化到闲静、闲情等人的情感领域，一方面，表明闲并非无所事事，或随心所欲而不顾忌，闲是本真生命之守护，这体现了闲的理性特征；另一方面，闲最终是以情感的面貌体现在经验层面，闲的活动是富于情感的活动，是自然、自在、自由的心理体验与人生实践，这是闲的感性特征。本体之休闲具有"情理二维性"的结构，本真生命之守护体现为一种理性的情感，"从心所欲不逾矩"则体现为一种情感的理性。情与理的交融与和谐共存乃闲之本体的根本特征。在情理的二维结构中，情感当是更为本体内在的一维。理性是一种规则性、约束性的心理能力，它是劳动的法则。一般说来，理性分为知识理性与道德理性，二者都是以外在于人的实体为旨归，在两种理性约束下的人很容易造成一种紧张与敬畏的心理状态。凡是过度崇拜人类理性而贬低情感的哲学或人生观，最后往往会走向其反面，即不合理、非理性的一面。这种哲学通常以"理"为本，而压抑人的情感。它或许只承认人的最为基本的欲望，欲望一旦盈余，便被视为"恶"。因此，以理为本的哲学多会成为人类休闲的障碍，在对是非、善恶、利弊的左右权衡之下，休闲的机会也许会擦肩而过。所以回到情感，就是回到人类生命的本体。回到人类生命的本体，就是回到自然、自在、自由的情感体验之中，这样人就从外在世界的异化之中归复到个体自我之主体性上来。此时的情感也非放纵的情欲，恰恰相反，从异化世界的回归，正是一种"休"的姿态，停止的是无止境向外用心的企图，收回的是人的本心，此即"求放心"。因此，以情感为本体，回到人的情感体验上来，其终极之处也就是一种合理性的存在方式，而且是最自然的方式。

休闲是人的自然化，它要求人与社会空间保持一定的距离。"如果说工作是一种社会功能之表现，那么闲暇的观念与这种意象显然也是互相对立的。"① 但人的自然化也并非完全与世隔绝，它不是避世也不是避人。人的自然化毋宁说更是一种"参与"，是以自然之本性更好地参与到社会与宇宙的创化之中。休闲的自然化本质，其形而上的自然本性的回归以及形而下的在自然山水中游玩、亲近大自然的现实活动，无非就是想表明休闲是人的私人领域的回归。对于休闲来说，私人领域这一概念是非常重要的。所谓私人领域"是指一系列物、经验以及活动，它们属于一个独立于社会天地的主体，无论那个社会天地是国家还是家庭"②。人在社会化的过程中，私人领域往往被占用，这就意味着个体生命自由体验的被剥夺，异化也就因此而生。我们在工作、劳动中经常会有一种被机器化的体验，即自我生命异化为机器的一部分，成为机器的延伸，或者个体生命沦为群体延续的手段；我不再是我，我感觉到存在家园的丧失，等等。我们已经习惯让外在的力量或权威奴役自己，将个体的私人领域让位给公共领域或他人。当这个外在的力量或权威一旦离去，自由出现在我们眼前时，我们却感到了莫大的空虚与恐惧。回到私人领域后让我们对自己感到陌生，我们习惯了主人的面孔。这就是为什么有些人一旦闲下来，一旦从公共领域中脱身而出便无所事事，就不知做什么好，甚至丧失自主生命的能力而走向堕落与犯罪。苏轼说得好："处贫贱易，处富贵难。安劳苦易，安闲散难。"（《春渚纪闻》引东坡语）那些驰心于外在公共事务中的人，一旦面对私人领域时就会无所适从。所以只有真正地能够关注私人领域、重视私人领域的人，才是一个完整的人，也是最自由的

---

① ［德］约瑟夫·皮珀：《闲暇：文化的基础》，刘森尧译，新星出版社 2005 年版，第 44 页。

② ［美］宇文所安：《中国中世纪的终结：中唐文学文化论集》，生活·读书·新知三联书店 2006 年版，第 71 页。

人。那些能够掌握自己命运的人才是自己的主人；将自己的命运寄托于外在的公共空间的人，则很容易失去自由，丧失本真的自我。重视私人领域的人，无论是在其私人空间，还是身处公共空间，他都能游刃有余、闲暇自适。退回到私人领域，是为了更好地"参与"自己生命的创造，也更好地参与社会、宇宙的创造。也就是说，"安于闲散"之人，不仅在空闲的时候能够自由地支配闲暇，体现出自我生命的创造力；而且即便是在繁忙的工作中、坎坷的人生中，无论顺境逆境，他始终能做到"安时处顺"，无往不适。

必须指出，处于闲情的私人领域之中，并非仅仅是一己之"私欲"的表现，而毋宁说是"克小己之私、去小我之蔽以成就个体人格"[①]，是一种处于"天地境界"的生存状态。私人领域的休闲本体通向的是消弭了善恶、公私、是非对立殊异的人生境界。它表现为"无入而不自得"的审美人生体验，却也内在地含有了"至诚""至善"的真理与道德境界。

二 休闲工夫

工夫是呈现本体之手段、途径。如何才能达到休闲之本体存在，或者通过什么样的途径来通达闲，这是关系一个人能够自觉地寻求闲、得到闲的关键所在。工夫是汉语哲学的表达词语，对于西方休闲学研究来说，并不讲休闲之工夫，而当关涉到人类如何才能休闲时，他们考虑更多的是制约休闲的因素有哪些，然后再去寻找解除、减小休闲制约因素的消极影响，或者主体设法取得与休闲制约因素的协商，由此来通达休闲之路。

制约即限制约束，休闲制约即限制约束进行休闲，或影响休闲质量提高的因素。在西方休闲制约理论中，无论是从文化层面还是

[①] 潘立勇：《"自得"与人生境界的审美超越——王阳明的人生境界论》，《文史哲》2005年第5期。

从社会的经验层面来考察休闲的制约因素，都体现出休闲在西方文化传统中的社会化特征。也就是说，在西方人的眼中休闲并不是一个人的事情，而是在公共空间的活动方式。因此，在他们看来，想要进行休闲，并不是要取消这些制约因素，而是要与这些制约因素进行"协商"，这是一种"外向调节"获得休闲的方式。因此，我们看到，在西方，休闲学一般是放在社会学的理论框架下进行阐释研究，这样的休闲研究就非常重视对休闲的时间、经济条件、社会建构、休闲环境等影响人们休闲的外在条件的关注。外向调节的休闲工夫虽在一定程度上可以给人创造一些休闲的契机与条件，但并不能从根本上解决休闲作为本体的问题。有时候这种外向调节的休闲反而会求闲而得忙，总是在个人与社会、休闲与工作的对立矛盾中去寻求休闲，反倒会给休闲制造更多的障碍。

中国传统的休闲观由于把"闲"作为人生本体的价值与意义所在，因此，它的休闲之工夫更为强调的是"内向的调节"。在中国人看来，休闲重视的是内在的精神品格。心闲相对于身闲更具有根本之意义，所谓由内向调节达至休闲也就意味着是一种心灵的自我调适。孟子尝言"行有不得者，皆反求诸己"（《孟子·离娄上》），这种向内反省的文化心理结构体现在中国人的休闲观上，即表现为"适"的工夫。

适何以成为闲之工夫？《说文》："适，之也。"段注："女子嫁曰适人。"故"适"又有"宜"义。"之"且"宜"，这就是"适"。又曰"往自发动言之，适自所到言之"，适不同于"往"在于适是目的地的到达。从这个核心蔓延出去，就产生"适会""偶合"诸义；进一步延伸就有了"偶尔""刚刚"等更抽象的含义。《说文》："适，从啻声。""适""啻"同源，它们又都有从"止"义而引申出来的"仅限""恰好"之义。对适之意稍加总结可以看出，适原本具有到达、宜、刚刚、仅限、恰好的意思，后来就又自然发展出满足、舒适、当下、适度等意思。《易传》云："文明以止，文人也。"朱熹的解释是"止，谓各得其分"（《周易本义》），亦即我们现在所说"恰到好处""恰如其分"。适作为闲的工夫，要义在对生存活动和生存方式的"各得其分"的适度把握。人在身心欲求得以合乎限度地满足舒适之后，在当下的人生境遇中享受生命之安闲。在这里，"适"即《易传》所谓"止"，也即《中庸》所谓"和"。"止"是"各正性命"，"和"则是"天下之达道"。唯其"适"而有度，方能"各正性命"，把握生命之本真，体验休闲之真意，达到天人合一的本体境界。

从本体论上言，人之闲与万物之闲同体。从工夫论上言，万物之闲亦依心适而现。苏轼有诗云："禽鱼岂知道，我适物自闲。悠悠未必尔，聊乐我所然。"（《和陶归园田居》）诗中暗用了庄子"鱼之乐"的典故，以说明鱼鸟的悠然之乐，实际上是来自于人的"适"。人能适则物也显现出闲暇之貌，物的闲暇即人的闲暇，而这一切的前提便是"我适"。

真正将闲与适相连，使心适成为物闲之工夫的最早应推之于庄子。由于浓厚的伦理功利性人生观，儒家那种杀身求仁的人生理念必然会导致在一定情况下可以舍弃个体自我之适来获得集体的利益。当鱼与熊掌二者择一之时，宁取其一而后已。如果这也算是一种"适"的话，也只能是舍小我成全大我之适，这样的人生观不在于享受而在于奉献，不在于闲于自适而在于忙于兼济。所以，真正将适转向休闲人生观的不是儒家，而是道家。庄子哲学是无为之哲学，是人的自然化的诗意阐释。休闲，本质上说来也就是无为自然。庄子以自然无为为本，即指向了一种以休闲为本的哲学。

庄子之适是由身之适到心之适，再到忘适之适。"工倕旋而盖规矩，指与物化而不以心稽，故其灵台一而不桎。忘足，屦之适也；忘要，带之适也；知忘是非，心之适也；不内变，不外从，事会之适也。始乎适而未尝不适者,忘适之适也。"(《庄子·达生》)履、带之适,其实就是身之适,由身适到心适,最后忘适,是一个工夫渐进的过程,也是不断"物化","一而不桎"的过程。郭庆藩疏"身适""心适"曰:"夫有履有带,本为足为要;今既忘足要,履带理当闲适。亦犹心怀忧戚,为有是非;今则知忘是非,故心常适乐也。"①《齐物论》言"大知闲闲、小知间间"。对外在形迹的执着、是非善恶的执着,最终都是小知的表现。大知乃无是无非,故而"闲暇而宽裕也"(郭庆藩注)。由此看来,无论是身适,还是心适、忘适,皆是从"忘"而来,而能忘则为"大知",也就是能休闲。

庄子特别强调"自适":"若狐不偕、务光、伯夷、叔齐、箕子、胥余、纪他、申徒狄,是役人之役,适人之适,而不自适其适者也。"(《庄子·大宗师》)庄子所举这几个人乃儒家常颂之人物,他们是"适人之适",是为人所役,他们为他人所驱使,为他人奔波而忙碌。凡是有为于天下之人,皆不得自适,所以不闲。而自适者,则闲。郭庆藩注此为:"矫情伪行,亢志立名,分外波荡,遂至于此。自饿自沈,促龄夭命,而芳名令誉,传诸史籍。斯乃被他驱使,何能役人!悦乐众人之耳目,焉能自适其情性耶!"②这里的"适",可以释为"满足",自适即自我满足。自足于己而不外求,这也是适的应有之义。自足之适也就是自得。自足而自得,则心闲而无事,适乃闲之工夫。郭若虚将"自足"与"闲"关系概括为:"夫内自足,然后神闲意定。"③

对于劳劳人生,如何才能使之"悬解"?庄子答曰:"且夫得者,时也,失者,顺也;安时而处顺,哀乐不能入也。此古之所谓

---

① 郭庆藩:《庄子集释》,王孝鱼点校,中华书局1961年版,第662页。
② 郭庆藩:《庄子集释》,第234页。
③ 郭若虚:《图画见闻志》,四部丛刊续编子部。

悬解也。"(《庄子·大宗师》)潘岳可谓心领神会，其《闲居赋》曰："于是览止足之分，庶浮云之志，筑室种树，逍遥自得。"

可见，适，一定是自我满足，而不是智思和情欲向外无限地驰骋。适是闲之工夫，只有适然后才能得闲。可以说无适不成闲。相反地，如果不适，则无论如何也不能得以闲暇："幽人清事，总在自适。故酒以不劝为欢；棋以不争为胜；笛以无腔为适；琴以无弦为高；会以不期约为真率；客以不迎送为坦夷。若一泥迹牵文，便落尘世苦海矣。"①

不适的时候往往是利欲交攻于心胸，得失计较于眼前的时候，此时想得休闲反而会为之忧累。所以只有自然本性恰到好处地满足才能给人带来足够的闲暇，也会令人安于闲暇。这也正应了《庄子》中这样一句："鹪鹩巢于深林，不过一枝；偃鼠饮河，不过满腹。"(《庄子·逍遥游》)于是，我们可以说，自足自适者方能"芒然彷徨乎尘垢之外，逍遥乎无为之业"(《庄子·大宗师》)，"无为也，则用天下而有余"(《庄子·天道》，郭庆藩注"有余"，即闲暇)。无为自然，则我自适自得，而天下万物闲暇有余。

三 休闲境界

境界原为佛教用语，在唐代成为中国美学特有的范畴。中国哲学不是实体论哲学，而是境界形态的哲学。② 中国传统的休闲审美哲学亦是如此。境界必然与人的心灵相关，是精神状态或心灵的存在方式，是心灵"存在"经过自我提升所达到的一种境地和界域。休闲与审美，终将归结于境界的追求。

西方哲人在描述人类的存在的状态时常用"模式"（Modes）抑或形态来表示，如克尔凯郭尔（Soren Aabye Kierkegaard）将人的

---

① 郭若虚：《图画见闻志》。
② 蒙培元：《心灵超越与境界》，人民出版社1998年版，第455页。

存在模式（Modes Existence）区分为三种：审美的、伦理的和宗教的。有的西方学者还从人类所择取的"价值"及其体验与意义上来表达类似的意思，如德国结构主义心理学家施普兰格尔（E. Spranger）将人的价值等级划分为"经济的、理论的、审美的、社会的、政治的、宗教的"六个层次。这种境界论模式基本可以代表西方对人的生存层次的理解。

休闲作为人类一种生活方式也是一种人生境界，休闲活动本身其实存在着多重维度，休闲也便有境界与格调的高低不同。我们不能一提休闲，就简单地将之理想化，也不能把休闲视为生命的挥霍与沉沦。就休闲活动的丰富性与复杂性来讲，它体现了人类生命与生存活动的复杂性。我国古代就有对休闲境界的很多描述，比如自古尚书中就有记载"玩物丧志"，而至朱熹则言"玩物适情"。同样是玩物，一丧志，一适情，此乃不同境界之表现。苏轼常言"寓意于物"与"留意于物"之别，这也是看到了休闲娱乐活动的不同境界。可见，休闲的境界也有高低差异。

休闲与审美之间有内在的必然关系。对休闲的境界高低进行衡量就是休闲美学的任务。深入把握休闲生活的本质特点，揭示休闲的内在境界，就必须从审美的角度进行思考；而要让审美活动更深层次地切入人的实际生存，充分显示审美的人本价值和现实价值，也必须从休闲的境界内在地把握。前者是生存境界的审美化，后者是审美境界的生活化。通过美学的视角对休闲活动与方式进行审美的判断，可以让我们甄别休闲层次的高低、雅俗，从而不仅可以选择那些最适合自己休闲的活动，也可以自觉地抵制或远离那些格调低下，对健康不利，损害生命浪费时间的活动。

休闲实践表明，越是高层次的休闲越是充满了审美的格调，越是体现出休闲主体对自我生命本身的爱护与欣赏，也越是能体验到生命—生活的乐趣。他不仅会为自己拥有了生命的自由、自得与自在而感到愉悦，而且这种愉悦一旦与其他同类的自由生命相感召，甚而与天地自然、周围环境的自由生命相呼应，他的愉悦程度会更加的强烈。在这样的休闲实践中，他感到的是个体自我生命意义的扩大与充满（孟子所谓"充实之谓美"，"万物皆备于我"，程颢常言"天地万物一体"）。相反地，越是低层次的休闲，离审美的生活就越远。低层次的休闲活动更多的是受本能欲望的驱使，以满足生命自我的物质性需求为目的。因此，越是低层次的休闲活动，越是表现出狭隘、自私的特点。表面看来，低层次的休闲也是一种对个体生命的自由支配，但是这种自由往往是虚幻的自由，它过多地依赖外界的事物，它要获得物质性的满足，就要不停地向外索取和占有。因此，这种对生命的自由支配是以对有限生命的挥霍与浪费为条件的。相比于高层次的休闲活动，低层次的休闲活动往往很容易达到，其休闲快感的程度也很强烈，但是这种休闲的快感常是短暂而虚幻的。低层次的休闲活动往往是以自由始，以异化终。真正的休闲是一种高层次的休闲，它也许没有更多的生理快感，但内心常常充满了精神愉悦。在高层次的休闲活动中，我们会体验到如平静大海般的精神状态——看似平静却充满了生命的生机与能量。

根据对传统中国士人休闲审美生活实践及其智慧的考察，我们认为休闲可以分为三种境界，即自然或遁世境界，谐世或适世境界，超然或自得境界。

在古代中国，文人士大夫的休闲常态往往表现为自然或遁世境界。我们认为，休闲的本质是人的自然化，休闲体现了人的一种自然主义的生活方式。当休闲成为人自觉去追求的价值时，那么如何休闲就等于人如何回到自然主义（自然化）的存在状态。一般说来，人的自然化体现在两个层面，一是外在的自然化，即优游于自然山水中寻求一份闲适；二是内在的自然化，即人的内在性情的本真化、自然化。我们所理解的休闲的本质更侧重在自然化的第二个层面。然而，往往第二个层面的自然化要通过第一个层面，即通过人在自然山水的游玩中充分体现出来。更有甚者，为了使个体的性情得以率真自然，通过"遁世"而回到人的自然状态。以山水自然作为屏障，别人就很难再奴役自己。而自己由于摆脱了公共事务的侵扰，从而获得了大量闲暇时间，为达到一种闲适自然的生活提供了最大的方便。我们可以称这样的休闲境界为自然境界或遁世境界。卢梭提出的"自然的自由"，与休闲境界的自然境界多有相通。卢梭认为"自然的自由"，即人在自然状态中的自由。人享受天赋自由，每个人是自己的主人，不受任何人的奴役。如果要有所服从，也必须经过他的同意。每个人对他企图要求的一切东西，都有无限的权利，这种自由在进入社会状态时便丧失了。[1]陶渊明是自然休闲境界的典型代表。遁世所营造的"空间隔绝"对于休闲生活的获得不失为一种有效的策略，如庄子所言鸟高飞以避矰矢之害，鼷鼠深穴以避熏凿之患，亦做如是暗示。然而人毕竟不是动物，他对空间的要求越高、依赖越高，其自身的脆弱性越是明显。故，这一休闲境界最大的局限之处在于个体对自然的执着与依赖。因此，对于休闲的人生来说，我们需要寻求一种更为巧妙的策略才行。

休闲的第二个境界是谐世或适世境界。明代袁宏道曾说"观世间学道有四种人，有玩世，有出世，有谐世，有适世"（《袁宏道集笺校》卷五《徐汉明》）。谐世之意即与社会能够和谐共处。谐的意思有两种：一是"和谐"，二是"谐调"。在"和谐"的意义上，"谐世"指能够融入社会并且与周围的环境和谐相处；在"谐调"的意义上，那就比较主动一些，不仅自己能够融入这个社会，还能够发挥自己的主观能动性，把周围的人和事的关系谐调好，并从中获取生存的效益。谐世的休闲观也可以说是一种入世的休

---

[1] 赵敦华主编：《西方人学观念史》，北京出版社 2004 年版，第 61 页。

闲观。

按现代学理的解读,休闲的因素有很多,而时间、经济基础以及心理状态无疑是最核心的三个因素。如果说休闲的遁世境界是通过逃避世界来获得大量的自由时间,从而达到休闲的话,那么谐世境界就是充分认识到经济基础,即物质条件对于实现休闲的重要性,并努力地寻求足以令其闲适的经济基础。在这一休闲境界中的人相对比较重视或依赖世俗功利的生活,具体表现在对一份工作、职位包括社会地位名誉都非常重视。他能够认为工作是为了休闲,因为工作所得来的物质基础是其休闲得以进行的前提条件。但他又认为如果没有这个物质基础,休闲便难以实现。谐世境界的典型代表是白居易。白居易曾说:"贫穷心苦多无兴,富贵身忙不自由。唯有分司官恰好,闲游虽老未能休。"(《勉闲游》)他的"中隐"理论,无非就是通过隐于吏职,既不用劳心费神于国计民生之中,又能轻松获得适宜休闲的物质财富。因此,谐世境界对遁世境界的超越体现在不再执着于逃世、逃到纯自然的状态中忍受贫困的折磨,而是依然存在于公共事务领域,享受由于从事公共事务而得到的钱财俸禄以及优越的社会地位,从而能够更自由地休闲。但谐世境界在解决休闲的物质基础的同时,又陷入对这种功利生活的执着。从过分执着、有所依赖而言,谐世境界和遁世境界是一样的。这两种境界如果在其前提条件皆能满足的情况下,他们便能很容易地获得休闲。但是如果这种条件——自然的、功利的——一旦失去,作为人生本体的休闲能否达到,便成为一个未知数了。这也就是说,真正的休闲人生还需要更为超越的境界。

超然或自得境界则是休闲所能达到的最高境界。事实表明,通过遁世回到自然状态或通过谐世获得世俗功利,都未必能达到真正的休闲。两者均还是庄子说的"有所待",未能达到"自适其适"(《大宗师》),更未能达到"无入而不自得""无往而非乐"(王阳明语）。因为回到自然状态意味着要冒贫困的危险，且有避世之讥；而依赖于世俗条件，则又让人很容易"怀禄而忘返"，溺于"物"中不能自拔。只有从精神上做到超然，才能化解各种执着的生活方式，而完全回归内在的精神，"它不受任何外在的限制，只服从人自己的意志和良心……因为仅有嗜欲的冲动便是奴役状态，而唯有服从人们自己为自己所规定的法律，才是自由"①。正如有论者指出的境界之闲是绝对的"心闲"，"这是主体内在精神完全超越状态下的自然自由，它可以完全超越对象"②。

王阳明曾有名言"无善无恶心之体"（《传习录》），我们可以在休闲审美哲学上作这样的理解：当良知呈现于"乐"的休闲审美世界时，面对的是本真的自由体验的世界，在自在生命的自由体验中，一切物和事都脱去了它们实用的或伦理的片面实相，呈现在人们面前的是一如其真的本如之相，而且人们对其的体验甚至无须执着于是是非非、是善是恶。真可谓"天人一体"，"与物无对"。其弟子王龙溪更有"四无句"："无心之心则藏密，无意之意则应圆，无知之知则体寂，无物之物则用圆"，（《王龙溪语录》卷1）正可作为休闲的超然自得境界的生动写照。无心意味着超越，即不让人执着于现实功利的过分纠缠，能时刻超脱于外界客观世界的变化与纷扰。同时"无心"并非如老庄似的消极无为，无心于世事，而是通过一种超然的心境以更加积极的心态去参与到社会宇宙的创化之中。人类的休闲活动毕竟需要一定的物质基础为前提，并且休闲活动要求人与物打交道。而"物"遵循的是客观法则，具有很大的偶然性。超然于物外的休闲境界能够让人在这偶然的客观法则下寻求一种无往而不适、无往而不闲的人生自由境界。也就是说，在既承认物的法则对休闲的重要性，又能在物的休闲之中超脱出来，真正

---

① 赵敦华主编：《西方人学观念史》，第61页。
② 苏状：《"闲"与中国古人的审美人生》，博士学位论文，复旦大学，2008年，第5页。

回归休闲主体的内在本性。

孔子之所以欣赏与推重曾点，正因为曾点体现了"君子不器"的境界。"器"仅局限于一事一物之用，而曾点作为"君子"则"无可无不可"，"无往而不自得"，这就是一种摆脱了日常功利束缚的休闲境界。按现代哲学的解释，人一生都在殊相的有限范围内生活，一旦从这个范围解放出来，他就会感到自由和解放的快乐，从有限中解放出来体验到无限，从时间中解放出来体验到永恒。所谓"浑然与万物同体"，"即其所居之位，乐其日用之常"，"而其胸次悠然，直与天地万物上下同流"，所谓"浑然天成""端祥闲泰""俯仰自得，心安体舒""鸢飞鱼跃"，都是这种理想休闲境界的形象表述。因此，程明道这首诗历来为古人所称道："闲来无事不从容，睡觉东窗日已红。万物静观皆自得，四时佳兴与人同。道通天地有形外，思入风云变态中。富贵不淫贫贱乐，男儿到此是豪雄。"（《秋日偶成》）这正是一种充满美学趣味的休闲境界，其精神实质在于通过"静观"，即审美式的超越体验，感受到人与天地万物的"浑然一体"，"入于神而自然，不思自得，不勉而中"，达到自在生命的自由体验。在这里，人的道德精神与自然界的化者之道合而为一，人能真正地"从心所欲"而有"自然中道"。

休闲不仅具有客观的社会尺度，还是一种人生境界的体验。所谓客观的社会尺度是指社会发展的绝对水平，如果社会的生产力和发展水平尚未能提供给人们足够的闲暇时间和经济基础，人们的休闲就缺乏必要的外在条件。但中国哲人的智慧在于，人们可以通过人生态度的恰当把握，超越这种绝对尺度，在当下的境地中获得相对的自由精神空间，由此进入休闲的人生境界。从人本哲学上讲，人的存在本体就是世界向人的无遮蔽的呈现，也就是人对世界的本真的体验。这个世界对于人的意义，取决于人对世界的自由感受。自在的生命才是人的本真生命，自由的体验才是人的本真体验。我们可能无法绝对地左右物质世界,但可以通过对心灵的自由调节,获得自由的心灵空间,进入理想的人生境界。这就是中国传统的休闲审美哲学智慧可以给我们的生存启示。①

第二节 传统中国休闲文化的繁荣与美学转向

宋代在中国封建文明发展史中,是个重要的转折时期。宋代不但是中国封建文化发展的最高峰,中华传统人文臻于成熟;而且是中国近世人文的兴起时代。商业城市的崛起,市民阶层的形成,人本追求的凸显,使宋代文化出现了明显的近世特征,从而导致休闲文化的兴起和繁荣。宋代的审美文化与艺术表现,也体现出承前启后、继旧萌新的特征,审美形态更加丰富多样化,美学呈现生活化与休闲化转向。

一 休闲文化趋于繁荣

中外宋史学家一致肯定了宋代社会处于历史转折点这一特征。如日本学者内藤虎次郎、宫崎市定等认为中国社会自宋代开始进入了近世史,唐宋以来商品经济发达,宋比唐更为发达,已出现资本主义因素;中国台湾学者钱穆等则从政治上的变化的角度,提出宋代开始了平民社会,而不同于以前的贵族社会。此外,更多的学者认为,宋代是我国封建社会中承上启下的一个新的发展阶段,如欧洲研究宋史的先驱,匈牙利的法国汉学家狄纳·巴拉兹(E. Spranger)认为,中国封建社会的特征到宋代已发育成熟,而近代中国以前的新图景到宋代已显著呈现;大陆许多学者也从宋代生产力和生产关系的发展变化,证明宋代确是中古代史的一个重要

---

① 潘立勇:《休闲与审美:自在生命的自由体验》,《浙江大学学报》(人文社会科学版) 2005 年第 6 期。

的转折时期。①

一方面，宋代因其高度发达的社会与文化，使传统中华人文臻于成熟。上古夏、商、周三代，是古人普遍认为的天下大治、文化灿烂的"圣明时代"（尽管其实这只是一种托古美化的理想），因而他们在评价后世时，便常以此为标杆。南宋陆游就曾在诗中将本朝与汉、唐联系起来，视为可与前三代媲美的盛世："商周去不还，盛哉汉唐宋。"（《玉局观拜东坡先生海外画像》）《宋史·太祖本纪》则称："三代而降，考论声明文物之治，道德仁义之风，宋于汉、唐，盖无让焉。"李贽亦云："前三代，吾无论矣。后三代，汉、唐、宋是也。"（《藏书·世纪列传总目前论》）

虽然史上唐、宋总是并列而称，但长期以来学术界一直主张唐代文化高峰说。其实明代徐有贞就在《重建文正书院记》里认为，宋代人文胜过汉、唐："宋有天下三百载，视汉唐疆域之广不及，而人才之盛过之。"日本学者和田清在50年代出版的《中国史概说》中也认为："唐代汉民族的发展并不像外表上显示得那样强大，相反地，宋代汉民族的发达，其健全的程度却超出一般人想象以上。"②也许，就文化境象的开阔、气势的轩越，两宋确实不如汉唐；但人文建构的成熟深邃，艺术表现的精致典雅，宋代确实达到了前无古人的成就。

另一方面，宋朝已具有近现代社会特征。1910年日本学者内藤虎次郎发表《概括的唐宋时代观》一文，提出唐和宋在文化性质上有显著差异，因此唐代可认为是中世纪的结束，而宋代则是近世的开始，这就是著名的"内藤假说"或称"唐宋变革论"。"内藤假说"断言了宋代在各方面的对古代中国而言所具有的巨大而深远的变革性，后来和田清也有类似说法："虽然由于史料等关系，常常

---

① 参见关履权《两宋史论》，中州书画社1983年版。
② 张邦炜：《瞻前顾后看宋代》，《河北学刊》2006年第5期。

简单地把唐和宋称为唐宋时代……唐、宋之间,是明显地存在着截然区别的,无论从四周形势来看,还是从国内的政治、经济、社会、科学、艺术、宗教、思想等各方面来看,五代、宋以后,是与前代显著不同,而与后代相连。这大概是任何人也不能不承认的。"[1] 宋代文明"在不断的发展过程中,逐渐普及开来,促进了庶民阶级的兴起,根本上改变了从来的以贵族为中心的社会,而带来了较强的近代倾向"[2]。

国内学者的看法大体与日本学者接近。如钱穆认为:"论中国古今社会之变,最要在宋代。宋以前,大体可称为古代中国,宋以后,乃为后代中国。……就宋代而言之,政治经济、社会人生,较之前代莫不有变。"[3] 还有学者认为:"商业街区的形成、侵占官街河道事件的屡屡出现,以及城墙外附郭草市的增多,改变了宋以前中国传统城市的内部及外部形象,使城市具有近代城市的色彩。"[4] 甚至有学者认为宋代已有了现代社会的特征:"公元960年宋代兴起,中国好像进入了现代……行政之重点从传统之抽象原则到脚踏实地,从重农政策到留意商业,从一种被动的形势到争取主动,如是给赵宋王朝产生了一种新观感。"[5] 以上种种都可以看出宋代文化的近世面貌已见端倪,近代人文精神与旨趣,已经在宋代呈现乃至蔚然成风。

宋代社会的转型使其开始自觉地走向休闲的社会。从《东京梦华录》《梦粱录》《都城纪胜》《西湖老人繁盛录》《武林旧事》等等大量历史笔记来看,宋代的休闲活动和方式已经蔚然成风。上自

---

[1] [日]和田清:《中国史概说》,吉林大学历史系翻译组、吉林师范大学历史系翻译组,商务印书馆1964年版,第132页。
[2] [日]和田清:《中国史概说》,第127—128页。
[3] 钱穆:《理学与艺术》,《宋史研究集》第7辑,台北:台湾书局1974年版,第2页。
[4] 吴晓亮主编:《宋代经济史研究》,云南大学出版社1994年版,第145页。
[5] 黄仁宇:《中国大历史》,上海三联书店1997年版,第128页。

宫廷、士大夫阶层，下至一般文人和市井民众，其休闲活动与方式之丰富，为历代所不及。此外，宋人善于理性思辨的特点还使他们对休闲有着理论上的思考和建树。

宋代虽然国土面积前不及汉唐，后不如元明清，却是华夏封建社会立国时间最长的王朝，这与宋代良好的休闲氛围所构建的社会和谐大有关系。宋代的社会变革及其成就，客观上对社会休闲氛围之营造产生了积极的影响，主要表现在三个方面：

第一方面，空前宽松优厚的环境造就了士人的休闲心态。首先是政治自由度高。宋朝统治者一直遵循广开言路的政策，其中最为人称道的是宋太祖关于不杀士大夫的祖训。宋叶梦得《避暑漫抄》记载，赵匡胤曾在太庙立碑，明确写有"不得杀士大夫及上书言事人"等三条誓言。文人士大夫是造就高雅休闲文化的主体，宋代如此宽松的政治环境，客观上保障了他们心态的放松，使其在休闲艺术和文化的创造方面获得了空前的自由。其次是优待官员。清代赵翼就曾指出，宋代的制禄"其待士大夫可谓厚矣！"，甚至认为"给赐过优……恩逮于百官者唯恐其不足"[1]。此说也许有夸张成分，但总体可以肯定的是宋代官员俸禄是丰厚的，俸禄的整体水平是较高的。不仅物质待遇优渥，闲暇时间也有了制度的保证。南宋李焘的《续资治通鉴长编》卷64记载，宋真宗在景德三年"诏以稼穑屡登，机务多暇，自今群臣不妨职事，并听游宴，御史勿得纠察。上巳、二社、端午、重阳并旬日时休务一日，祁寒、盛暑、大雨雪议放朝，著于令。"[2] 再据现代学者考证，宋代官员的节假日确实很多："真宗时规定，祠部郎中和员外郎所管全年节假日共100天，其中包括旬休36天。"[3] 物质与闲暇的优厚待遇在客观上造就

---

[1] 赵翼：《二十二史札记》（下册），世界书局1962年版，第331页。
[2] 李焘：《续资治通鉴长编》（第五册），中华书局1980年版，第1425页。
[3] 朱瑞熙：《辽宋西夏金社会生活史》，中国社会科学出版社1998年版，第389页。

了宋代的有闲阶级。俸禄的增加导致的直接结果便是士人生活质量的提高以及生活方式的改变。优裕的生活，使得士大夫进可以为国尽心尽力，退可以置办田产，兴建园林，交游雅集。很多官员退休之后，依然能获得国家俸禄，继续其休闲享乐的生活。吕蒙正退休归洛阳之后，"有园亭花木，日于亲旧宴会，子孙环列，迭奉寿觞，怡然自得"①。俸禄的增加，生活上免去了许多后顾之忧，加之宋代官僚机构庞大，大量官员工作清闲，于是很自然地，这些上层文人就有闲情逸致追求精神文化的享受。

而对平民而言，"唐代以前的土地国有制理想破灭了，此后私有权制度确立了，奴隶地位上升为佃户，废除征兵制改为募兵制，同时，废止徭役制度，而改为以雇募为主了"②，这种革命性的人身自由和政治自由使他们更易于获得较多的闲暇来支配自己的时间。

第二方面，商业经济的高度发达培育了休闲发展的土壤。1973年，英国汉学家伊懋可（Mark Elvin）提出中国唐宋两代存在"中古时期的经济革命"（The medieval economic revolution）③。他将宋代经济出现的巨大进步称为"宋代经济革命"，并归纳为农业革命、货币和信贷革命、市场结构与都市化的革命等方面。日本学者斯波义信也提出类似论说。我国学者漆侠认为，"社会生产力在唐宋特别是两宋时期的高度发展……正是这个高度发展把宋代中国推进到当时世界经济文化发展的最前列"④。而宋代经济的商业化，是其最重要的发展动力。从农业经济看，宋代的突出特点是多种经营和商业化生产程度发达。原来江南很少栽桑，宋时经过提倡林业，使江南迅速成为丝绸生产基地。以茶叶为代表的商品性生产和专业化农

---

① 《宋史》卷265《吕蒙正传》。
② ［日］和田清：《中国史概说》，商务印书馆1964年版，第127页。
③ Mark Elvin, *The Pattern of the Chinese Past*, Stanford: Stanford University Press, 1973.
④ 漆侠：《宋代社会生产力的发展及其在中国古代经济发展过程中的地位》，《中国经济史研究》1986年第1期。

业区域日益出现，农副产品进入商业渠道的数量、规模超过以前任何朝代，比西欧各国农业生产商品化早二三百年。从城市经济看，宋代以前有所谓"坊市制度"，城市中的"市"被局限在数坊之内，面积很小，管理严格。宋代政府逐渐放弃了对商业的干预，使这种千年之久的僵死制度最终瓦解。从宋代孟元老的《东京梦华录》中可以推断，城市到处有店铺，显然已无商业区与非商业区的界线，亦无时间和区域的限制。城市重要的街道上有不少的商业街，这是唐代以前所未有的。环绕着大城市近郊，往往还有规模可观的新型商业区"草市"，其贸易兴盛程度不亚于内城。景德年间，开封已是"十二市之环城，嚣然朝夕"（吕祖谦《宋文鉴》卷2）。大城市周边还有新出现的行政单位"镇、市"千余处，由于工商业发展兴旺，它们的税收甚至超过所属州县治所。宋代还形成了互相依赖、影响的全国性五大区域市场（北方市场、西北市场、西南市场、东南市场和岭南市场）。从金融角度看，唐代货币使用量不多，而宋代是空前的货币经济，还产生了世界上最早的纸币（交子）这一货币的高级形态。据南宋李心传的《建炎以来朝野杂记》（甲集14）所载，宋太宗在建国之初即曾夸耀已拥有两倍于唐代的财富。宋代城市高度商业化，累积了大量财富，这就在客观上大大激发了休闲消费的需求，使得大量休闲文化形式得以破土而出。

第三方面，城市化发展形成了庞大的休闲消费群体。休闲文化的孕育需要一定规模的休闲主体。城市是人口的聚集地，因此城市化进程决定着休闲文化的丰富与发展程度。伊懋可认为宋代具有城市化革命（The revolution in urbanization）[1]。美国学者施坚雅（G. W. Skinner）也将这种城市化称为"中世纪城市革命"（The

---

[1] Mark Elvin, *The Pattern of the Chinese Past*, Stanford: Stanford University Press, 1973, pp. 113-199.

medieval urban revolution)①。斯波义信和伊懋可对于"宋代经济革命"的分类虽不尽相同,但也将城市化作为这场社会变革的基本特征之一。宋代的城市发展体现出三个特点:

其一,城市人口规模迅速增大。据《元丰九域志》可知,北宋元丰年间10万户以上的城市有40多个,崇宁年间更上升到50多个,而在唐代只有10余个。据《宋史》卷85《地理志一》载,北宋末年开封人口已达26万余户,按每户5口计当在130万人以上。周宝珠《宋代东京研究》一书则认为开封最盛时人口为150万左右,是当时世界最大城市。就全境而言,葛剑雄认为"根据户数推算,北宋后期的实际人口已达1亿"②。吴松弟估计则更多,"宣和六年约有2340万户、12600万人"③。

其二,城市职能更多地向经济职能转变。欧美学者对"唐宋变革论"虽有不尽相同的认识,但比较一致地认为城市革命相继发生于北宋时期的洛阳、开封和南宋时期的长江三角洲一带,特征是城市迅速扩大,出现具有重要经济职能的大批中小市镇。"日益增长的私人财富和商业促进了前所未有的城市化。京城从一个人为的行政产物变成了同时也是商业中心。"④国内学者亦举证如太湖流域的县城在宋代以前大多只是小规模的政治据点,宋代则"普遍由政治据点向城市形态转变,逐渐发展成为具有一定规模的经济和社会中心"⑤。宋代由市镇发展而来的一批经济型城市"逐渐改变着中国城市以政治型城市居主的总体格局,这是宋代城市化高潮最突出表

---

① [美]施坚雅:《中华帝国晚期的城市》,叶光庭等译,中华书局2000年版,第23—24页。
② 葛剑雄:《宋代人口新证》,《历史研究》1993年第6期。
③ 吴松弟:《中国人口史》(第3卷,辽宋金元时期),复旦大学出版社2000年版,第352页。
④ [美]包弼德:《唐宋转型的反思》,《中国学术》2000年第3期。
⑤ 陈国灿:《宋代太湖流域农村城市化现象探析》,《史学月刊》2001年第3期。

现"①。

其三,市民阶层成为新兴社会力量。城市人口的飙升和商业人口的比重增加造就了平民社会与市民阶级,为了适应城市工商业的发展,宋代将城市中的非农业人口"坊郭户"单独作为法定户名列籍定等,这标志着市民阶层已经成为重要的社会群体正式登上了历史舞台。钱穆指出:"秦前,乃封建贵族社会。东汉以下,士族门第兴起。魏晋南北朝定于隋唐,皆属门第社会,可称为是古代变相的贵族社会。宋以下,始是纯粹的平民社会。"② 从表面来看,唐宋变革是城市经济、社会事业和文化功能的显著改善逐渐向真正意义上的综合性、开放性社会活动中心方向的演进。而就其实质而言,则是市民阶层和市民文化的兴起,这种从贵族社会向平民社会的转变对休闲发展有重要意义。城市的商人、手工业者、小贩、工匠、雇匠、店员、苦力、平民等,他们在闲暇时或节假日,需要从事休闲娱乐活动以消除日常工作带来的紧张情绪。城市化使休闲消费群体得到扩大,从而促进休闲文化更加丰富、更有活力,使宋代出现了某种类似于现代意义上的休闲城市和休闲社会。

商品经济的繁荣,催生了富裕繁华的城市,如开封、洛阳、杭州、扬州、苏州等地,宋都南移使江南的城市商业经济更加发达。如宋人王观记载:"维扬,东南一都会也,自古号为繁盛,而人皆安生乐业,不知有兵革之患。民间及春之月,惟以治花木、饰亭榭,以往来游乐为事,其幸也哉!"(《扬州芍药谱后序》)马可·波罗(Marco Polo)当年在其《东方见闻录》有关中国的"行纪"中盛赞:"杭州是世界上最最美好、最高贵的城市","充满了各式的欢乐,几使人疑已置身天堂。"杭州的富人在室内陈设、衣着、精美饮食以及各种娱乐、高雅兴致等方面都能得到满足。繁忙的商

---

① 吴晓亮主编:《宋代经济史研究》,云南大学出版社1994年版,第145页。
② 钱穆:《理学与艺术》,《宋史研究集》第7辑。

业活动，密集的人口，以及各地不断涌入的游客都促成杭州城市的笙歌处处、宴饮不断。饭店、客栈、酒楼、茶肆、歌馆一应俱全。①

此外，宋代休闲文化的兴起还与三教合流的文化氛围，尤其是禅宗的盛行及其世俗化有着直接关联。北宋一反后周灭佛政策，使各种佛教宗派重新兴盛起来，尤其是慧能开创的南宗禅，经过南岳、青原一二传以后，充分中国化、世俗化，将禅的意味直接渗透到人的日常生活中，因而盛行一时。禅释那种安顿人的心灵，注重当下的生命体验的思想，道家尤其是庄子逍遥自由的艺术精神、返璞归真的自然主义思想，都在一定程度上影响了宋代的知识分子。三教合一的文化背景，使得宋代的士大夫进可以仕，退可以闲逸。宏大叙事的消退，以及私人领域的敞开，也使宋代的士大夫开始自觉追求一种当下即成的私人化生命体验，休闲心态也随之敞开。

总之，政治的宽松、经济的繁荣、城市的勃兴、自然道趣和禅悦之风的流行，为宋代休闲文化的繁荣提供了肥沃的土壤，使宋代成为中国封建社会最早体现较为成熟的休闲特征的时代。

至南宋，休闲文化更是得到了长足的发展和空前的繁荣。南宋只剩半壁江山，尽管朝廷上下不乏如岳飞、辛弃疾、陆游等爱国志士，念念不忘收复河山，统一疆土，然朝廷决策者苟且偏安的格局，使爱国志士每每空怀悲切，壮志难酬，回天无力。"山外青山楼外楼，西湖歌舞几时休？暖风熏得游人醉，直把杭州作汴州。"林升这首脍炙人口的名诗成为南宋社会耽于安逸、不思进取的写照。缘此，南宋偏安的文化历来为人所诟病。然而，如今我们换一种角度看南宋文化，应该在肯定爱国志士收复疆土的雄心壮志，批评朝廷决策者苟且偷安的同时，对南宋在偏安的局势中所营造的提

---

① 谢和耐：《南宋社会生活史》，中国文化大学出版社1982年版，第27页。

升本土国民生活品质的休闲文化予以必要的肯定。

南宋在偏安的局势下所获得的经济发展和文化繁荣不得不为世人瞩目,对中华文明的传承和发展,尤其是对中国休闲文化的发展,做出了特有的贡献。以临安为例,南宋社会各方面的高度发展,使其成为全国最大的手工业生产中心、全国商业最为繁华的城市和全国的文化中心。在12—13世纪,它是亚洲各国经济文化的交流中心和最为繁华的世界大都会。《梦粱录》卷13如是描述临安商业繁荣的情景:"大小铺席连门俱是,即无空虚之屋,每日凌晨,两街巷门上行百市,买卖热闹。……处处各有茶坊、酒肆、面店、果子、彩帛、绒线、香烛、油酱、食米、下饭、鱼肉、鲞腊等铺。"北宋至和(1054)前后,在东京汴梁首次出现了专门的市民娱乐休闲市场——"瓦市"(又称"瓦肆""瓦舍""瓦子")。每个瓦市内设有数量不等的"看棚"(又称"勾栏"),最大的看棚可容纳数千人。南宋瓦市比北宋更加发达,仅临安一地,其瓦市数量就是汴梁的4倍。它是南宋大众审美和休闲文化的最亮丽的风景线。

从产业角度来看,唐代以前城市的休闲娱乐活动通常是特权者的享受,很少作为市场交易行为。市场消费性的休闲活动虽然自中晚唐时开始出现,但当时并不普遍。宋代坊市制度崩坏后,不仅商品交易日趋活跃,而且"城市不再是由皇宫或其他一些行政权力中心加上城墙周围的乡村,相反,现在娱乐区成了社会生活的中心"[①]。由于宋代工商业高度发达,各行各业的行会组织也应运而生。而其休闲场所的兴旺发展,也激发了从业艺人和文人的行业意识。于是,南宋出现了大量休闲行业组织,如艺人有演杂剧的绯绿社、唱赚词的遏云社、唱耍词的同文社、表演清乐的清音社、小说艺人的雄辩社、演影戏的绘革社、表演吟啸的律华社,等等,不胜

[①] [美]费正清、赖肖尔:《中国:传统与变革》,陈仲丹等译,江苏人民出版社1992年版,第125页。

枚举。这些社团都有自己严格的社条社规，它是规范本行业运行的有力保障。文人的休闲行业组织则称为"书会"。例如南宋有永嘉书会、九山书会、古杭书会、武林书会等。书会的产生，显然有利于文人大批量、专门化地创作适于娱乐表演的脚本，同时，也保证了文人从娱乐演出中获得的应有利益。谢桃坊在评论书会作家群时说："书会先生在中国文学史上开辟了一条新的创作道路。……其创作目的不是为了'经国之大业'或'不朽之盛事'，而是服务于现实的商业利益。他们必须向艺人提供脚本或刻印脚本以取得合理的报酬，才能在都市里维持中等以下的生活消费。这样使文学走上了商业化的道路。"[①] 这实际说明了休闲已经成为产业，不但可以养活艺人，还可以养活相关文人群体。因此，南宋的"社""会"，有意识地起到了以群体力量规范自身行业的作用，能更好地为社会提供高质量休闲服务。它的兴盛，也是休闲业产业化的需要，证明南宋已有了初具规模的休闲产业。

社会的安定，城市的繁华，使南宋士人和市民普遍具有休闲的意识，讲究生活情趣。当时的临安，不但宫廷贵族、官绅士大夫们过着高贵奢华的休闲生活，一般文人沉醉琴棋书画、花鸟鱼虫式的高雅休闲，就是普通百姓也往往在闲暇时纵情山水、泛舟游湖，或在茶馆品茗，或在瓦市娱乐，充分享受休闲社会的乐趣。宋代美学的休闲旨趣和风貌，正是在这样的社会氛围中形成。

二 审美和艺术的生活化、休闲化转向

宋代社会转型的一个重要特征是社会的世俗化、文化的平民化，教育由贵族通向平民，艺术由殿堂走向民间。在美学上的反响是，士大夫的审美兴趣呈现出多样化、精致化及世俗化、休闲化的

[①] 谢桃坊：《宋代书会先生与早期市民文学》，《社会科学战线》1992年第3期。

特点。宋代士人生存的特殊环境，使得宋代艺术审美走向了精致化的同时也越来越贴近日常生活，艺术与生活的充分接近与融合渐成为宋代的一时审美风尚。美学切入生活，走向休闲；生活走向审美，追求品质和趣味。这种艺术的生活化直接导致了宋代美学的休闲情调，而反过来说，宋代美学之所以能够多样化发展，并达到古代美学又一次顶峰，很大程度也归因于宋代社会生活中所普遍形成的休闲享乐的文化氛围。宋代艺术的生活化以及生活的艺术化现象，成为宋代美学的突出特征，同时也将中国古代的休闲审美文化推向了高潮。在士大夫审美趣味世俗化、生活化的背景下，宋代文人士大夫美学精神凸显休闲旨趣，追求一种平淡天然的"逸"的境界，一种与日常生活相联系的"闲"的趣味，一种在入仕与出尘之间无可无不可的"适"和"隐"的态度，美学更深度地融入了生活。两宋文化艺术在臻于精致、典雅的同时，更为平民层所喜闻乐见的俗文化也随之兴起，并达到相当繁荣的程度。

总体来看，宋代美学一改唐代美学顶天立地式的自我张扬与境界拓取，从自然、社会领域和形象外在的开掘写照转而进入一种生活理趣和生命情趣的内在体验品味。长河落日、大漠孤烟的壮阔意象被庭院深深、飞红落英的清雅意趣取代。宋代画家米芾的《西园雅集图记》记录了宋人雅集的情景，有"人间清旷之乐不过于此""汹涌于名利之域而不知退者，岂易得此"的感叹。于是，在宋人的艺术表现领域，日常生活的题材以及对个体生命意趣的表现越来越明显，艺术借助闲情进入了生活，人生通过艺术而得到了雅致化，宋代美学由此呈现出了不同于往代的休闲特征。

在文学领域，更臻情感化、生活化的词取代诗成为宋代文学的标志。词起源于市井歌谣，在晚唐五代，人们习惯用词来描写艳情。正统文人曾以"小词""诗余"的称谓表达了对词的"不入雅流"的某种轻视。但词在宋代得到了文人突出的喜爱，又由于文人的介入而趋向雅化，乃至在艺术表现上登峰造极，成为足以与唐诗媲美，且最能代表宋代文学成就的艺术形式。词以长短句的形式，更适合于细腻委婉情感体验的表达，词的审美视角，相比于诗，更切近人生的形而下的存在体验。尽管宋词不乏如苏轼、辛弃疾、陆游等表现强烈的政治热情和豪爽的英雄本色，但这并不改变词坛总体仍以"婉约""阴柔"为主流，词格仍以沉吟于人生当下体验所传递的"韵味"为基调，宋词中抒发的感情大多都是浅斟低唱的闲情逸致。① 宋代文人对于日常生活的关注以及市民休闲文化的繁荣，是唐宋的主要文学体裁由诗转向词的重要原因。诸如宋代城市生活、节日民俗、士人交游情趣等生活题材都由词更自由地传达出来。而宋代文人特有的细腻深婉的主观情感，也因词的特性而较诗更易体现。词中那种缠绵悱恻的闲情与落寞，是唐诗之中少有的境界。而词里透露出来的清新而又朦胧的人生韵味，则让读者品味到了浓重的生活气息与生命脉动。

从北宋诗文革新开始，宋诗更多地开始表现诗人琐细平淡的日常生活（如梅尧臣、苏轼等），注重从这些生活内容中格物穷理、阐发幽微（如邵雍、程颢、朱熹等），由此感喟人生，嘲弄风月。典型的如苏轼在海南写过《谪居三适》，包括《晨起理发》《午窗坐睡》《夜卧濯足》三首诗，将一种诗意的情怀赋予看似平庸琐碎的日常生活，体现了闲适自放的文人情怀。缪钺指出："凡唐人以为不能入诗或不宜入诗之材料，宋人皆写入诗中，且往往喜于琐事微物逞其才技。如苏黄多咏墨、咏纸、咏砚、咏茶、咏画扇、咏饮食之诗，而一咏茶小诗，可以和韵四五次（黄庭坚《双井茶送子瞻》《以双井茶送孔常父》《常父答诗复次韵戏答》，共五首，皆用'书''珠''如''湖'四字为韵）。余如朋友往还之迹，谐谑之

---

① 李泽厚：《美学三书》，安徽文艺出版社1999年版，第155页。

语,以及论事说理讲学衡文之见解,在宋人诗中尤恒见遇之。此皆唐诗所罕见也。"[①] 连理学奠基人程颢也以"闲来无事不从容,睡觉东窗日已红;万物静观皆自得,四时佳兴与人同"(《秋日偶成》)的名句表现在平凡生活中的理趣与闲情。

宋代绘画,无论山水、人物还是花鸟,都充满了非常浓厚的生活气息与审美趣味。人物画的主流不再是历代帝王将相、贵族侍女,而是充满了生活化场景的文人雅集、童子嬉戏、妇女纺线、货郎、渔樵等。宋代山水画也把大众平民的生活融入山水之中,如李成《茂林远岫图》、郭熙《早春图》。宋代花鸟画惟妙惟肖,写实而不失灵动。最具生活气息的绘画代表要数张择端的《清明上河图》,简直就是把北宋城市生活的一角呈现在画面之上。两宋风俗绘画所表现的主题也不再是门阀地主和贵族的生活,而是对新兴的城市平民和乡村世俗生活的着力描绘。

宋代的园林艺术也日趋私人化、生活化。园林本是古代审美文化与日常生活交接的典型空间,但在宋之前,中国园林的主流是皇家园林,士人私家园林尚未普及。皇室园林讲究宏大规模,气势排场,设在郊区,远离都市。而且唐代园林,尤其中唐之前尚带有实用性的功能,如生产、祭祀等。到了宋代,这一现象有了很大的改变,大型庄园与园林基本分离,私家园林大量出现,园林的风格和形式有着浓厚的文人色彩,园林本身只作为怡情养性或游宴娱乐活动的场所。甚至宋代的皇家园林也深受士人园林的影响,例如北宋末年宋徽宗在东京营造的艮岳,就是当时士人园林环境模式及风格特征的集锦。园林的私人化,是士人审美理想的生活化体现。园林一旦成为一种生活理想的宣示,加上士人诗意情趣的灌注,便使得这一"壶中天地"别有洞天。这个既能封闭又可无限敞开的领域,

---

① 缪钺:《论宋诗》,见《宋诗鉴赏辞典·代序》,上海辞书出版社 1987 年版。

将士人独特的审美生活境界展露无遗。

司马光的"独乐园"就是士人审美意趣应用于生活实践的体现:"熙宁六年买田二十亩……以为园……其中为堂,聚书五千卷,命之曰:'读书堂,'"另设有"弄水轩""种竹斋""采药圃""浇花亭""见山台"等,"不知天壤之间复有何乐可以代此也"①。宋代士人对生活的诗意营构在其所撰写的众多园林记文中不胜枚举,这显然成为当时士人的普遍精神追求:

> 盖得夫郊居之道。或霁色澄明,开轩极望;或落花满径,曳杖行吟;或解榻留宾,壶觞其醉;或焚香启阁,图书自娱。逍遥遂性,不觉岁月之改,而年寿之长也。此其游适之乐,居处之安,又称其庄之名矣。今士大夫或身老食贫,而退无以居;或高门大第,而势不得归。自非厚积累之德,钟清闲之福,安能享此乐哉?(范纯仁《薛氏乐安庄园亭记》)

宋代园林的生活化,一方面让宋人的生活别具诗意情调,另一方面宋人所追求的艺术审美理想也得以在这一生活化的场景中实现。一个狭小的园林空间,就容纳了宋代士人最为精致的日常生活。园林造成身心俱闲的生活模式,使得宋士人在激烈斗争的政治环境与民族危机中反而显得特别的从容闲适。

宋人审美生活化的另一重要体现是"居室的园林化"。一方面,文人的住居在整体格局的设计中体现出强烈的园林化倾向。如陆游故居三山别墅,由住居室、园林、园圃构成,居室与园林融为一体,共用一门,而园圃环绕四周。王十朋描写居住的茅庐、小室、小园,抒发自己悠然闲居的意绪:"予还自武林,葺先人弊庐,静

---

① 曾枣庄、刘琳主编:《全宋文》第56册,上海古籍出版社2006年版,第236页。

扫一室，晨起焚香，读书于其间，兴至赋诗，客来饮酒啜茶，或弈棋为戏；……有小园，时策杖以游。"（王十朋《小诗十五首序》）居室的园林化倾向表明了宋代士人认识到日常起居休闲游憩的重要性。另一方面，在室内的陈设与日用器皿的使用上也体现出清远闲逸的园林风趣。宋代开始流行在居室内墙壁上装饰一些画作，尤其是将当时流行的山水画作张贴悬挂于墙壁上，寄托一种山水恬淡的闲情，所谓"不下堂筵，坐穷泉壑"：

但烧香挂画，呼童扫地，对山揖水，共客登楼。付与儿孙，只将方寸，此外无求百不忧。（陈著《沁园春》）

宋代的一些休闲场所如青楼商铺酒店等，也流行将山水画张贴于室内，以招徕顾客。这些都是在借山水绘画增添居住空间的休闲情调。

另外，居室内的日用器皿也被赋予了高雅清远的风格。宋代日用器皿讲究古拙清逸、尚平淡简易的审美追求。居室中所常见的如香炉、花瓶、茶具、屏风、瓷器等，都是士人日常起居中增添闲情逸致的载体。宋代日用器皿中那些散发着清雅淡远意味的陶瓷器，更是在士人眼中成为日常生活艺术化的一部分："厅堂、水榭、书斋、松下竹间，宋人画笔下的一个小炉，几缕轻烟，非如后世多少把它作为风雅的点缀，而本是保持着一种生活情趣。"[①]

"品茗"与"文玩"也是宋代士人审美生活化的典型趣味。士人饮茶之风自中唐就已兴起，但与宋人相比，唐人于茶事仅算粗知皮毛而已。北宋袁文曾说"刘梦得《茶诗》云：'自傍芳丛摘鹰嘴，斯须炒成满室香。'以此知唐人未善啜茶也。使其见本朝蔡君

[①] 扬之水：《古诗文名物新证》（一），紫禁城出版社2004年版，第82页。

谟、丁谓之制作之妙如此,则是诗当不作矣"(《瓮牖闲评》卷6),可见宋代士大夫对自己饮茶之精于前代而津津乐道。宋代士人饮茶之风兴盛,而饮茶的内容也是丰富多彩,大体分为点茶、分茶、斗茶等几种基本形式。这几种饮茶的形式反映出宋代饮茶之风的精致化、雅致化的特点,同时又充满了竞赛的乐趣。就斗茶而言,宋代士大夫之间此项活动非常普遍。如范仲淹《和章岷从事斗茶歌》云:"北苑将期献天子,林下雄豪先斗美。"围绕斗茶,将采茶、制茶、品茶、茶之效用等写得跌宕多姿,神采飞扬。

黄儒于《品茶要录》中点破宋代品茗之精于时代休闲风气的关系:

> 说者常怪陆羽《茶经》不第建安之品,盖前此茶事未甚兴,灵芽真笋,往往委翳消腐,而人不知惜。自国初以来,士大夫沐浴膏泽,咏歌升平之日久矣,夫体势洒落,神观冲淡,惟兹茗饮为可喜,园林亦相与,摘英夸异,制卷鬻新而趋时之好。故殊绝之品始得自出于蓁莽之间,而其名遂冠天下。借使陆羽复起,阅其金饼,味其云腴,当爽然自失矣。(《品茶要论·总论》)

品茗是闲情使然,也是园林之趣,在宋代园林休闲之风盛行的时候,饮茶自然也趋于精致。南宋刘克庄一首《满江红》道出了宋代士人嗜茶的程度:"平戎策,从军什,零落尽,慵收拾。把《茶经》《香传》时时温习。生怕客谈榆塞事,且教儿诵《花间集》。叹臣之壮也不如人,今何及!"外在的事功欲望已然冷却,唯有在与客饮茶谈笑中体验人生。北宋蔡襄更是位茶痴:"蔡君谟嗜茶,老病不能复饮,则把玩而已。"(《又书茶与墨》)蔡襄是一方面"精于民事"名臣,又如此醉心于日常的生活艺术,这在宋之前都是极为少见的。

所谓"文玩"是指对古代器物、图籍等的收集、整理、辨识、欣赏。文玩之风魏晋以来便有之,然至宋朝达到鼎盛,蔡絛在历数往代文玩之风后,说:"然在上者初不大以为事,独国朝来浸乃珍重,始则有刘原父侍读公为之倡,而成于欧阳文忠公。又从而和之,则若伯父君谟、东坡数公云尔。……由是学士大夫雅多好之。"(蔡絛《铁围山丛谈》)玩"古玩"成为宋代士子日常生活的重要内容。梅尧臣在《吴冲卿出古饮鼎》一诗中记述了古鼎形制、纹饰后说:"我虽衰荼为之醉,玩古乐今人未识。"苏轼《书黄州古编钟》《书古铜鼎》等文也记录了他对文玩的欣赏。另外如欧阳修的嗜古石刻、李清照与赵明诚以伉俪之情投入书画彝鼎的搜集展玩之中,感人至深。据《宋史》本传,书画家米芾也是一位金石家,"精于鉴裁,遇古器物书画则极力求取必得乃已"。画家李公麟则"好古博学,长于诗,多识奇字,自夏商以来,钟、鼎、尊、彝皆能考定世次,辨测款识。闻一妙品,虽捐千金不惜"[①]。米芾的书法美学成就、李公麟的绘画美学成就跟其金石美学素养有密切关系。文玩的闲赏更是由于皇帝的睿好之笃而更加风靡,很多著名的文玩金石类著作相继诞生,如《历代名画记》《法书要录》《集古录》《金石录》《考古图》《宣和书谱》《宣和画谱》《宣和博古图录》《广川书跋》《广川画跋》《历代钟鼎彝器款识法帖》《洞天清录》《云烟过眼录》等等。

宋代士人之"玩"并非一般的喜好、玩弄,它有着精英主义的休闲审美情调。与其说"玩"是一种玩赏的行为、动作,不如说更强调了玩的过程中那种从容不迫、优容潇洒而又追求一种高雅理趣的心态。它是随兴而发、兴趣盎然、摒弃外务、沉淀心情而又精神

---

① 脱脱等:《宋史》,中华书局校勘本1977年版,第1488页。

高度集中的一种心境。正如有研究者指出的："这'玩'不是一般的玩，而是以一种胸襟为凭借，以一种修养为基础的'玩'。它追求的是高雅的'韵'，它的对立面是'俗'。"[1] 宋代士人对文玩的玩味往往在深入世俗生活，而又化俗为雅的过程中，宣扬了主体的闲情逸致，渗透的是深刻的人生之思、性理之趣，并营造出士人特有的生活审美氛围。正如南宋赵希鹄在《洞天清录集》中所言：

> 吾辈自有乐地，悦目初不在色，盈耳初不在声，尝见前辈诸老先生多蓄法书、名画、古琴、旧砚，良以是也。明窗净几，罗列布置，篆香居中，佳客玉立，相映时取古文妙迹以观鸟篆蜗书、奇峰远水，摩挲钟鼎，亲见商周。端研涌岩泉，焦桐鸣玉佩，不知身居人世，所谓受用清福，孰有逾此者乎！是境也，阆苑瑶池未必是过，人鲜知之，良可悲也。（《洞天清录集·序》）

苏轼亦常于品茶之事中发现性理之趣，他称黄儒"博学能问，淡然精深，有道之士也。作《品茶要录》十篇，委屈微妙，皆陆鸿渐以来论茶者所未及。非至静无求，虚中不留，乌能察物之情如此详哉？……今道辅无所发其辩，而寓之于茶，为世外淡泊之好，此以高韵辅精理者"（《书黄道辅品茶要录后》）。

总之，以玩的心态来对待日常物什，宋人将日常实用之物如茶、酒皆化为了艺术，用以寄托才情；以玩的心态留意旧物古货，则这些钟鼎器皿焕发出生机，情趣盎然。这些日常生活的艺术化和审美取向同样影响到了宋代的传统的艺术审美领域，绘画由此成为墨戏，书法亦有消遣之乐，诗词皆可为戏为嬉。艺术的风格也由境

---

[1] 张法：《中国美学史》，四川人民出版社2006年版，第224页。

转韵,由志入趣,士人的内在风度与潇洒韵味,就在"玩"中全面地实现出来了。

宋代士人普遍追寻日常生活的体验与享受,以及在享受日常生活体验的过程中所表达出来的那种雅致与诗意,反映了一种新的休闲审美心态的形成,即"玩物适情"。"把握'玩'是理解宋代艺术的一个关键。"[①]"玩"在一定意义上就是指休闲。朱熹在诠释儒家"游于艺"时,提出了"玩物适情"的命题,虽然朱熹并未对这一命题进行更多的阐述,但我们可以认为,其中"玩"的心态正是弥合艺术与日常生活之间鸿沟的重要因素;也正是在"玩"的过程中,宋人将传统的艺术形式精致化、高雅化、韵味化、意趣化了,同时也促生了一些能够适应时代审美心理需求的新的文艺形式,这都对后世中国的美学发展产生了深远的影响。

与士人文化切近生活、走向世俗的同时,是更为通俗的民众休闲审美文化的兴起。宋代城市的繁荣和商品经济的发展,使成分庞杂的市民阶层迅速崛起,更加感官化和日常生活化的市民审美需求也随之产生。孟元老在《东京梦华录序》中这样描述当时汴京的城市文化景观:"辇毂之下,太平日久,人物繁阜。垂髫之童,但习鼓舞;班白之老,不识干戈。时节相欢,各有观赏。……举目则青楼画阁,绣户珠帘,雕车竞驻于天街,宝马争驰于御路,金翠耀目,罗绮飘香。新声巧笑于柳陌花衢,按管调弦于茶坊酒肆。八荒争凑,万国咸通。集四海之珍奇,皆归市易;会寰区之异味,悉在庖厨。花光满路,何限春游;箫鼓喧空,几家夜宴。伎巧则惊人耳目,侈奢则长人精神。"这是城市大众通俗文化的狂欢盛现。

张择端《清明上河图》则在5米多长的画卷上展现了清明时节首都汴京东南城内外的热闹情景,反映了都市形形色色、各行各业

---

① 张法:《中国美学史》,第173页。

人物的劳动和生活，以及各种各样、丰富多彩的市井文艺场景。市井风情，瓦肆风韵，一一栩栩如生地呈现。宋代的民间戏剧如傀儡戏、滑稽戏、参军戏已十分流行，这些歌舞小戏以滑稽调笑、讽刺揶揄为主，可以增添一些即兴表演，台下观众大声应和，气氛颇为热烈。而传承而来的话本艺术是"说话"艺人的底本，是民间"说话"技艺发展的一种文学形式。为了市民的娱乐，各种瓦肆技艺应运而生，瓦肆即瓦舍，是市民文化娱乐的固定场所，每个瓦舍划有专供表演的圈子，称为"勾栏"。在众多勾栏里演出多种形式的文艺节目，如说书、讲史、杂剧、杂技、说浑话、角抵、队舞、皮影等。市井俚俗的下里巴人之调，与文人士大夫的阳春白雪之曲分庭抗礼，并呈现出酣畅淋漓的市井美学风采。

值得注意的是，宋代的娼妓业也因宋代城市经济的高度繁荣而趋于兴盛，其分工非常明确，大致分为了"官妓""声妓""艺妓""商妓"四类。这些从事娱乐业的女子，大都卖艺不卖身，一般都才貌双全，有的则琴、棋、书、画、歌、诗、词、曲样样精通，甚至很有造诣，深得官宦文人的青睐。也许在很大程度上，正是由于她们的吸引，文人士大夫也纵身市井风情，肆享瓦肆风韵。所有这些，反映出不同于贵族或传统士人情调的俗文化在宋代的兴起，日常生活的休闲情趣和审美享受，已经成为宋代社会的一种不可缺少的生活方式。正如美国学者包弼德（Peter Kees Bol）所说："在文化史上，唐代这个由虚无和消极的佛道所支配的宗教化的时代，让位于儒家思想的积极、理性和乐观，精英的宫廷文化让位于通俗的娱乐文化。"[①] 中国的休闲文化，也正是在宋代走向繁荣。

这种艺术的生活化直接导致了宋代美学的休闲情调，而反过来说，宋代美学之所以能够多样化发展，并达到古代美学又一次顶

[①] ［美］包弼德：《唐宋转型的反思》，《中国学术》2000 年第 3 期。

峰，很大程度也归因于宋代社会生活中所普遍形成的休闲享乐的文化氛围。宋代艺术的生活化以及生活的艺术化现象，成为宋代美学的突出特征，同时也将中国古代的休闲审美文化推向了高潮。

三　从汉唐气象到宋元境界：审美风尚和格调的转换

纵观有宋一代，社会的转型、理论思维的成熟、主体性情的凸显、市民阶层的兴起、人本需求的张扬、士人心态的世俗化，导致宋元境界与汉唐气象有很大不同。与汉唐美学相比，宋代美学一方面走向理性，走向成熟；另一方面走向生活、走向休闲。在士大夫审美趣味世俗化、生活化的背景下，宋代文人士大夫美学精神凸显休闲旨趣，追求一种平淡天然的"逸"的境界，一种与日常生活相联系的"闲"的韵味，一种在入仕与出尘之间无可无不可的"适"和"隐"的态度，美学更深度地融入了生活，表现了休闲的旨趣和境界。

中国封建社会在中晚唐发生了变化，转入了中年，从汉唐立马横刀式地向外开拓，转向了庭院踱步式的内敛沉思。宋代的美学也发生了由唐韵向宋调的转变。总的趋势和风貌是：在美学形态上，由较为感性直观的点评转向了更具理性思辨的议论；在审美旨趣上，由重风神情韵转向了重心境理趣；在艺术气象上，由外向狂放转向了内敛深沉；在审美创造的视角上，由更多地关注和表现情景交融的山水境界，转向更多地关注和抒写性情寄托的人生气象；在美学境界上，由兴象、意境的追求转向逸品、韵味的崇尚，"境生于象"的探讨逐渐转向"味归于淡"品析。如果说唐型美学的核心范畴与审美精神是"境"，是"神"，那么宋型美学的核心范畴与审美精神则是"意"，是"韵"。[①] 前者体现为外向空间的拓展与

---

① 叶朗提出："唐代美学中'境'这个范畴是唐代审美意识的理论结晶，宋代美学中'韵'这个范畴就是宋代审美意识的理论结晶。"见叶朗《中国美学史大纲》，上海人民出版社1985年版，第4页。李泽厚也认为宋代美学的一个规律性的共同趋向就是"韵味"，见《美学三书》，安徽文艺出版社1999年版，第159页。

建构，天地间审美意象的生成，是空间性的美；后者则体现了审美主体性原则，是内在精神人格的树立，为时间性的美。

宋代社会心理尤其是士人心理具有鲜明而深刻的两重性特点。[①]三教合流的调适，尤其是禅悦之风的浸染，又给宋代士人提供了一种相对进退自如的心理机制，因此，与性理追求和忧患意识的沉重基调相辅的是，宋代的仕隐文化与洒落心态。白居易的"中隐"人生哲学得到了宋代士人的由衷心仪和普遍崇尚，苏轼即为其中的代表。苏轼在《六月二十七日望湖楼醉书》说："未成小隐聊中隐，可得长闲胜暂闲。"他还作有题为《中隐堂》的诗，抒写中隐情怀。可以说，宋人比前人更潇洒地容与在仕与非仕之间、无可与无不可之中，对仕隐文化作了最为圆融的诠释与践履。苏轼在《灵璧张氏园亭记》如此表白自己的仕隐哲学："古之君子，不必仕，不必不仕。必仕则忘其身，必不仕则忘其君……开门而出仕，则跬步市朝之上；闭门而归隐，则俯仰山林之下。于以养生治性，行义求志，无适而不可。"前代文人在仕、隐两者之间往往不可兼容，甚或冲突；宋人则能更从容与入世与出尘之间，入则为仕，出则同尘，或者无可无不可。范仲淹的"不以物喜，不以己悲"，苏轼的"我适物自闲""常行于所当行，常止于不可不止"均是对这种人生哲学的透彻表达。

然而，形上形下的两重性追求，深入人生和远离人生的矛盾张力在宋代士大夫那里特别地纠结。苏轼与陶渊明在退隐上终有区别，后者是恬淡的真退隐，而前者是无法逃脱又无可奈何的一种排遣。苏轼是进取和隐退矛盾的一个典型，是中晚唐以来士大夫进取与退隐双重矛盾心理最鲜明的人格化身。在苏轼所谓"澹泊"心境中，渗入了对整个宇宙人生的意义、价值的一种无法解脱的怀疑和

[①] 潘立勇：《朱子理学美学》，东方出版社1999年版，第二章"朱子理学美学的社会文化、思想体系和个体人格背景"。

感伤。这种怀疑和感伤是中唐以来许多封建士大夫中存在的进取与退隐的矛盾心理的进一步发展,它已经不只是政治上一时失意的表现,而且潜在地包含了对现实社会生活的永恒合理性的疑问。

总体而言,宋代士人的个性不再像唐人那样张扬、狂放,他们的处世态度倾向于睿智、平和、稳健和淡泊,人生得意时并不如李白般大呼"天生我材必有用""人生得意须尽欢",事业顺利时也并不像李白那样狂喊"仰天大笑出门去,我辈岂是蓬蒿人";反之,命运坎坷时也很少像孟郊般悲叹"出门即有碍,谁谓天地宽"。宋人虽少了汉唐少年般的野性和青壮年的豪迈,却有着中年人"四十不惑"的睿智、冷静和洞彻。与唐人相比,宋代文人的生命范式更加冷静、理性和脚踏实地,超越了青春的躁动,而臻于成熟之境。[①]宋代士人心态对物对己更为圆彻、宽容,人生上表现为入仕出尘的无可无不可,审美上表现在雅与俗、刚与柔兼收并蓄,甚至以俗为雅、以丑为美。

禅宗以内心的顿悟和超越为宗旨,认为禅悟产生在"行住坐卧处、着衣吃饭处、屙屎放尿处"(释了元《与苏轼书》),深受此风之染的宋代士人领悟到雅俗之辨不在于外在形貌而在于内在心境,因而采取和光同尘、与俗俯仰的生活态度。禅学的世俗化带来的是文人审美态度的世俗化。宋人认为艺术中的雅俗之辨不在于审美客体孰雅孰俗,而在于主体是否具有高雅的品质与情趣。"凡物皆有可观,苟有可观,皆有可乐,非必怪奇玮丽者也。"(苏轼《超然台记》)"若以法眼观,无俗不真。"(黄庭坚《题意可诗后》)审美情趣世俗化的转变使文学观念开始由严于雅俗之辨向以俗为雅转变。这种转变在宋诗中的表现最为明显,题材的"以俗为雅"与生活态度和审美态度的世俗化密切相关,宋人拓展了诗歌表现的范

---

① 袁行霈主编:《中国古代文学史》(第三卷),高等教育出版社1999年版,第10页。

围，挖掘出生活中随处而有的诗意，使诗歌题材愈趋日常生活化；语言受禅籍俗语风格的直接启示，采用禅宗语录中常见的俗语词汇，以俚词俗语入诗，仿拟禅宗偈颂的语言风格，从而又开拓了宋诗的语言材料，使诗歌产生谐谑的趣味和陌生化的效果。① 只要把苏、黄的送别赠答诗与李、杜的同类作品相对照，或者把范成大、杨万里写农村生活和景物的诗与王、孟的田园诗相对照，就可清楚地看出宋诗对于唐诗的新变。

概括宋代的审美风尚，正如袁行霈先生所述：经由庄、禅哲学与理学的过滤与沉淀，宋人的审美情感已经提炼到极为纯净的程度，它所追求的不再是外在物象的气势磅礴、苍茫浑灏，不再是炽热情感的发扬蹈厉、慷慨呼号，不再是艺术境界的波涛起伏、汹涌澎湃，而是对某种心灵情境精深透妙的观照，对某种情感意绪体贴入微的辨察，对某种人生况味谨慎细腻的品味。这种审美情感是宋人旷达、超然、深沉、内潜的人生态度的折光。②

在艺术表现上，宋代艺术不再有磅礴的气势和炽热的激情，也不再有丰满的造型和绚丽的色彩，而转向精灵透彻的心境意趣的表现。唐韵的壮美逐渐淡化，代之以宋调的含蓄、和谐、宁静，甚至平淡。然而这种平淡不是贫乏枯淡，而是绚烂归之于平淡，是平静而隽永、淡泊而悠远。于是，在艺术和生活美学层面，宋代凸显了"悟"（"妙悟""透彻之悟"）、"趣"（"兴趣""理趣""别材别趣"）、"韵"（出入之间、有无之间、远近之间）、"味"（平淡、天然、自然）、"逸"（出尘、脩远、逍遥）、"闲"（心闲、身闲、物闲）、"适"（适意、心适物闲）等范畴。在审美品位的崇尚上，唐代朱景玄提出神、妙、能、逸四画品，逸品居后，但到宋代黄休复在《益州名画录》里则把逸品置于首位。所谓"逸"，就是超

---

① 袁行霈主编：《中国古代文学史》第三卷第五编绪论第二节。
② 袁行霈主编：《中国古代文学史》第三卷第五编绪论第二节。

越、超逸，超越有形、有限而达于无形、无限，平淡天然中从容于法。

宋代的诗文，情感强度不如唐代，但思想的深度则有所超越；不追求高华绚丽，而以平淡美为艺术极境。宋代诗文的审美追求从推崇李、杜转向崇尚陶渊明，李、杜是入世的，而陶渊明则是采菊东篱下，悠然见南山，很平淡，它成了宋代文人审美的理想风范。苏轼是宋代文人艺术家美学的代表，欧阳修是其先驱，黄庭坚是其后殿，呼应者甚众。苏轼和欧阳修一样，主张文章要"得之自然"，"随物赋形"，但他更强调要如"行云流水"一般，"常行于所当行，常止于不可不止"。他鼓吹庄子"游于物之外"和禅宗"静故了群动，空故纳万境"的与宇宙合一的精神，推崇"出新意于法度之中，寄妙理于豪放之外"，发展了晚唐以来强调个体性情、趣味表现的艺术精神，并赋予它更加自由无羁的色彩。另一方面，苏轼虽然也和欧阳修一样提倡平淡天然的美，高度赞赏"寄至味于澹泊"，"外枯而中膏，似澹而实美"，但在苏轼所谓"澹泊"之美中，渗入了对整个宇宙人生的意义、价值的一种无法解脱的怀疑和感伤，即使在他的那些号称豪放的作品中也经常流露出来，表现了苏轼美学思想的豪放与感伤相矛盾而又统一的特征。

在绘画领域，唐代传达的是热烈奔放的气质和精神，如李思训、李道昭父子金碧山水画的雍容华贵、绚丽辉煌，吴道子佛像绘画的"吴带当风"，韩干画马的雄健肥硕。宋代文人画传达的则是淡远幽深的气质和精神，其美学风格进一步由纤秾转向平淡，笔法平远、以淡为尚是其主要特征。如文同《墨竹图轴》以水墨之浓淡干枯表现竹之神态、苏轼《枯木怪石图卷》以一石、一株、数叶、数茎勾寥落之状，李成《寒林平野图》以平远构图法表现林野之清旷幽怨。山水画逐渐呈现由以重着色转向重水墨淡彩的风格，在简古、平淡的形式外表中，蕴含着超逸、隽永的深意。山水画论则重视平远、自然、气韵、逸格,追求天真平淡,主张表现无穷深意。宋代人物画在题材上将表现范围拓展到平民市井乡村民俗及各种社会生活。张择端的《清明上河图》即为代表之作。自北宋中期苏轼、文同等极力提倡抒情写意、追求神韵的文人画,至元代则将写意文人画推向高峰,并促进了书画的进一步渗透融合。

在书法领域,唐代书法轻盈华美、笔墨畅酣,如张旭、怀素的狂草狂放不羁,颜真卿正楷笔画端庄肥厚,充满浩然之气。宋代的瘦金体书法则枯筋瘦骨、老气横秋。宋人突破唐人重法的束缚,而以意代法,努力追求能表现自我的意志情趣,形成"尚意"书风。苏轼的"我书意造本无法",黄庭坚的"书画当观韵",强调"韵胜",皆是此意。后世评论"晋人尚韵,唐人尚法,宋人尚意"(清梁山献《承晋斋积文录·学书记》)。宋代"尚意"书法除了具有"天然""工夫"外,还需具有"学识"即"书卷气",同时有意将书法同其他文学艺术形式结合起来,主张"书画同源""书中有画、画中有书"。

瓷艺也在宋代达到精致典雅、玲珑透彻的境界。宋代瓷艺既体现儒家崇尚的沉静典雅、简洁素淡之美,又表现道家追求的心与物化之趣,还有禅家倾心的玲珑透彻之境,达到中国瓷艺最高峰。

中国园林艺术自商周开始,经过魏晋南北朝、隋、唐不懈的创新与发展,到宋代别开生面,达到超逸之境。尤其是宋代士人园林的兴起,以其简远、疏朗、雅致、天然的风格和意趣,"虽由人作,宛自天开",营造出在"壶中天地"贯通天人、穿透形上形下、融合宇宙人生的休闲意境,成为满足宋代士大夫在出入之间、仕隐之际独特精神追求的诗意栖居地。宋代士人园林,在园意观念和园境实践两方面精妙地体现了"中隐"的意趣,一种与禅宗"非圣非凡,即圣即凡"的境界同调的"不执"境界。造境手法别出心裁:在叠山理水上以局部代替整体,折射出文人画中以少总多的写意追求，色彩上以白墙青瓦、栗色门窗表现淡雅心境，植物上以莲、梅、竹、兰包含象征意义，由此，园林的意境更为深远。同时，园中赏玩，集置石、叠山、理水、莳花之实境和诗词、书画、琴茶、文玩之雅态为一体，从而赋予更浓郁的诗情画意，"壶中天地"渗透着诗心、词意、乐情、茶韵、书趣、画境，体现了文人容纳万有的胸怀。艺术与生活、审美与休闲，在宋代士人园林融为一体的境界。

由于宋代士人的审美、艺术与个体日常世俗生活比过去有更为密切的联系，从而使个人的审美情趣和要求获得了更为自由、更切人本的发展，休闲美学的意识与趣味由此产生，这在宋代士大夫的日常生活里得到了充分的体现。

第二章

传统中国休闲审美的生存境界

宋代特殊的时代背景和生存环境，使其艺术审美走向精致化、韵味化的同时也越来越贴近日常生活，艺术与生活的充分接近与融合渐成为宋代尤其是士人的一时审美风尚。美学切入生活，走向休闲；生活走向审美，追求品质和趣味，宋代由此成为传统中国休闲文化的繁荣时期。同时，由于宋代哲人的思维深沉，以理学为核心内涵的宋学对社会思潮的浸润和影响，宋代形成了颇为深刻和系统的休闲审美哲学，并在宋代士大夫那里得到充分的实践和展现，由此，宋代的休闲审美理论和生活实践都达到了传统中国的极高境界。

第一节 宋代休闲审美的人生哲学和境界

传统中国的休闲审美理论在宋代一方面得到了哲学上的本体深化，使其理路的构建更为深刻；另一方面得到了生活中的全面落实，使其工夫的实践更为丰富。可以说，传统中国休闲审美理论及其生存智慧在宋代总体看达到了既是空前，也许又是绝后的深度和广度。元代的休闲审美旨趣偏于娱乐和世俗化，雅趣不及宋人；明代中叶曾有阳明心学休闲审美智慧的灵光闪现，从本体工夫合一论深刻地化解了"敬畏"与"洒落"的矛盾和张力，然明清之际随着阳明心学的落寞，士人的休闲审美旨趣不再执着追求天人之际，而是更着重于当下玩物适情，李渔的《闲情偶寄》虽成为中国古代休闲审美的百科全书，总是少了宋代士人的高境逸思。

一 "闲"的本体认同

在宋代，闲被士大夫看作人生的本体。所谓本体，即一种本然存在、终极意义、应然价值。闲作为人生之本体，意味着将休闲审美的生活方式作为人生最有价值意义的存在方式。在宋代的知识分子看来，一个人的社会价值和生命意义既可以通过外在的事功去实现，亦可于个体内心的适意、自足与自由中获得，二者本不矛盾。古代社会自中唐以来，社会经历了由盛而衰的历史剧变，自那时起人们纷纷将生命的旨向从建功立业的意气转向了日常的心境体验。宋代愈演愈烈、纷繁复杂的政治斗争更是犹如催化剂一般加速了这种风气的转变。到了北宋中后期，整个社会都弥漫着一种倦怠感和休憩欲。尽管仕途经济依然是士人获取生活之资的重要手段，但单纯地走仕途来实现士人的精神抱负已然越来越困难了。在此情况下，士人如何重新体现其独特价值？如何彰显其作为一个阶层的自由创造力？一种文化的休闲人生观就成了必然的选择。于是，我们可以在宋人的文集中读到大量对"闲"的赞颂，如"百计求闲，一归未得，便得归闲能几年"（李曾伯《沁园春》），"乐取闲中日月长"，"一闲且问苍天借"（李曾伯《减字木兰花》），"只思烟水闲踪迹"（吴渊《满江红》），"这闲福，自心许"（汪晫《贺新郎》）。

由此可以看出，在宋人那里，休闲意味着自由的生活，可以回归自然，体验自我。但相比起外在的功业建设来说，这似乎是微不足道的。但正是这微不足道的闲情逸致被宋人赋予了极大的意义。休闲之人生的地位在宋代获得了空前的重视：

有士人贫甚，夜则露香祈天，益久不懈，一夕，方正襟焚香，忽闻空中神人语曰："帝悯汝诚，使我问汝何所欲。"士答曰："某之所欲甚微，非敢过望。但愿此生衣食粗足，逍遥山间水滨，以终其身，足矣！"神人大笑曰："此上界神仙之乐，汝何从得之，若求富贵，则可矣。"……盖天之蕲惜清乐，百倍于功名爵禄也。（费衮《梁溪漫志》卷8）

这真是：此"闲"只应天上有，人间哪得几回得！李之彦在《东谷所见》中也曾有论："造物之于人，不蕲于功名富贵而独蕲于闲……故曰：身闲则为富，心闲则为贵；又曰：不是闲人闲不得，闲人不是等闲人。"有闲之人生，已经超越了一般所谓功名富贵。而且，宋代士人将休闲现象分为"身闲"与"心闲"，体现了宋代士人对于休闲现象认识的深度。宋人在一种文化内转的时代背景下，把休闲作为人生之本体。休闲不再是无所事事微不足道，而是蕴含了深刻的本体价值。

对于闲之价值的认识与宋人对人生的深刻洞察有关。休闲之生活是看似微而实著，看似轻松而实至为难得，赵希鹄在《洞天清禄》中可谓一语中的：

人生一世间，如白驹过隙，而风雨忧愁者居三分之二，期间得闲者才一分尔！况知之而能享用者又百分之一二。于百一之中又多以声色为受用。

由此看来，人生已然短暂，而闲只占三分之一。这对所有人都是一种客观的生命现实。三分之一的休闲生活，能够知之并享用者已经很少了，而能很高质量地享用者，则更少。赵希鹄站在精英文人的立场，把休闲看作区别智者与愚者、精英与大众的关键所在。

也就是说，能否休闲需要的是人生智慧，而休闲质量之高下则取决于是否具备高雅的情怀。

那么休闲为何如此重要？从人的生理角度，宋人认为人长处于勤劳困苦中，生命未免局促衰弊，"人之情，久居劳苦则体勤而事怠"（田况《浣花亭记》），同时，宋人也从普遍的人性角度说明休闲为人生之所必须，"人之为性，心充体逸则乐生，心郁体劳则思死"（王安石《风俗》）。由此看来，"心充体逸"的休闲是生命的积极状态，而相反"心郁体劳"则令生命处于消极状态中。休闲乃至成为人的最基本、最普遍的权利诉求：

> 噫！彼专一人之私以自利，宜其所见者隘而弗为也。公于其心，而达众之情者则不然。夫官之修职，农之服田，工之治器，商之通货，早暮汲汲以忧其业，皆所以奉助公上而养其室家。当良辰嘉节，岂无一日之适以休其心乎！孔子曰："百日之蜡，一日之泽"，子贡且犹不知，况私而自利者哉！（韩琦《定州众春园记》）

要注意，"当良辰嘉节，岂无一日之适以休其心乎！"，这里不再仅指身体的放松、恢复精力，而且是指"休其心"，精神情感层面的休憩。宋人节日风俗的游闲之盛，似能旁证宋代由经济社会繁荣带来的情感解放。韩琦认为，那些表面勤于政务而无视民众休闲之情的官吏，其实是狭隘自私的表现。而民众官员假借庆典节日以狂欢嬉游，政府创造条件以鼓励之，实现之，则是"公于其心，而达众情"的表现。

宋代士人对休闲问题进行了十分严肃而深刻的思考，这已经不是局限于政治意义上的思考，而是更深入到了人的生命—生存领域。随着宋代商业经济的繁荣，社会物质财富的增加，宋人开始思考休闲对于人生的普遍意义了：

> 君曰："夫备其形于事者，宜有以佚其劳。厌其试听之喧嚣，则必之乎空旷之所……岸帻弦歌而诗书，投壶饮酒谈古今而忘宾主，孰与夫擎跽折旋之容接于吾目也？凡物所以好其意者如此。而又为夫居者厌于迥束，行者甘于憩休，人情之所同……"噫！推君之意可谓贤矣。吾为之记曰："夫智足以穷天下之理，则未始玩心于物，而仁足以尽己之性，则与时而不遗。然则君之意有不充于是与？"（王安国《清溪亭记》）

王安国在这段记文中明确指出，"夫居者厌于迥束，行者甘于憩休，人情之所同"，因为休闲的生活是自由随性的（"孰与夫擎跽折旋之容接于吾目也"），休闲需求也是人之常情。然而人的智识往往能穷尽万物之理，却"未始玩心于物"，对于休闲之道似乎要有更高的人生智慧，也就是"仁足以尽己之性"，在此，休闲上升到了生命本体的高度。

宋代审美走向生活，使得宋人能够以一种诗意的眼光去看待人的生存，从而发现休闲的价值。我们不能简单地看待宋代士人对休闲本体的认同，休闲毋宁说是宋人在复杂文化背景与政治环境下，对个体人生的审美调节。宋代士人纵情闲逸、归依休闲的人生旨趣反映出宋代士人二重性的文化心理结构。[①] 所谓二重性的文化心理结构即一方面宋代士人从内圣外王的角度体现出忧国忧民、勤勉报国、重理崇性的进取特征，另一方面又在个人私人领域体现出随缘任适、沉溺风月、抒写心灵的放达享乐特征。以休闲作为人生之本体，不能仅仅看到宋代士人红巾翠袖、诗酒风流的一面，此充其量

[①] 潘立勇：《朱子理学美学》，东方出版社 1999 年版，第二章"朱子理学美学的社会文化、思想体系和个体人格背景"。

只是休闲之一方面而已。我们更应看到宋人休闲文化更为深刻的一面，也就是将休闲的本体价值提升至了一种精神的高度，即超然放达的"心闲"境界。在宋代士人那里，休闲既是本体，也是境界。这从欧阳修、王安石、苏轼、黄庭坚、朱熹等人物的休闲人生实践中即可总结出来。他们所倡导的"寓意于物""心充体逸则乐生""无往不乐""超然物外""玩物适情"等思想，就是把一般的休闲情致提升内化为精神的超越性理念，视休闲为本体，自觉追求一种闲适的心态，成为宋人生命实践中起着导向调节作用的精神机制，从而在复杂的二重性文化格局之下，使得他们能够从容不迫、优游自得地达到一种身心的审美平衡与相对和谐。

二 "适"的工夫实践

在宋代士人看来，"适"对于审美与休闲人生的意义重大，是获取休闲境界的基本工夫。苏轼曾说"适意无异逍遥游"（《石苍舒醉墨堂》），苏辙亦有"盖天下之乐无穷，而以适意为悦"（《武昌九曲亭记》）的说法，司马光也主张"人生贵适意"（《送吴耿先生》），更有人称"人生贵在适意尔"（李流谦《晚春有感答才夫上巳之作二首》），可见适意的文化心理已经成为宋代士人安身处世的重要依据。

适的思想最早应上溯至庄子。庄子哲学中适的思想非常丰富，既有由身之适到心之适，再到忘适之适的层次变化，又有"适志"的本体观念，还有"自适其适"的价值取向。

庄子这种适的思想最为契合宋人的内倾型的文化心理。有证据表明，宋人的休闲自适的文化心理受了庄子思想的影响，苏顺钦在《答范资政书》中提到：

今得心安舒而身逸豫，坐探圣人之道，又无人讥察而责望之，何乐如是！摄生素亦留意，今起居饮食皆自适，内无营而外无劳，斯庄生所谓遁天之刑者也。

适与闲又到底有何关联？从苏轼的休闲思想中，我们大概能得出结论。苏轼曾言"心闲手自适"（《和陶贫士七首》），又言"我适物自闲"（《和陶归园田居》）。从前者来看，强调了一种在艺术创造过程中，主体心灵处于超功利审美的状态，即"闲"的状态，郑板桥取东坡意认为"胸中之竹"方能顺达地呈现为"手中之竹"①，这是进行艺术创造非常重要的规律，闲成了适的本然基础；而在后者看来，"我适"是主体身心处于一种自我满足而无所外求的状态，此时主体也是处于审美的无功利状态，世界的美与趣味便在个体眼前呈现出来，"眼中之竹"方能无遮蔽地呈现为"胸中之竹"。而适则成了闲的生成条件，亦即适乃闲之工夫。闲与适互为体用，一体相关。

在欧阳修看来，休闲自由的生活方式能令人适意，反之奔走忙碌的生活，则令人痛苦难堪：

> 余为夷陵令时，得琴一张于河南刘几，盖常琴也。后做舍人，又得琴一张，乃张越琴也。后做学士，又得琴一张，则雷琴也。官愈高，琴愈贵，而意愈不乐。在夷陵时，青山绿水，日在目前，无复俗累，琴虽不佳，意则萧然自释。及做舍人、学士，日奔走于尘土中，声利扰扰盈前，无复清思，琴虽佳，意则昏杂，何由有乐？乃知在人不在器，若有以自适，无弦可也。（《书〈琴阮记〉后》）

---

① 郑燮《客舍新晴》，乾隆丙子板桥郑燮画并题，见《中国画家丛书》，上海美术出版社1980年影印本。

在夷陵为令，官务省简，而山水丰美，恣意休闲于自然之中，内心是自由的，充满了诗意；而官越大，责越重，反倒失去了生活的乐趣。所以人生之贵"正赖闲旷以自适"（《与梅圣俞书》）。很大程度上，人生的快乐来自于"自适"，音乐亦然。音乐之乐"在人不在器"，如果有"自适"的心灵，即便在"无弦"中，也能得到天籁之乐。于是，"自适"成为宋人追求的一种新价值观，"适"被认作实现休闲的内在人生价值的契机。正是自觉地回归内在自我，使得士人主动地寻求闲适，以"适"来获得诗意之人生。

宋人获得闲暇之乐的途径看似是非常简单的。以欧阳修、苏轼为代表的宋代士人在遭遇贬谪时，往往将休闲之乐的获得归于两个方面，一是拥有闲暇之时间。贬谪士人由于贬谪而得到的闲暇时间，常被认为是因祸得福，拥有了嘲弄风月、流连山水的条件；其二，更为重要的是要具备自适之心态，因而能"无往而非乐"。这种"自适"之乐，是由人的生存态度而生成的。否则如宋之前的贬谪文人韩愈柳宗元等，也会因悲剧的境遇而自我哀悯、愤懑。苏轼曾在贬谪生涯期间得出两个很重要的论断，如"山川风月本无常主，闲者便是主人"（《与范子丰书》），"何夜无月，何处无松柏，少闲人如吾两人耳！"（《记承天夜游》），他所谓"闲者""闲人"既是因被贬谪而拥有了闲暇时间之人，更是内心平和自适的人。然而就一般士人而言，休闲的两个条件当如何做到？梅尧臣的一段小文中有着清晰的论述：

> 有趣若此，乐亦由人。何则，景虽常存，人不常暇。暇不计其事简，计其善决；乐不计其得时，计其善适。能处是而览翠，岂不暇不适者哉？吾不信也。（梅尧臣《览翠亭记》）

趣景在于能休闲之人的赏临，而休闲之人不是说要事情少，而是要善于"决断";能够得到快乐的人,在于"善适",即知足常乐之意。不要有太多与自己能力不相称的欲望。无论"善决"还是"善适",其实都是要从根本上减少过多向外求索的欲望,而回到内在真实的自我生命上来。这就是"乐亦由人"。没有一种自我满足、知足常乐的心态,就很难从容优游于山水林泉之间。宋代贬谪文人大多都能做到休闲放旷、内心平和,这与他们善于自适的工夫实践是有很大关系的。

三 超然物外的境界追求

宋代士人审美与休闲追求的是超然物外的境界。具体说来,这种超然物外的境界一是表现在对具体休闲对象(物)的超越,二是对出处、穷达、毁誉、是非等人生际遇的超越,超然物外的境界最终是一种"心闲"的审美境界。

宋代琴棋书画、铜鼎钟彝作为"文玩"进入士人的日常生活中,宋人又以"玩"的心态去避免因为嗜好这些物什而导致有累于心的,甚至丧志的倾向。欧阳修认为以玩乐之心爱好书法,可以"不为外物移其好"。因他认为"自古无不累心之物,而有为物所乐之心",以一种玩乐的心态去游于此艺中,自然会超越物的束缚,让所好之艺术与主体之生活更加融为一体。所以,他说艺术之休闲"在人不在器,若有以自适,无弦可也"。苏轼也有此意:"自言其中有至乐,适意不异逍遥游。"(《石苍舒醉墨堂》)这其实就是欧苏所倡导的"寓意于物"的思想。

苏轼在《宝绘堂记》中对寓意于物的思想进行了深入的阐发。他说"君子可以寓意于物,而不可以留意于物。寓意于物,虽微物足以为乐,虽尤物不足以为病。留意于物,虽微物足以为病,虽尤物不足以为乐"。寓意于物,即超越现实功利,以一种审美的心态去对待"物",也就是他所说的"譬之烟云之过眼,百鸟之感耳,岂不欣然接之，然去而不复念也"。这样，无论是"微物"，还是"尤物"，都能带给主体以快乐。而若"留意于物"，带着功利、执着的心态去对待"物"，则无论所爱好的是什么都会对自身造成伤害。苏轼还通过列举历史上钟繇、宋孝武等人"以儿戏害其国凶此身"的例子说明休闲之境界高低给人带来的危害。

"寓意于物"，放大而言，就是一种超然物外的审美人生境界。苏轼在《超然台记》中同样指出这种境界：

> 凡物皆有可观。苟有可观，皆有可乐，非必怪奇伟丽者也。哺糟啜醨，皆可以醉，果蔬草木，皆可以饱。推此类也，吾安往而不乐？

对于具体之物是这样，"推此类也"，则对于人生所遭之一切际遇，苏轼都以"寓意"的人生态度，获得了超然物外的境界。这里的"物"，就不仅仅是具体的物了，而且是人生各种机遇。欧阳修曾提出"知道之明者，固能达于进退穷通之理，能达于此而无累于心，然后山林泉石可以乐"。看来，山水园林之乐并非一般所言的乐。一般的乐是纯然感性的日常情感，而山水园林之乐则属于"知道者之乐"，是内心达于进退穷通之理之后，一种深入人生存在价值体验之后的情感。苏轼的超然物外，就是"达于进退穷通之理"。宋代士人，包括欧阳修、苏轼在内，一生仕途跌宕起伏，鲜有没经历过贬谪生涯的。但他们大多能在日常的生活中，表现出一种闲暇自若、无往不乐的姿态，也正是由于他们懂得"达于进退穷通之理"，正所谓："县有江山之胜，虽在天涯，聊可自乐。"（欧阳修《与梅圣禹》）

宋代道学家同样以这样的境界为最高。程明道《定性书》说："天地之常，以其心普万物而无心，圣人之常，以其情顺万物而无情。故君子莫若廓然而大公，物来而顺应。"对于曾点舞雩风流的休闲行为，朱熹也曾评价道："见道无疑，心不累事，而气象从容，志尚高远。"（《论语或问》卷11）"情顺万物而无情""心不累事"，都表现了宋人对闲适无累、洒落自然的心闲境界的追求。周敦颐的"光风霁月"、邵雍的"安乐逍遥"，也都体现了这种休闲境界。

第二节　宋代士人日常生活的休闲审美风范和旨趣

宋代士人日常生活哲学，突出表现在仕隐之间、政治出处的生存智慧和徜徉于林泉之乐、园林之境的休闲境趣。不同于汉唐士人的功利进取的人生旨趣，也与之后元明清士人的世俗休闲相异，宋代士人的休闲境界蕴藉了深刻的日常生活哲学内涵。一方面，宋代士人开始自觉地追求闲适、自然的生活，他们通过远游山水、亲近林泉、构建私人园林、游戏文墨等方式展现出潇洒飘逸而又极具才情的休闲生活；同时，在这种看似玩弄风月的生活方式下，休闲的人生诉求包含了士人对政治出处、显隐、得失，以及对人生情性之道、人生意义与价值乃至宇宙天地意识的深入思考和体悟。因此，宋代士人的休闲文化具有一种宇宙人生意识的深度与社会日常生活的雅趣，这是后代元明清士人休闲文化所不能同日而语的。

一　仕隐之间

1. 隐与闲

就士人而言，隐逸与休闲关系紧密。宋代士人对于隐逸的态度客观上给宋代休闲文化的勃兴创造了条件。宋代隐士文化出现了转折。首先表现在隐士的数量很小，《宋书·隐逸传》记载的隐士只有49人。其次，隐士之隐，很少再有像陶渊明那样避世绝俗的了，宋代的隐士多与仕宦者往来交游。最后，最重要的一点变化是，宋代士人普遍具有"归隐"的倾向，而且这种甘于归隐的心理并不能完全用传统隐士那种为了名节、人格之独立等来解释了，更多的是源于一种形而上的人生之思，也就是在对外在事功名利与内在生命享受两者之间的权衡上，宋人思考得更为深入了。前者通常被看得很虚幻、无意义，而后者通常被认为是生命的真实。注重对生命的个性化体验，追求审美的自由生活，成为大多数士人孜孜以求的人生理想。政治意义上的隐居落实到了略显世俗的诗酒人生、壶中天地的闲隐，类似于介于佛俗之间的"居士"，未必真正出家离世，而主要是在不离日常生活而又超越世俗心地的状态下居家修为。这种趋势和特点在宋人的诗文中表现得很明显。

比如北宋邵雍自称"已把乐作心事业，更把安作道枢机"（《首尾吟》），"安乐窝中快活人，闲来四物幸相亲"（《四长吟》），"雨后静观山意思，风前闲看月精神"（《安乐窝中酒一樽》），诗酒居游，处处寻乐，乐天安命，悠游闲适。邵雍的隐居是那么的生活化，丝毫看不出有"高尚其事"自命清高的心态。他坦然地展现出其隐居的生活充满了人伦之情、世俗交游的欢乐。另如苏辙《吴氏浩然堂记》：

> 新喻吴君志学而工诗，家有山林之乐，隐居不仕，名其堂曰浩然。曰："孟子，吾师也。其称曰：'我善养吾浩然之气。'吾窃喜而不知其说，请为我言其故。"

隐士傅公谋尝作小词曰：

草草三间屋，爱竹旋添栽。碧纱窗户，眼前都是翠云堆。一月山翁高卧，踏雪水村清冷，木落远山开。唯有平安竹，留得伴寒梅。家童开门，看有谁来；客来一笑，清话煮茗更传杯。有酒只愁无客，有客又愁无酒，酒熟且徘徊。明日人间事天自有安排。（《嘉靖袁州府志》卷9）

在这些隐士那里，隐而不仕已不再是宣泄某种与政治对抗的情绪，或者宣扬一种洁净的人格魅力，而是很简单的理由："家有山林之乐。"自然审美的欣赏进入了"可游可居"（《林泉高致》）的生活化场景之中。另外日常生活的亲情、友情，既是对生活审美的重视，也成为士人隐居不仕的借口。过一种审美的生活、充满情感的生活，而非忙碌、异化的政治生活，是促使很多士人放弃仕宦而归田园，或者在仕宦而梦寐田园的重要因素。从儒家隐士邵雍与隐士傅公谋对其隐居生活的描述来看，隐士的生活与其说都是世俗的享乐，毋宁是对一种休闲生活模式、休闲人生观的铺张与回归。

中唐以来，士人普遍流行及时行乐的闲逸心理，唐宋词中多有表现。究其原因，以白居易为代表的"中隐"文化心态对此影响显著。比如，宋都官员外郎龚宗元"取白乐天'大隐住朝市，小隐入丘樊，不如做中隐，隐在留司官'之诗，建'中隐堂'，与屯田员外郎程适、太子中允陈之奇相与从游，日为琴酒之乐，至于穷夜而忘其归"。龚况又"用宗元中隐故事，自号'起隐子'"；太子中舍王绅也把他在长安城中的居第园囿曰"中隐堂"；徐得之建"闲轩"，"欲就闲旷处幽隐"[①]。可见，举凡以"中隐"名其堂者，皆意在此营构诗意的生活空间，以寻求一种艺术化的本真生命体验，

[①] 张再林：《中唐——北宋士风与词风研究》，人民文学出版社2005年版，第80页。

表现了一种休闲生活的审美旨趣。相对于外在异化的政治生活空间，中隐堂无疑更像一处世外桃源——精神停泊的港湾。

"中隐"既是隐逸的一种方式，也是一种休闲审美心态的体现。或者可以说，中隐是以审美来调节生活，以休闲来获得有着生命韵律的生存方式，在休闲的生活中实现一种不离政治而又超越政治的仕途智慧：

> 今张氏之先君，所以为其子孙之计虑者远且周。是故筑室艺园于汴、泗之间，舟车冠盖之冲，凡朝夕之奉，燕游之乐，不求而足。使其子孙开门而出仕，则跬步市朝之上，闭门而归隐，则俯仰山林之下。于以养生治性，行义求志，无适而不可。（苏轼《灵壁张氏园亭记》）

虽然宋代士人大多倾慕白居易的中隐模式，但亦有很大的超越。白居易的中隐前提，他说得很清楚，"隐在留司官"。这样的官位是"不劳心与力，又免饥与寒。终岁无公事，随月有俸钱"（《中隐》）。而对于"大隐"，即隐于朝市的做法，白居易是否定了的，认为"朝市太喧嚣"，而小隐入山林的模式又显得过于冷清辛苦。白居易的休闲审美生活仍是要寄托于外在物质条件之上，要有官做，但不大不小，不闲不忙，还要有较为丰裕的俸禄；因此，大隐、小隐、遭遇贬谪等，对于白居易而言似很难真正洒脱闲适。宋代的士人则大为不同，诸如在朝为官、隐居山野、遭遇贬谪等传统士人所能处的所有境遇，宋代士人仍表现出诗酒风流、山水怡情的人生姿态；他们自觉地将审美的因素与张弛有致的生命节奏融入日常生活中来，在仕与隐之间做到无往而不闲，无入而不自得。

因此，在宋人看来，更为难得的并非身心两闲，而应是"体未得休，而心无他营"身不闲而心闲的生活方式。尹洙在《张氏会隐园记》中提到：

> 夫驰世利者，心劳而体拘，唯隐者能外放而内适，故两得焉。有志者虽体未得休，而心无他营，不犹贤乎哉？

"有志者"通过休闲的方式体现出很高的人生智慧。无论大隐还是中隐、小隐，隐于何处已经不重要了，重要的是"心隐"，即心闲。这是士人休闲观念的深刻独到之处：

> 盖得夫郊居之道。或霁色澄明，开轩极望；或落花满径，曳杖行吟；或解榻留宾，壶觞其醉；或焚香启阁，图书自娱。逍遥遂性，不觉岁月之改，而年寿之长也。此其游适之乐，居处之安，又称其庄之名矣。今士大夫或身老食贫，而退无以居；或高门大第，而势不得归。自非厚积累之德，钟清闲之福，安能享此乐哉？（范纯仁《薛氏乐安庄园亭记》）

在范纯仁看来，郊居之道、游适之乐，不在于士大夫退隐获得身闲，也不在于高门大第有很丰厚的经济基础，而在于"厚积累之德，钟清闲之福"。这种重视主体内在精神力量的休闲观念，一方面是提升了士人休闲活动的文化内涵与层次，另一方面也成为宋代士大夫普遍追求闲、享受闲的重要心理依据。

总之，中国的隐士文化自宋代起就越来越休闲化了。就是说隐逸并不主要是达到一种政治目的，而更是为了获得美的生活，是从对劳形怵心到闲情逸致的转化。当然，也不否认在宋代及以后的时代，有个别时期隐逸文化会带有很浓的政治色彩，但这已经不是隐逸文化的主流形态。正如苏辙所言："一出一处，皆非其真。燕坐萧然，莫之与亲。"(《壬辰年写真赞》）出处、隐仕都是形迹，最为重要的是"萧然"之心境。萧然心境，即淡泊、闲适的心境。当官的往往劳形累心，隐居者往往内心向往功名，所以，能拥有"萧然"（审美心胸）的人是最真了。

2. 仕与闲

宋代是文人治天下，士大夫获得了前所未有的政治机遇，具备文艺才能的宋代士人从政难免会将审美与休闲情感带入政治生活中来。在从政文人那里，审美与休闲不仅融入生活，还贯穿从政的始终。然而宋代士大夫的双重人格结构，使得士人休闲总处在一个公与私的夹缝之中。在宋代特殊的政治环境下，范仲淹的一句"先天下之忧而忧，后天下之乐而乐"是萦绕在大多数宋代士子头上的道义准则。作为在私人领域发生的休闲活动虽然被赋予了非常大的价值，但行走在政治空间的士人们无论从自身的道德自律来讲，还是国家社会对他们的期望、制度对其的约束等，都要求他们不得不遵循先公后私的为政之道。从政治领域而言，勤政爱民毕竟是具有统治形象的正面意义，而若在其位不谋其政，将游乐狎戏作为任职期间的首务的话，则很容易被认为是不尽忠职守、不务正业，是"玩物丧志"。韩琦在《定州众春园记》中提到一种观点，也许是当时一般流俗的观点，即认为如果为官上任，致力于"园池台榭观游之所"的话，容易"使好事者以为勤人而务不急，徒取庆焉"。因此，具有才情的士人如果想过一种休闲的生活，就必须找出足够好的理由以免遭到外界的批判。

一种策略是在休闲于园庭林泉之际，向外宣示自己为政地方岁物丰成，天下无事，平安太平。此时休闲游赏，便无愧于皇帝，百姓也不会有怨言。如欧阳修知滁州时，曾于琅琊山幽谷泉上修建丰乐亭，记云：

>　　修之来此，乐其地僻而事简，又爱其俗之安闲。既得斯泉于山谷之间，乃日与滁人仰而望山，俯而听泉。掇幽芳而荫乔木，风霜冰雪，刻镂清秀，四时之景，无不可爱。又幸其民乐其岁物之丰成，而喜与予游也。因为本其山川，道其风俗之美，使民知所以安此丰年之乐者，幸生无事之时也。夫宣上恩德，以与民共乐，刺史之事也，遂书以名其亭焉。（《丰乐亭记》）

此似指出为政一方，有事治事，无事就要"宣上恩德，与民共乐，刺史之事也"。休闲不仅是民众之情，更成了治事者的正经之务了。

苏舜钦对这种无事而休闲的为政观也表示了赞同，其云：

>　　名之丰乐者，此意实在农。使君何所乐，所乐惟年丰。年丰诉讼息，可使风化浓。游此乃可乐，岂徒悦宾从。（《寄题丰乐亭》）

这里苏舜钦极力地想解释欧阳修所乐，并非徒为休闲、悦宾从，而是乐此丰年之事。内含的意思似乎唯有此丰年才有休闲之乐的机会（"游此乃可乐"）。这也从侧面看出，当时的士大夫若想恣意休闲还是有一些心理上的顾忌的。

另外，《梁溪漫志》记载苏轼"平生宦游多在淮浙间，其始通守余杭，后又为守杭。人乐其政，而公乐其湖山"。在宋代，苏轼的闲情逸致是出了名的，但也要首先强调"人乐其政"。王安石在《石门亭记》中认为，要想休闲游乐，就必须要先政成民化；反之若"民不无讼"则很难做到"令其休息无事，优游以嬉"。这里就出现了士人为政休闲的第二条策略，即政成而始游乐。

随着宋代林泉休闲游赏的发达，构建园林池榭成为士人的风尚。"天下郡县无远迩大小，位署之外，必有园池台榭观游之所，以通四时之乐。"① 这种兴园之风，宋代统治者是有所顾虑的，生怕这种大兴休闲类建筑空间会引起地方百姓的不满。对于地方官兴修非必要的官廨或亭园，统治者多半是不鼓励的。因此，地方官要想从事休闲类的空间筑造以及从事游玩之乐的话，就必须强调百姓丰衣足食、民不知役、政成民和这样的前提：

> 予曰：池馆之作，耳目之娱，非政之急，何足道哉？……后之踵予武者，其以才选而来，厌职是宜，政成民和，能无燕嬉之事与。（苏洵《袁州东湖记》）

"政成民和，能无燕嬉之事与？"，这就是说，当社会发展到一定程度之后，休闲才好成为必需。这似乎是当时士人的通识。兹举几例：

> 政成治东圃，于焉解宾榻。（赵抃《留题剑门东园》）
> 居数月，上承下抚，政克有闻，于是即其厅事之右，荒芜废圃之中，择地而构堂焉，以为燕休之所。（邹浩《东理堂记》）
> 政平岁丰，士民康乐，乃作亭于北城之上。（陈师道《忘归亭记》）
> 遂号无事，民则岁丰而义重，吏则日闲而兴长，始有公余之计，为堂于山水间。（黄裳《公余堂记》）
> 政成俗阜，相地南山，得异境焉。（陆游《盱眙军翠屏堂记》）

---

① 曾枣庄、刘琳主编：《全宋文》第40册，上海古籍出版社2006年版，第37页。

政成则可以休闲，首先是因为政成之后，会有休闲的时间（"政成有暇日"），也能避免流俗的指责。那么怎么样做到政成呢？黄庭坚给出了较为具体可操作的策略，即"唯整故能暇"：

> 无事而使物，物得其所，可以折千里之冲之谓整；有事而以逸待劳，以实击虚，彼不足而我有余之谓暇。①

"整暇"观比起政成民和始游乐，又更进了一层，而且很简洁地将"政成"与"休闲"之间联系起来。所谓"整"，"无事而使物，物得其所，可以折千里之冲之谓整"，也就是万事万物各得其所，恰到好处，呈现出为一种合理而有机的秩序；而暇则是"彼不足而我有余之谓暇"。整与暇之间的关系，黄庭坚认为"唯整故能暇"，"政成有暇日"②于是官吏与民众皆可以为休闲之事了。这种"整—成—暇"的为政休闲模式，是宋代士人政治休闲文化的高度提炼与概括，具有很强的指导意义。如果士人为政完全做到了既能"整"，又能"暇"，这被宋人认为是为政的最佳境界：

> 尚书外郎杜君挺之之为守也，狱无冤私，赋役以时，事举条领，民用消息，近郊胜概，亡不周览……挺之以诚应物，庭无留事，日自适于山水间，乃知为政自有体也。（余靖《涌泉亭记》）

总之，在时间与经济两个休闲基本要素都具备之后，如何能合理有效地开展休闲活动，便主要从一种文化的角度进行设计了。宋代士大夫对古代休闲思想的主要贡献就在于通过"无事而休闲"

---

① 曾枣庄、刘琳主编：《全宋文》第107册，第168页。
② 曾枣庄、刘琳主编：《全宋文》第107册，第171页。

"政成始游乐""唯整故能暇"这三种途径成功地解决了为政与休闲之间的矛盾。通过这样的诠释与构建，宋代士人既可以承担起对社会、国家的道义与责任，同时也通过合情合理的方式满足了自己与民众的休闲需求。山水园林的自然审美、民俗游憩的生活审美等审美形式都借此契机融进了士人的仕途生涯。

二　山水之心

宋代士人山水田园休闲，是指其暂时摆脱世俗琐务尤其是政治生活的纷扰，而沉浸于自然山水与田园生活中，从而获得一种回归山水林泉，体验宁静、淡泊、平和的生活感受与境界的休闲方式，这也是宋代自然审美日趋生活化的体现之一。如果说魏晋士人还是将自然山水作为生活背景的点缀之物，或者更多的是以玄观山水的话，宋代士人却更多地在休憩游赏中亲近山水。"江山风月本无常主，闲者便是主人。"人与自然走得更近了。甚至，最佳的自然山水不再是荒寒偏远的地方，不再是"高蹈远引，离世绝俗"（《林泉高致》）的场所，而是"可游可居"能够生活化的地方。

清代孙琮在评论宋代士大夫的行为时说："宋世士大夫类皆耽于玩山水，以为清高，亦是一时风气。"（《答李大临学士书》）此话不虚。在宋代休闲文化风气的影响下，由于江南经济的开发，山水林泉休闲成为宋代士人普遍追求玩赏的对象，几乎到了魂牵梦萦的地步。沈括在《梦溪笔谈》自志中说："翁三十许时，曾梦至一处，登小山，花木如覆锦，山之下有水，澄澈极目，而乔木荫其上。梦中乐之，将谋居焉。自尔岁一再或三四梦至其处，习之如平生之游。"另外如邵雍、司马光、欧阳修、苏轼、朱熹、陆游、范成大等人皆是有名的游赏大家，都有大量的山水园林游记传世。欧阳修在任西京留守推官时，"凡洛中山水园庭、塔庙佳处，莫不游览"①。谪守滁州，当地"有琅琊幽谷，山川绮丽，鸣泉飞瀑，声若环佩，公临听忘归"②。苏轼则"有山可登，有水可浮，子瞻未始不褰裳先之。有不得至，为之怅然移日。至其翩然独往，逍遥泉石之上，撷林卉，拾涧实，酌水而饮之，见者以为仙也"。朱熹同样是嗜好山水，自称是"性好山水"："每经行处，闻有佳山水，虽迂途数十里，必往游焉。……登览竟日，未尝厌倦。"③ 在宋代，士大夫普遍具有怡心山水、田园的生活倾向。在这种投身于山水田园休闲的生动实践中，表现出一种追求自然与超逸的休闲情趣。游于山水田园从而获得闲逸之趣，成为宋代士大夫回归自然从而获得诗意生存的重要途径。

宋代士大夫山水之心的人文内涵有三：一是内适性情，二是天地之教，三是仁智境界。

其一，内适性情。休闲于林泉之间被认为是公务之余的调剂身心、散心探幽的重要手段。官员于假日之中出外闲游，可以疏解政务繁忙的压力。山水林泉既是他们愉悦耳目、放松心情的地方，同时也可以涤除现实俗务的烦恼及郁闷，张咏在《春日宴李氏林亭记》所云"外作官劳，内适情性"，即此之谓。又如余靖所道：

  贤人君子乐夫佳山秀水者，盖将寓闲旷之目，托高远之思，涤荡烦绁，开纳和粹。故远则攀萝拂云以跻乎杳冥，近则筑土饬材以寄乎观望。（《涌泉亭记》）

这里可以看出，山水林泉之乐"内适性情"有三个层次，一是感官层愉悦（寓闲旷之目），二是情感层愉悦（涤荡烦绁，开纳和

---

① 王辟之：《渑水燕谈录》卷4《才识》，中华书局出版社1981年版，第40页。
② 王辟之：《渑水燕谈录》卷7《歌咏》，第85页。
③ 罗大经：《鹤林玉露》丙编卷3《观山水》，中华书局出版社1983年版，第281页。

粹），三是意志层的愉悦（讬高远之思）。

北宋释智圆对此有深刻的论述：

> 处则讨论经诰以资乎慧解，出则遨游山水以乐乎性情。道远乎哉？在此而已。今是行也，始欲归故乡，游山水，吾知其将乐于性情乎。①

释智圆虽为名僧，却也有着类似儒家的情怀。他认为出处语默无非道的体现，遨游山水，是乐乎性情。他在《送天台长吉序》中也提到"名士招游名山，谋道乐性耳"②。他所谓"乐乎性情"，已不仅仅是形而下的感官体验，而且是包含了对形而上的道性的体认。

其二，天地之教。在宋代士人看来，大自然蕴含着天地造化生机和生理，游山玩水的过程能使人默契天地之机，是所谓"天地之教"，即道家所谓"无言之教"。"行万里路"，"远游以广其闻见"，奇山秀水不仅是大自然神妙造化的产物，引人遐思；更蕴含着古往今来的人文遗迹，供人凭吊。在山水林泉休闲之中，满足了宋代士人好学求知、广博见闻的心理需求。苏辙在《上枢密韩太尉书》谈到自己行旅汴京的经验：

> 其居家所与游者，不过其邻里乡党之人，所见不过数百里之间，无高山大野，可登览以自广。百氏之书虽无所不读，然皆古人之陈迹，不足以激发起志气。恐遂汩没。故决然舍去，求天下奇闻壮观，以知天地之广大。过秦汉之都，恣观终南、嵩、华之高；北顾黄河之奔流，慨然想见古之豪杰。至京师，

---

① 曾枣庄、刘琳主编：《全宋文》第15册，第192页。
② 曾枣庄、刘琳主编：《全宋文》第15册，第193页。

仰观天子宫阙之状，与仓廪府库、城池苑囿之富且大，而后知天下之句丽。

这真是"百闻不如一见"，囿于乡里难免志气拘束，坐井观天；游观览胜，云游四方，则激发志气，增长见闻。

苏轼在游览石钟山时，考证求索石钟山名之来历，写下《石钟山记》：

> 事不目见耳闻，而臆断其有无，可乎？郦元之所见闻，殆与余同，而言之不详；士大夫终不肯以小舟夜泊绝壁之下，故莫能知；而渔工水师虽知而不能言。此世所以不传也。而陋者乃以斧斤考击而求之，自以为得其实。余是以记之，盖叹郦元之简，而笑李渤之陋也。

陆游的《入蜀记》，则以日记体的形式写景物，记古迹，叙风俗，作考证。在游玩的同时广博见闻，应该是宋代士大夫山水休闲的重要内容。

其三，仁智境界。宋代士大夫作为一个群体重新登上历史舞台，他们必须向外界宣示一种士大夫所独有的阶层特质与文化品位。在宋代游玩林泉是普遍的社会风尚，但士人的林泉之乐自有其鲜明的特征，不同于一般流俗的"盘游"。士人的山水休闲追求的是孔子所谓"仁者乐山，智者乐水"的仁智境界。实际上，那种在山林间纵玩不已、东西游玩以示夸耀的休闲方式，是被士人所不齿的。他们通过"道德理性、节制、才情、性理、雅趣"等，较为自觉地构建起属于士人阶层的独有趣味和境界。

如释智圆对山水之休闲做了深入的思考与辨析，认为同样是"山水之游，乐乎性情"，亦有君子小人之别：

> 山也水也，君子好之甚矣，小人好之亦甚矣。好之则同也，所以好之则异矣。夫君子之好也，俾复性；小人之好也，务悦其情。君子知人之性也本善，由七情而汩之，由五常而复之，五常所以制其情也。由是观山之静似仁，察水之动似知，故好之，则心不忘于仁与知也。心不忘仁与知，则动必由于道矣。故曰："仁者乐山，智者乐水焉。"小人好之则不然，唯能目嵯峨、耳潺湲以快其情也。……夫飞与走非不好山也，鳞与介非不好水也，唯不能内思仁与知耳。呜呼！人有振衣高岗，濯足清渊，而心不能复其性，履不能由于道者，飞走鳞介之好与！[①]

君子之好山水，是"俾复性"，小人之好山水则仅为"悦其情"。前者由山水林泉而反观仁智之性，后者则图一时耳目之情。若游憩山水间而不能"复其性""由于道"者，与动物无异。这种自然休闲审美观显然是深刻的。

另外如朱熹认为山水自然审美之乐，一不留神就会流于庄子式的放荡。他在评价曾点沂水舞雩之乐时着重指出了这点：

> 恭甫问：曾点咏而归，意思如何？曰：曾点见处极高。只是工夫疏略。他狂之病处易见，却要看他狂之好处是如何。缘他日用之间，见得天理流行，故他意思常恁地好。只如暮春浴沂数句，也只是略略地说将过。又曰：曾点意思与庄周相似，只不致如此跌荡。庄子见处亦高，只不合将来玩弄了。[②]

由此见出，朱熹认为曾点与庄周于自然山林的和谐之游，是

[①] 曾枣庄、刘琳主编：《全宋文》第15册，第255页。
[②] 朱熹：《朱子四书语类》，上海古籍出版社1992年版，第614页。

"见处亦高"。但对庄子来说，由于他耽迷于山水林泉之乐，而显得有些"跌荡"了。朱熹也曾多次批评陆九渊师徒闲散、放荡，只恁地高谈阔论，游荡不羁而不读书。朱熹认为这种闲散于自然山水中而疏于读书进道的行为，是虚乐而非实乐。这显然是十分警惕学者向庄释思想滑进的观点，充满了儒家理性主义精神。

除此之外，宋代士人表现出来对奢侈、低俗的林泉之乐的排斥。

> 故贤者谓其外作官劳，内适情性；不肖者谓其外张威气，内尽荒侈。……松篁啸风，怪石嵌虎，岂不体节贞与？又焉樱花进红，乳草织绿而已？竹林诞放，金谷淫侈，亦奚足俦也？（张咏《春日宴李氏林亭记》）

士人之林亭之休闲，"外作官劳，内适情性"；一般人或者小人则是"外张威气，内尽荒侈"。君子或贤人之休闲，于林泉之中"体节贞"，不是纵一时的耳目之欲。他也嘲讽批评了魏晋诞放、淫侈的林泉之乐，这其实是强调了士人道德文化素养的重要性。

士人在自然山水中休闲，自然美景与朋侣交游助发士人之诗兴，诗歌相咏，体现了士人休闲融自然美与艺术美为一体，自然审美通过诗文艺术而带上了文人化、精英化的色彩。对于士大夫而言，艺术常常与日常生活合而为一，生活中无处不画图，无处不诗意；而对庶民大众而言，生活与艺术则相隔较远。日常生活平凡无奇，艺术则相对难以企及。这也就决定了，在最为闲适自由的林泉休闲之乐中，士大夫通过对特殊的文化理性观照，实现了士人阶层的身份认同。

三 园林之境

正如郭熙所言，"林泉之志，烟霞之侣，梦寐在焉，耳目断绝"

(《林泉高致》),自然山水毕竟远离都市人群,偶尔一至尚可,若经久流连则并不现实。因此,对于宋代士人而言,引自然山水入园庭,构建士人化、私人化的园林空间,就既能满足"林泉之志"的一份闲情,又能实现坐卧起居随时休闲的逸致。在煞费苦心找到了为官而休闲的理由之后,宋代士大夫为官期间开始积极努力地营建休闲的空间,或堂,或室,或轩,或园圃,或亭台楼阁。这些休闲空间的构建,一方面是起到融入自然山水的作用,另一方面也是邀朋聚友的场所。在这样的休闲场所,往往能达到人与自然的和谐、人与人的和谐、自身的和谐。

中国古典园林萌芽于商周之时,经过数千年的发展,到宋代步入鼎盛时期。广大士人积极参与园林的规划设计,士人园林、私家园林兴盛起来。园林的内容、形式都趋于成熟完善,技术手法高妙,艺术情趣细腻精致,呈现为殊异于前代的气象与风格,格调更加简洁流畅,高雅不群。园林成为士大夫们玩赏游乐、寄情抒怀的重要场所。文人士大夫往往对建造、玩赏园林乐而不疲。宋代园林成为深具文化内涵与艺术美学价值的重要载体。宋代士大夫在建造与玩赏园林的过程中展现出独特的美学情趣与人生态度。

宋代园林遍布全国,不仅汴京、临安有大量分布,而且其他城市也有数量极多的园林。

如周密的《癸辛杂识》对吴兴的主要园林进行了详细记载,并指出:"吴兴山水清远,昇平日,士大夫多居之。"又说:"倪文节《经鉏堂杂志》尝纪学时园圃之盛,余生晚,不及尽见。而所见者亦有出于文节之后,今摭城内外常所经游者列于后,亦可想像昨梦也。"认为当时士大夫经常游赏的吴兴园林的富庶与丰姿就像昨日之梦一样,以昨梦喻花园,充分表明当时吴兴的私家园林之盛。周密《癸辛杂识》详细记载了吴兴的南沈尚书园、北沈尚书园、章参政嘉林园、牟端明园、丁氏园、莲花庄、赵氏菊花园、程氏园(程文简尚书园)、丁氏西园、倪氏园、王氏园、赵氏园、赵氏清华园、俞氏园、赵氏瑶阜等三十六个园林。对花园之富盛美丽极尽描写。如记北沈尚书园曰："沈宾王尚书园，正依城北奉胜门外，号北村，叶水心作记。园中凿五池，三面皆水，极有野意。后又名之曰自足。有灵台书院、怡老堂、溪山亭、对湖台，尽见太湖诸山。水心尝评天下山水之美，而吴兴特为第一，诚非过许也。"引用叶适之言，认为天下山水之美，吴兴居首。

宋代的士大夫喜爱园林、乐于游园，是一种较为普遍的潮流。值得注意的是，他们不仅对一些名家园林感兴趣，而且对一些小的不知名的园林颇为倾心，如苏轼在《新葺小园二首》其一云：

> 短竹萧萧倚北墙，斩茅披棘见幽芳。使君尚许分池绿，邻舍何妨借树凉。亦有杏花充窈窕，更烦莺舌奏铿锵。身闲酒美谁来劝，坐看花光照水光。

苏轼认为，在用短竹制作而成的篱笆围成的小园中，有碧绿的池塘，有可以乘凉的大树，有争奇斗艳的杏花，还有黄莺悦耳的鸣叫，人身闲静而酒味醇美，水光花色相互映照，一种悠悠自在的感受拂面而来。

司马光在居洛阳时，曾于国子监之侧买地辟建独乐园，过着怡然自得的生活，引来许多士大夫艳羡的目光。如苏轼就曾在《司马君实独乐园》中对其表示赞叹：

> 青山在屋上，流水在屋下。中有五亩园，花竹秀而野。花香袭杖履，竹色侵杯斝。樽酒乐余春，棋局消长夏。洛阳古多士，风俗犹尔雅。先生卧不出，冠盖倾洛社。虽云与众乐，中有独乐者。

苏轼此诗中的"先生卧不出",表明了司马光隐而不仕的基本生活境况,而司马光在能"与众乐"的同时,更加看重"独乐",则更说明司马光之隐并非只是表明一种抗拒从政的基本态度,在很大程度上更是为了获得一种生活的乐趣。司马光在园林中的"独乐"之隐充分说明宋代士大夫园林之隐旨在满足自我生命的内在需要,自觉追求人生快乐的基本性质。

宋代园林的另一重要形式是书院的园林化。书院最早出自唐代,但真正具有教育意义上的书院却在宋代形成。在宋代统治者崇文政策的影响下,加之科举考试的发达,文化的繁荣,宋代书院一度非常兴盛。这一时期著名的书院有白鹿洞书院、岳麓书院、应天府书院、嵩阳书院、石鼓书院、茅山书院、华林书院、雷塘书院等。一直以来,书院都被认作讲学、藏书、祭祀的场所,鲜有将其与休闲文化联系在一起的。但仔细观察宋代的书院,就会发现,书院是宋代士大夫休闲的重要空间之一。

一般而言,书院大多建立在自然风景优美的地方。优美的风景不仅造成一种幽静天然的学习环境,还可以在教学之余游山玩水以做休憩。在宋人眼里,书院的环境很令人羡慕:"陶山读书处,景物自天成。幽涧菁莪盛,高冈彩凤鸣。雨余山色秀,云净月华明。静听寒泉响,潺潺洙泗声。"(王应辰《陶山书院》)朱熹曾记载:"予为前代庠序之不修,士病无所学,往往相与择胜地,立精舍,以为群居讲习之所,而为政者乃或就而褒美之。"[①] 除了自然山水的优美引人入胜之外,宋代书院也会凿池引水、叠石成山,通过亭台楼阁的点缀,更加增强了书院的休闲审美情趣。陈舜俞《庐山记》记载,江西白鹿洞书院刚创立之时"即洞创台榭,环以流水,杂植花草,为一时之胜"。而其他的如凤岗书院"别有游息之圃、亭、

[①] 赵所生、薛正兴:《中国历代书院志·国朝石鼓书院志》,江苏教育出版社1995年版,第423页。

阁十余所"①，龙潭书院"临池有亭，名以爱莲；玩芳有榭，名以春风"②。另外书院中经常植花木，叠假山，俨然就是园林艺术的构造，而这都是宋代书院成为休闲场所的重要原因。

宋代士人园林更是把绘画、书法、诗词、音乐、文玩、品茗、棋局等颇具文人色彩的活动，作为日常之趣融入园林休闲之中。王禹偁《黄州新建小竹楼记》曰："宜鼓琴，琴调虚畅；宜咏诗，诗韵清绝；宜围棋，子声丁丁然；宜投壶，矢声铮铮然；皆竹楼之所助也。"南宋吴自牧的《梦粱录》记载："四月谓之初夏，气序清和，昼长人倦，荷钱新铸，榴火将燃，飞燕引雏，黄莺求友，正宜凉亭水阁，围棋投壶，吟诗度曲，佳宾劝酬，以赏一时之景。"琴棋书画、诗词茶酒，都是宋代士人园林不可或缺的组成部分。

宋代士人园林突出地体现了宋人追求的"天人之境"及其由此显现的达通天人，穿透形上形下、融合宇宙人生意识的休闲意境。宋人的园林和休闲境界与后来的李渔等不同，后者虽然极为精致，但缺少了宋人的天地境界和宇宙人生意识。

士人园林自中唐就已经大量出现，宋代士人园林正是承续中唐而来。然而其间士人心态的变化是明显的。从园林休闲的角度而言，盛唐园林如太平公主的巨大庄园，从长安绵延到终南山的规模，在中唐也很少见了。士子纷纷建构自家的私人园林——所谓"壶中天地"，士人通过园林这样微小的空间来容纳广阔的天地。其实仔细观察不难发现，中唐士人表面看是回到了私人的领域，实际上盛唐士人建功立业、开疆拓土的豪情依然在他们的胸中燃烧，并未完全消失。中唐士人在园林休闲时的心态，仍是一种功利性的占有，只不过是以对私人空间的占有来幻想对外在空间的占有。我们先看具有代表性的白居易的壶中心态：

---

① 《嘉靖延平府志》，卷12《学校》，四库全书本。
② 杨万里：《诚斋集》，卷75《廖氏龙潭书院记》，四库丛刊初编本。

帘下开小池，盈盈水方积。中底铺白沙，四隅矗青石。勿言不深广，但取幽人适。泛滟微雨朝，泓澄明月夕。岂无大江水，波浪连天白。未如床席间，方丈深盈尺。清浅可狎弄，昏烦聊漱涤。最爱晓暝时，一片秋天碧。(《官舍内新凿小池》)

小池规模不大，但相比起波浪滔滔的大江水，小池的优势在于主人对它的完全占有，以至于可以"狎弄"。而且小池虽小，在白居易眼中，它提供了大自然的微型幻象，青石或许有山岳之姿，而小小池面也能倒映微型的天空。诗中"勿言""岂无"的话语模式，是在极力想说服别人承认这个小池存在的价值，它足以能与大江水相媲美。有学者指出，"欲望、建构、在一个封闭天地中策划安排快乐、在人工构造中再现作为幻象的自然——所有这些私人天地的活动，都是以诗人为中心的，这个诗人不是社会的存在，也不是感性的存在，而是善于想办法满足自己欲望的心智……这样的一种'私人性'始终关注外部对自己的观照，它最终是一种社会性展示的形式，依赖于被排斥在外的他人的认可与赞同"[1]。因此，白居易对园林的赞美，实际上是在炫耀他对小池的绝对占有，这与他对自己处于微官而能做到生活富裕闲适所进行的炫耀，其心理是一致的。而宋人对园林的赞美则更加深入到了人生的深处，体现了形而上的人生之思。我们来看宋人眼中的小池：

盆池虽小亦清深，要看澄泓印此心。不谦蛙黾相喧聒，夜静恐有蛟龙吟。(张孝祥《和都运判院韵七首》)

这两处最为明显的区别就是，同样是小池，白居易从"深广"

---

[1] [美]宇文所安：《中国中世纪的终结：中唐文学文化论集》，读书·生活·新知三联书店2005年版，第82页。

的角度拿来与外面的大江水来比较，从而说明小池的价值；而宋代诗人张孝祥则以小池之"清深"联想到人之"心"。前者还是一种外向功利的心，而后者则完全转向了内在心性的沉潜。前者虽拒绝天地之宽，但仍然在天地之内，后者则由天地广度转向了人心的深度。另外如朱熹的《观书有感》则在"半亩方塘"中透视"天光云影"：

　　半亩方塘一鉴开，天光云影共徘徊，问渠那得清如许？为有源头活水来。

我们看到，无论是张孝祥眼前的盆池，还是朱熹的方塘，诗人都没有要去炫耀或占有的意思，而是从中获得审美的形而上感悟："要看澄泓印此心""为有源头活水来"。正如有学者指出的："以心路为主，可见中唐以来壶中天地园林境界入宋以后的分途。"[①] 宋代士人是把他们的审美情趣、人生感悟与园林景观融合在了一起，园林即人生，人生即园林。这从唐宋士人园林的命名的差异也可以看到其中的变化。[②] 因此，宋代园林不仅有天地，更有人生。说壶中天地，是说通过小小园林，容纳天地宇宙之美。[③] 说园林人生，是说园林的设计、游赏，寄托了士人形而上的人生理念。或者说，宋代园林之境，是宋代士人心中境界的外显。士人通过园林休闲，将天人合一之审美理念实践到了生活之中。

[①] 张法：《中国美学史》，四川人民出版社2006年版，第171页。
[②] 中晚唐的园林很少有从士人人生追求与审美情趣的角度来命名的，而宋代往往一座园林亭台堂榭的名字就是园林主人的人生意趣的体现。如沧浪亭、超然台、快哉亭、乐圃、独乐园、众乐园等，不胜枚举。
[③] 如苏轼《涵虚亭》："惟有此亭无一物，坐观万景得天全。"

第三节 阳明心学的休闲审美智慧与境界

休闲是人类进入文明社会后的共同理想，原始儒家推崇的"曾点之乐"是其崇尚的休闲理想；宋明理学的代表人物由于修为方式的不同，形成了"敬畏"与"洒落"两种并峙乃至对立的人生风范，分别侧重于休闲的工夫制约与本体和乐；阳明心学以成熟的本体工夫论解决了"敬畏"与"洒落"的矛盾，提出"洒落为吾心之体，敬畏为洒落之功"，体现了独特的休闲智慧；超越前人常取的"遁世"或"谐世"的休闲方式，王阳明体现的是"无往而不自得"的休闲境界。

一 原始儒学的休闲理想："曾点之乐"

追求休闲是人类进入文明社会后的共同理想。在西方，两千多年前古希腊哲学家亚里士多德（Aristotélēs）就在《尼各马可伦理学》《政治学》等著作中探讨了闲暇与善、幸福的关系问题，提出"闲暇是全部人生的唯一本原。"① 古罗马哲学家塞涅卡（Lucius Annaeus Seneca）则如此肯定了闲暇的作用："惟有在闲暇时，我们才可能坚持做我们立志要做的人……也没人可让我们的决心转向；惟有在闲暇时，生活才可能沿着一条单一平坦的路径进展，我们现在生活中有太多杂乱的目标让我们分心。"② 亚里士多德和合塞涅卡所言的闲暇绝非偷懒，也不是一般的娱乐消遣，而是一个自由人以一种沉静的状态去观照和倾听这个世界，即休闲状态。在他们看来，闲暇（休闲）不是手段，它本身就是目的，是静观中的

---

① ［古希腊］亚里士多德：《政治学》，颜一、秦典华译，苗力田编：《亚里士多德全集》第九卷，中国人民大学出版社1994年版，第273页。

② ［古罗马］塞涅卡：《哲学的治疗》，吴欲波译，中国社会科学出版社2007年版，第67页。

幸福。

这不由让人联想到中国儒家经典《大学》中的名句："知止而后有定，定而后能静，静而后能安，安而后能虑，虑而后能得。"人同此心，天同此理，西哲的休闲理念在两千多年前的古代中国也同理相契，同声呼应。老庄"道法自然""无为逍遥"的境界，固然蕴含着深刻的休闲智慧，而一生忧国忧民、励精图治的原始儒学创始人孔子，同样追求休闲的理想。《论语·先进》曾记载孔子问弟子们志向，子路、冉有、公西华等弟子或言带兵或言治国或言理庙，孔子均不作声，对子路"率尔"陈述的宏大志向甚至还回以"哂之"。唯独对曾点所言之志："莫春者，春服既成，冠者五六人，童子六七人，浴乎沂，风乎舞雩，咏而归。"孔子则喟然叹曰："吾与点也！"前面几位弟子的志向，或关乎军事（子路），或关乎政治（冉有），或关乎宗教（公西华），不可谓不宏大，不可谓不具体；而曾点的志向则是"沐乎沂，风乎舞雩，咏而归"，追求的是一种悠然洒落的生活情趣，自在、自由、自得乃至逍遥的人生态度。这种接近老庄的逍遥无为的人生态度和志向居然得到了一向只讲安邦治国大略的孔子的深深感叹与赞同，这未免引起了后代许多学人的不解，至于许多哲人叫弟子们反复思考"曾点之乐"，"乐在何处？"。

朱熹对此做了这样的解释：

> 曾点之学，盖有以见夫人欲尽处，天理流行，随处充满，无少欠缺。故其动静之际，从容如此。而其言志，则又不过即其所居之位，乐其日用之常，初无舍己为人之意；而其胸次悠然，直与天地万物上下同流，各得其所之妙，隐然自见于言外。视三子规规于事为之末者，气象不侔矣，故夫子叹息而深许之。（《论语章句》）

朱熹的解释是深刻和到位的，深得孔子及原始儒家人生哲学旨趣和休闲理想。朱熹所谓"直与天地万物上下同流"，亦即我们常说的"天人合一"的境界。在中国原始儒学的理念里，天不是外在的、绝对的、高高在上的本体或规则，而是当下的、恰如其分（朱熹谓"各得其分"[①]）的度或境界；为事为物、为人为行，无须刻意"舍己为人"，只要"即其所居之位，乐其日用之常"，返其本然，达其应然，就能接近天；恰如其分的本真，就是天；人可以顺性、尽性、知命、知天，最终与天同体，达到天人合一。《易经》云："形而上谓之道，形而下谓之器"，道是极高明而实中庸的本体，不是现成的实体，不可做任何限定（因而老子说"道可道非常道"）；任何形而下的存在都是器，而再伟大的器也有局限。因此，孔子主张"君子不器"（《论语·为政》），朱熹如此理解："器者，各适其用，而不能相通。成德之士，体无不具，故用无不周，非特为一才一艺而已。"（《论语集注》卷1）作为理想的人格，君子不能局限于任何现成的规定，哪怕是伟大崇高的规定；三弟子的志向不可谓不高，但都陷入了具体事功的追求或规定，因此朱熹说其"规规于事为之末者，气象不侔"。相较于其他弟子的功德志向或政治宏图，曾点所表达的理想是一种"无可无不可""无入而不自得""无往而非乐"的休闲境界，因而能"胸次悠然，直与天地万物上下同流，各得其所之妙"。明白了这点，才可以理解孔子"吾与点也"的深意。原始儒家的社会人生理想，不是外在地"为人"，而是内在地"为己"，不是追求限定性的丰功伟业，而是实现不可限定的人生境界，于是自然本真的"闲"被赋予宇宙人生的终极存在意义，从容适度的"休"被视为宇宙人生的理想生存方式。

[①] 朱熹：《周易本义》之二十二"贲"卦，中国书店《新四书五经》本1994年版。

在原始儒学看来，不仅人类需要休闲，万物本然也是"闲"在的，闲的本体价值并不只体现在人类世界中，更具有宇宙的普遍意义。孔子言"天何言哉，四时行焉，百物生焉，天何言哉？"(《论语·阳货》)，这是天道无为之"闲"；又说"无为而治者，其舜也与？"(《论语·卫灵公》)，这是人道无为之"闲"。宋儒程颢如此阐释："天地之常，以其心普万物而无心；圣人之常，以其情顺万物而无情。故君子之学，莫若廓然而大公，物来而顺应。"① "闲"在宇宙是"天地之常"，在人生是"圣人之常"，理想的休闲境界则是"廓然而大公，物来而顺应"。从现代的视野解读原始儒学的休闲哲学，可以认为休闲的本体即"各得其分"之"闲"，"闲"是宇宙万物之本然状态，也是"各得其分"的个体生命本真，"闲"的要义就是自然、本真和适度；发现、认可闲的价值，追求、实现闲的境界，则是生命存在的应然意义所在。宇宙万物因"闲"在而本真释放，呈现自然生机，个体生命因休"闲"而超越外在压力或功利，呈现"真人"状态，获得"从心所欲不逾矩"的生存体验，并伴随由衷的快乐，这就是原始儒学开启并为中国传统哲人历代崇尚的休闲理想。由此可以理解为何在古代中国，从原儒的"孔颜乐处""曾点之乐"、庄玄的"虚静逍遥""林下风流"，到佛禅的"不立文字""拈花微笑"、理学的"万物静观""无入不自得"，均将"闲"与"乐"（休闲与审美）作为人生的理想与境界。

二 宋明理学的休闲风范："敬畏"与"洒落"

宋明理学是原始儒学的创新发展，它在儒家伦理哲学（仁学）的基础上，融合了道家和佛家的理论智慧，同时也回应了佛道的理论挑战，由此构成了以人学为主旨，以本体工夫论为思维要素，从

---

① 程颢：《答横渠张子厚先生书》（又称《定性书》），《河南程氏文集》卷2，《二程集》，中华书局1981年版。

本体到工夫到境界的最为完整、成熟的理论体系，这种理论特征也深刻地影响了中国传统的休闲哲学和人生境界。

宋明理学超越原始儒学的关键处，是为仁学构建了本体论基础，将天人关系在本体上贯通，并且探寻了沟通天人的途径和工夫。在宋明理学看来，天人本然一体，只是缘于人欲造成两者相隔。天理是共相，人欲是殊相，一旦人能通过修养超越殊相的局限和束缚，在"豁然贯通"中实现主体与客体、殊相与共相的统一，就能"浑然与万物同体"。得到这种统一的人亦得到一种最高的幸福，即"至乐"，人一生都在殊相的有限范围内生活，一旦从这个范围解放出来，他就会感到自由和解放的快乐，从有限中解放出来体验到无限，从时间中解放出来体验到永恒，[①] 从而进入共相的本体境界，即现在所谓休闲境界。所谓"即其所居之位，乐其日用之常""而其胸次悠然，直与天地万物上下同流"，所谓"浑然天成""端祥闲泰""俯仰自得，心安体舒""鸢飞鱼跃""无入而不自得"，都是这种理想境界的形象表述。

与留给人们十分威严的"存天理、灭人欲"的道貌岸然不同，宋明理学家内心深处其实普遍向往洒落自得、浑然至乐的人生体验和境界，认为这种"乐"的人生体验和境界是人生的极致理想。几乎所有的理学家都喜欢说"孔颜乐处"和"曾点之乐"，念念不忘其"所乐何事"，并引导后学反复体味这种精神境界，这正是一种融道德精神与审美体验为一体的休闲境界。即便敬畏严谨如朱熹，也不乏如此崇尚休闲的诗句："纷华扫退性吾情，外乐如何内乐真。礼义悦心衷有得，穷通安分道常伸。曲肱自得宣尼趣，陋巷何嫌颜子贫。此意相关禽对语，濂溪庭草一般春。"[②] "乐"是中国原始儒学的核心概念之一，也是宋明理学的基本范畴和终极追求，王阳明

[①] 冯友兰：《宋明道学通论》，《哲学研究》1985年第2期。
[②] 郑端辑：《朱子学归》卷23，商务印书馆1937年版。

更直接提出"乐是心之本体，虽不同于七情之乐，而亦不外于七情之乐"（《传习录》下）。尽管宋明理学"敬畏"与"洒落"两种人生风范在围绕什么是"乐"以及如何达到"乐"的问题上意见相左，但"乐"的境界却是两派共同追求的旨趣。理学家"天人合一"的理想境界，按现代的语言说正是真、善、美三者的统一，也就是真理境界、伦理境界和审美境界的统一，它分别由"诚""仁""乐"三个范畴代表，其中"诚"是"真实无妄"的意思，是主体精神和宇宙本体合一的真理境界；"仁"是"心之德""生之理"，即道德本体的全称，是主体意识和天地"生生之理"合一的道德境界；"乐"则是超理性的情感体验，是主观目的性和客观规律性合一的审美境界。王阳明称"诚"为"实理"，"仁"为"生理"，"乐"为"情理"，在这种具有层次性的境界系统中，"诚"是基础，"仁"是核心，"乐"是目的。也就是说，以对道德人生的审美与休闲体验为基本内涵和基本特征的"乐"成了理学范畴系统中表达理想境界的最高范畴，"乐"的境界成了理学家追求的最高境界。

然而，如何进入这种"乐"的境界，宋明理学代表人物的工夫和方式有所不同，甚至迥然相反。一般认为宋明理学中有两种人生风范，一种是如周濂溪的寻乐顺化、邵康节的逍遥安乐、程明道的吟风弄月，属于"洒落"的境界；另一种是程伊川和朱熹式的庄整齐肃、动容貌、修辞气，属于"敬畏"的境界。

如程颢、程颐虽然并称"二程"，但在个性人格风范上，程颢温然和乐，饶有风趣，令人面之"如沐春风"；程颐则严毅庄重，"直是谨严"，令人想象"程门立雪"。陈中凡先生曾如此评述两者精神气质的差异："盖颢之为人也恭而安，绰然而有余裕。颐循序渐进，密证精察，而后豁然贯通。故一重自得，一尚穷理。一贯两忘，一求寡欲，其早就各殊也。"① 这也影响了他们的休闲旨趣和风范，相比于程颢"如沐春风"般的自得风范和境界，程颐则呈现出谨严、敬持、刻板的规范性特征。

程颢的休闲风范是"浑然与物同体"，工夫是"诚敬和乐"。与周敦颐旨趣相仿，程颢提倡静观万物，将一己的生命与宇宙万物生生不息的生机化成一片。他在"春日"和"秋日"各写过"偶成"诗，前者曰："云淡风轻近午天，傍花依柳过前川。时人不识余心乐，将谓偷闲学少年。"后者曰："闲来无事不从容，睡觉东窗日已红。万物静观皆自得，四时佳兴与人同。道通有无天地外，思入风云变态中。富贵不淫贫贱乐，男儿到此是豪雄。"② 这正是一种"情顺万物""物来顺应"的活泼泼的人生境界，这种境界的内涵，已不仅仅是单纯的道德规定，而且是融入了审美与休闲的意趣，其精神旨趣在于通过"静观"，即审美式的直觉思维和超神体验，感受到人与天地万物的"浑然一体"，达到闲适自得、出神入化的人生境界。程颢在《定性书》云："君子之学，莫若廓然而大公，物来而顺应。……与其非外而事内，不若内外之两忘也。两忘则澄然无事矣。无事则定，定则明，明则尚何应物之为累哉？"这就是他的"诚敬和乐"的修养工夫。要进入这种境界，需要"诚敬"的涵养，这种"敬"不是着力把持的"敬畏"，而是"勿忘勿助"的自然诚敬，是敬乐合一的洒落工夫，"谓敬为和乐则不可，然敬须和乐"③。这种"诚敬"，也就是"从心所欲不逾矩"的实诚体验，自在、自由、自得、安乐是其重要的规定，带着活泼泼的审美与休闲体验的特征，正如他说："鸢飞戾天，鱼跃于源……会得时，活泼泼地。不会得时，只是弄精神。"④ 鸢飞鱼跃是表征天理流行的自

---

① 陈中凡：《两宋思想述评》，东方出版社1996年版，第94页。
② 程颢：《河南程氏文集》卷3，《二程集》，中华书局1981年版。
③ 程颢：《河南程氏遗书》卷2，《二程集》，中华书局1981年版。
④ 程颢：《河南程氏遗书》卷3。

由活泼的宇宙意象，也是充满美学情趣的休闲意象。只有与物同体，情顺性定，和乐而无把捉的人才能真正体验到《中庸》借鸢鱼飞跃所表达的境界。①

程颐与程颢恰恰相反，是"敬畏"一派的代表人物。程颐以"理"为天地万物的本体规定，主张人禀受形而上之天理以为性，天人合一的境界就是"己与理一"②。到达这个境界的基本工夫一是"主敬"，即通过内心的防检和提撕，达到主一而无累；二是"穷理"，即通过格物去蔽明善，体认天理，恢复至善之性。因此他注重循序渐进，密证精察，肃立端庄，敬畏规整，要求"涵养用敬"，"进学致知"，通过"敬畏"来体认天理，实现人的主体价值。程颐如此强调"敬"的工夫："俨然正其衣冠、尊其瞻视，其中自有个敬处。"③ "非礼而勿视听言动，邪斯闲矣。"④ "动容貌、整思虑，则自然生敬。"⑤ "无他，只是整齐严肃，则心便一，一则自是无非僻之奸，此意但涵养久之，则天理自然明。"⑥ 他不遗余力地强调"敬"，强调外在的行动规范，所谓"整齐严肃"是指"主敬"不仅要克制内心的种种欲念，同时要注意约束自己的外在举止和形象，衣冠要端正，表情要恭敬，视听举止要合于规范，要时时刻刻谨慎地从容貌举止上检查自己。总体来看，从程颐到朱熹，更多的是强调庄正齐肃的"主敬"修养工夫，由此形成"戒慎敬畏"的人生风范；与"洒落"一派提倡直觉自得、偏重本体，即工夫的体悟不同，他们强调理性的自觉与自律，突出日常的规范与践履。

"敬畏"与"洒落"作为境界论意义上的争端贯穿了宋明理学

---

① 陈来：《宋明理学》，辽宁教育出版社1991年版，第89页。
② 程颐：《河南程氏遗书》卷15。
③ 程颐：《河南程氏遗书》卷24。
④ 程颐：《河南程氏遗书》卷18。
⑤ 程颐：《河南程氏遗书》卷2上。
⑥ 程颐：《河南程氏遗书》卷15。

的发展史。"敬畏"与"洒落"自宋代成为儒家人生境界论上相对并峙的两种风范,到了明代,两者之争更成为理学发展的内部矛盾和张力。"表面看来,明代理学的基本问题是'本体'与'工夫',本体指心(或性)的本然之体,工夫指精神实践的具体方法;而在本质上,本体工夫之辩的境界含义是敬畏与洒落之争,这正是我们把握明代理学的内在线索。"[①]"明代理学可以说是围绕着阳明所谓'戒慎'与'和乐'或'敬畏'与'洒落'之辩展开的。"[②] 陈来先生明确地指出了这一特点。

从字面来理解,我们可以很容易将"洒落"与休闲联系起来,或将"敬畏"与休闲对立起来。然而从儒家休闲哲学考察,两者具有内在的关系。不管现代对休闲有着何种定义,或者说有了多少定义,但按我们的理解,儒家哲学中最切近休闲的含义是孔子说的"从心所欲不逾矩"。休闲必然包含着自由的体验,因而是"从心所欲"的洒落;然而休闲也需要必要的规范,"闲"在汉语中就有"栏"、防范的意蕴,因而需要"不逾矩"的敬畏。

"洒落"固然是直接的休闲状态,"敬畏"也并非与休闲对立。休闲并不是为所欲为的放任,而是聪明适度地把握自由境域;敬畏也并不是绝对地制约或惊惧,而是通过内在的修养体认对真理的把握。按儒家哲学,休闲蕴含的自由有两种,一种是合目的的、本然的自在("从心所欲"),一种是合规律的、心与理一的自觉("不逾矩"),两者是互相辩证,内在统一的。过于为所欲为而背离规律和尺度,必将失其本体而溺于虚妄;过于循规蹈矩而墨守尺度,也必将失其本心而陷于桎梏。因此,"敬畏"在儒家的语义中并非休闲的反义词,而是保证聪明休闲的工夫。朱熹曾言:"秦汉以来,

---

[①] 陈来:《有无之境——王阳明哲学的精神》,生活·读书·新知三联书店2009年版,第14页。

[②] 陈来:《有无之境——王阳明哲学的精神》,第11页。

诸儒皆不识敬字，只有程子方说得亲切。"（《朱子语类》卷12）程颐通过对先秦儒家经典系统性的注释和阐述，将"敬"阐释为不指向任何具体对象也因而不受外在对象制约的修养活动，是内心的一种严肃、笃恭的态度，"居敬则心中无物"，获得内心的自觉和自由。朱熹在吸取二程的精华上以"畏"释"敬"，"然敬有甚物，只如畏字相似，不是块然兀坐，耳无闻目无见，全不省事之谓；只收敛身心，整齐纯一，不恁地放纵，便是敬"（《朱子语类》卷12）。"畏"是"敬"的"收敛身心，整齐纯一，不恁地放纵"的状态，是为了保持内心的平静宁和，在静观中自得，这也是进入休闲状态的自觉工夫。所以在宋明理学，休闲作为一种人生境界，既应包含"洒落"之乐，亦应包含"敬畏"之则。换言之，洒落在一定程度上代表了自由与愉悦的休闲体验，而敬畏在一定程度上代表了休闲的道德要求和准则，"敬畏"与"洒落"之争体现了休闲中自由与制约的关系问题。宋明理学的"洒落"属于本性自然呈露的休闲状态，"敬畏"属于通过"在事上磨"的工夫在生命层面上达到理性自觉的休闲状态。

从人生境界的角度来理解休闲，"洒落"所代表的"乐"并不仅仅指向休闲体验的情感维度，相较于西方的侧重生理的快乐，"洒落"之"乐"更多地指向了精神维度，是感性世界、道德世界和审美世界的合一。"诚境、仁境和乐境是三位一体的，甚或可以说，诚境和仁境都以乐境为最高境界。乐境既是一种超越的境界，又内在地融合与诚境与仁境的心境体验之中。"[1] 也正因为如此，我们可以说，"洒落"之中包含了"敬畏"的因素，亦愉悦性中包含了道德性的要求，"乐"的本体里包含了"礼"的工夫。

与西方的休闲制约理论相比，宋明理学中的"礼"并不展现休

---

[1] 潘立勇：《一体万化——阳明心学的美学智慧》，北京大学出版社2010年版，第175页。

闲选择（实现）与休闲制约因素的那种对立和矛盾，其原因在于"乐"和"礼"都以"理"为本体，以"仁"为依据。从境界论上来说，"乐"体现的是本体的精神，而"礼"指向的是工夫的落实。如作为理学奠基者之一的张载，他不赞成"专以礼出于人"的观点，而认为"礼本天之自然"，"礼即天地之德也"（《经学理窟·礼乐》），"礼"的功能在于"培养人德性"（《经学理窟·学大原上》），"使动作皆中礼，则气质自然好"（《经学理窟·气质》），这叫作"知礼以成性"（《经学理窟·气质》）。他也认为，"声音之道，与天地同和"（《经学理窟·学大原上》），"乐所以养人德性中和之气"（《经学理窟·礼乐》），其根本功能与"礼"相似，不过是从本体恢复人的"天地之性"，由于"乐"更富于审美情感的感染力，因此在修身养性、变化气质过程中就具有更为自然有效的审美教育功能。休闲作为"成为人"的过程，"乐"是顺性养人中和之气，"礼"是返性培养人之德行，其旨趣殊途同归。

在这里不妨与当代西方休闲哲学的"随兴休闲"（casual leisure）和"严肃休闲"（serious leisure）做个比较。斯特宾斯（Robert A. Stebbins在1982年提出了"严肃休闲"的概念，与"随兴休闲"（casual leisure）相比，"严肃休闲"是在休闲活动中的一种认真的态度，即主体对于自己喜爱的事能深度投入且愿意严肃承诺，其热情使随兴的爱好转化为冷静理性的专注，萌发深度的学习活动，并可能发展出个人工作专长以外专业性的休闲生涯。斯特宾斯认为严肃休闲具有坚持不懈（persevere）、生涯性（career）、努力付出（significant personal effort）、收获持久（durable benefits）、团体中的独特文化（unique ethos）、认同感强烈（identify strongly）六项特质，是专注、奉献地对专业休闲活动的高度承诺，是一种内心觉醒、专注的精纯无杂的休闲状态。相对而言，"随兴休闲"（casual leisure）接近"洒落"的状态，"严肃休闲"（serious leisure）

接近"敬畏"的状态；但西方休闲哲学的这两个概念侧重于休闲活动自身心理状态的表述，没有进入"洒落"和"敬畏"作为人生境界和工夫的内涵和深度。

从儒学发展史上看，"敬畏"与"洒落"也体现了乐之本体与礼之工夫的辩证关系。相对而言，"洒落"侧重直现"乐"之本体，"敬畏"侧重落实"礼"之工夫，前者表达了休闲作为顺应"无滞"的本体自然呈露状态，后者强调了休闲过程中的工夫修炼与规范。两者虽在表现形式上有所侧重，其实内在精神还是互通的，他们最崇尚的还是敬畏中有洒落，或洒落中有敬畏的境界，即所谓"从心所欲不逾矩"的境界。这种矛盾和张力，在王阳明的本体工夫一元论中得到了很好的解决。

三　阳明心学的休闲智慧：本体与工夫合一

诚如陈来先生指出，"敬畏"与"洒落"这两种境界在宋明理学中一直有一种紧张，"过度的洒落，会游离道德的规范性，淡化社会的责任感；过度的敬畏，使心灵不能摆脱束缚感而以自由活泼的心境发挥主体的潜能。"[1] 阳明心学的休闲智慧在于，通过本体与工夫的辩证论述，圆熟地解决了"敬畏"与"洒落"的关系。

王阳明对"敬畏"和"洒落"的对立统一关系有过深刻辩证的论述：

> 夫君子之所谓敬畏者，非"有所恐惧忧患"之谓也，乃"戒慎不睹，恐惧不闻"之谓耳。君子之所谓洒落者，非旷荡放逸、纵情肆意之谓也，乃其心体不累于欲，无入而不自得之谓耳。夫心之本体，即天理也，天理之昭明灵觉，所谓良知

---

[1] 陈来：《有无之境——王阳明哲学的精神》，生活·读书·新知三联书店2009年版，第276页。

也，君子之戒慎恐惧，惟恐其昭明灵觉者或有所昏昧放逸、流于非僻邪妄而失其本体之正耳。戒慎恐惧之功无时或间，则天理常存，而其昭明灵觉之本体，无所亏蔽，无所牵扰，无所恐惧忧患，无所好乐忿懥，无所意必固我，无所歉馁愧怍。和融莹彻，充塞流行，动容周旋而中礼，从心所欲而不逾，斯乃所谓真洒落矣。是洒落生于天理之常存，天理常存生于戒慎恐惧之无间。孰谓"敬畏之增，乃反为洒落之累"耶？惟夫不知洒落为吾心之体，敬畏为洒落之功，歧为二物而分用其心，是以互相抵牾，动多拂戾而流于欲速助长。是国用之所谓"敬畏"者，乃《大学》之"恐惧忧患"，非《中庸》"戒慎恐惧"之谓矣。程子常言："人言无心，只可言无私心，不可言无心。"戒慎不睹，恐惧不闻，是心不可无也。有所恐惧，有所忧患，是私心不可有也。尧舜之兢兢业业，文王之小心翼翼，皆敬畏之谓也，皆出乎其心体之自然也。出乎心体，非有所为而为之者，自然之谓也。（《答舒国用》，《传习录》中）

在他看来，儒学传统中被肯定的"敬畏"境界并不是大学《正心》条目中所说的扰乱了心体本然之正的恐惧忧虑的情绪，而是指《中庸》所说的"戒慎恐惧"，是一种自觉的防检和提撕。戒慎恐惧是一种"勿忘勿助"的把持，以保证本心"天理常存""本体无所亏欠"，因而能"从心所欲不逾矩"，并不给心灵带来惊惧与不安，这也就是二程说的忧患中自有宁静；同样，"洒落"也不是指肆意放荡，无所顾忌，而是指"和融莹彻，充塞流行，动容周旋而中礼"的心灵自由，是摆脱了一切声色货利的占有欲和自我为中心的意识，"无所牵扰、无所恐惧忧患、无所好乐忿懥、无所意必固我、无所歉馁愧怍"，从而达到超越限制、牵扰、束缚的自由境界；因而这种"洒落"与"敬畏"并不截然割裂，互相否定，而是一体两面，互相辅助。从整个宋明理学的发展来看有一种把"敬畏"与"洒落"对立的倾向，"洒落"被认为代表的是一种不为道德规则所拘、不为世俗荣利所累、自在逍遥的境界，而"敬畏"则恰恰相反，被认为代表一种恭顺齐肃、兢兢业业的心理状态。然而在王阳明看来，"敬畏"和"洒落"是内在合一的，"洒落为吾心之体，敬畏为洒落之功"，"洒落"与"敬畏"的关系，是本体与工夫，即境界与工夫的关系。前人之所以把两者对立，是因为把本体与工夫对立，或者说没有深刻地理解本体与工夫的一体两面关系。

王阳明如是阐述本体与工夫的关系："工夫不离本体，本体原无内外。只是后来作工夫的分了内外，失其本体了。如今正要讲明工夫不要有内外，乃是本体工夫。"（《传习录》下）本体不离工夫，工夫亦不离本体，本体是工夫的未发之中，工夫是本体的已发之和，两者是一体的两面。"洒落为吾心之体，敬畏为洒落之功"，这就将"敬畏"与"洒落"在本体工夫论上统一起来，主张"敬畏"与"洒落"的合一，也就是本体与工夫的合一，"以敬畏求洒落"实际上就是以"礼"达"乐"、以"敬"求"自然"的休闲境界的修炼过程，是休闲本体与休闲工夫的内在合一。

在儒家传统哲学看来，天的本然状态是活泼泼的生生之意，心的本然状态也应该是自然之乐，刻意、勉强、忧苦、拘束、虚伪均是失其本心的状态。阳明对此说得最为深切："乐是心之本体，仁人之心，以天地万物为一体，欣合和畅，原无间隔。来书谓人之生理，本自和畅，本无不乐，但为客气物欲搅此和畅之气，始有间断不乐是也。时习者，求复此心之本体也。悦则本体渐复矣。"（《传习录》上）天地生生之意凝聚于心便是心之体，此心体与天地万物融合无间，浑然一体，生机活泼无滞，自然欣合和畅。"乐"就是天地生生之意的体现，也是心体自性的体现。乐作为心之本体就是以天地万物一体为本然的生命情致，是生命本真的怡然自得的本然状态。乐之欣合和畅，不仅在于与万物一体，还在于乐既然为心之本体，此本心就如天地万物本体一样具有廓然大公、寂然不动的虚灵特性，因而无所执着、无所滞碍。这种被阳明所推崇的乐境是人心本然状态，不仅没有牵扰、恐惧、忿懥、歉馁、愧怍、紧张、压抑等各种心理纠纷与动荡，而且是从心所欲不逾矩，无入而不自得，无往而非乐。"心体本来具有纯粹的无执著性，指心的这种对任何东西都不执著的本然状态是人实现理想的自在境界的内在根据。"① 因而阳明认为"无善无恶心之体"，而"恶人之心，失其本体"（《传习录》上），我们要做到是"复其心体之同然"（《传习录》中）。如何复其心体，阳明又说"常快活便是工夫"（《传习录》下），"圣人之学，不是这等捆缚苦楚的"（《传习录》下）。可见，"乐"不仅是心之本体，也是恢复心之本体的基本工夫。

因此，说"敬畏"为"洒落"的工夫，这还只揭示了阳明休闲哲学修为工夫的一面，而这一面是在将"敬畏"与"洒落"对待而言时所强调的，他的修为工夫还有另一面，那就是"乐"的工夫，亦即"洒落"的化育工夫，通过洒落工夫达到洒落的境界。从审美与休闲的角度，有理由特别关注王阳明"常快活便是工夫"的说法。理学家们都非常强调在"如何为乐"上做工夫，如果说在境界论上理学家们念念不忘追寻"孔颜之乐"，那么在工夫论上他们则反复咀嚼孔子的"知之者不如好之者，好之者不如乐之者"三段式理论，他们无不体会到，人仅知善之可贵未必肯积极去追求，能"好之"才会积极去追求；仅好善而加以追求，自己犹与善为二，有时不免因懈怠而与善相离；只有到了以善为乐，则善已渗入己身，"于乐处便是诚实为善"（《朱子语类》卷24），此时行善与得

---

① 陈来：《有无之境》，北京大学出版社2006年版，第197页。

乐浑然一体，伦理规范的实行成为个体情感的自觉要求及其满足，这才是人生的最高境界。

这个境界正是所谓"孔颜乐处"。这个"乐"包含然不等同于感性快乐或审美愉悦，是一种情理融合的真正的精神恬适。阳明指出，这种"乐"是"真乐"，"虽不同于七情之乐，而亦不外于七情之乐"（《传习录》下），也就是说，达到这种真乐并不需要排除七情，它是在七情顺其自然的无滞流行中得以实现的。阳明并不像宋代理学那样用"敬畏"否定"洒落"，或以"洒落"代替"敬畏"，而是给两者以适当的诠释，使两者相互肯定、相互补充，始终是以"敬畏"求"洒落"，两者在本体工夫论中合而为一，这正是我们应当追求的理想的休闲境界。

在本体工夫论上，王阳明有"本体上说工夫"和"工夫上说本体"（《传习录》下）的不同提法，又把工夫分为"心上工夫"和"事上工夫"，"心上工夫"强调本心直觉的体认与感应，"事上工夫"强调道德身心的磨炼与实践。可以认为，"敬畏"侧重于工夫上说本体，通过敬畏工夫达到心体呈露；"洒落"侧重于本体上说工夫，让本心在自然境域中活泼呈露。也可以认为，"敬畏"强调通过道德磨炼达到休闲境界的"事上工夫"，"洒落"则突出本心湛然呈露的"心上工夫"。对于不同天分的人需要不同的修为方式，慧根之人直入本体，钝根之人则通过工夫返归本体，于是"敬畏"与"洒落"成为阳明基于本体工夫论的因材施教活法。可以说，贯穿整个宋明理学的"敬畏"与"洒落"的争论问题在阳明这里得到了整合和统一。

四 王阳明的休闲审美境界：自得与超越

笔者曾提出中国古代的休闲境界大体依次分为三种，即自然或遁世境界、谐世或适世境界、超然或自得境界。① 传统文人士大夫的休闲常态往往表现为自然或遁世境界,这一休闲境界最大的局限之处在于个体对自然的执着与依赖;谐世意味着能与社会能够和谐共处,谐世境界对遁世境界的超越体现在不再执着于逃到纯自然的状态,但又陷入对社会功利生活的执着;从过分执着、有所依赖而言,谐世境界和遁世境界都有局限。

超然或自得境界则是休闲所能达到的最高境界。通过遁世回到自然状态或通过谐世获得世俗功利,都未必能达到真正的休闲,两者均还是庄子说的"有所待",未能达到"自适其适"(《庄子·大宗师》),更未能达到"无入而不自得""无往而非乐"。因为回到自然状态有避世之讥,而依赖于世俗游戏规则又让人容易溺于"物"中不能自拔。只有从精神上做到超然自得,才能化解各种执着的生活观念和方式,从而完全回归内在的精神,"它不受任何外在的限制,只服从人自己的意志和良心……因为仅有嗜欲的冲动便是奴役状态,而唯有服从人们自己为自己所规定的法律,才是自由"。②

我们已在前文指出,王阳明的名言"无善无恶心之体"可以从休闲哲学上作这样的理解:当良知呈现于"乐"的休闲审美世界时,面对的是本真的自由体验的世界,在自在生命的自由体验中,一切物和事都脱去了它们实用的或伦理的片面实相,呈现在人们面前的是一如其真的本如之相,而且人们对其的体验甚至无须执定于是是非非、是善是恶。真可谓"天人一体","与物无对"。这也是其弟子王龙溪"四无句"揭示的超越境界的内涵和特点:"无心之心则藏密,无意之意则应圆,无知之知则体寂,无物之物则

---

① 潘立勇、陆庆祥:《中国传统休闲审美哲学的现代解读》,《社会科学辑刊》2011年第04期。
② 赵敦华主编:《西方人学观念史》,北京出版社2004年版,第61页。

用圆。"无心意味着超越，即不让人执着于现实功利的过分纠缠，能时刻超脱于外界客观世界的变化与纷扰；同时"无心"并非消极无为，无心于世事，而是通过一种超然的心境以更加积极的心态去参与到社会宇宙的创化之中，"无知""无意"意味着不刻意"作达"[①]，"无物"则不留于物，顺物自化，超然自得，无可无不可，无入不自得。

回顾阳明一生，正是由"敬畏""洒落"的二分到统一，进而超越自得的过程。阳明年轻时豪迈不羁，宋儒偏于敬畏的修养方法始终未能慊于心，但在确立了心学立场后的相当长的时期内，他是以敬畏为主的。"只念念要存天理，即是立志。能不忘乎此，久则自然心中凝聚，犹道家所谓'结圣胎'也"，"精神道德言动，大率以收敛为主，发散是不得已。天地人物皆然"（《传习录》上）。是他这一时期主要的工夫维度。在遭逢数次重大变故后，生死利害全然放下，胸中愈益洒落。居越以后，摆脱官场羁縻，专心与学者讲习讨论，敬畏与洒落融合无间。其弟子王龙溪曾这样评价王阳明一生的思想变化，学凡三变：

> 自此之后，尽去枝叶，一意本原。以默坐澄心为学的，有未发之中，始能有发而中节之和，视听言动，大率以收敛为主，发散是不得已。江右以后，专提致良知三字，默不假坐，心不待澄，不习不虑，出之自有天则。盖良知即是未发之中，此知之前更无未发；良知即是中节之和，此知之后更无已发。此知自能收敛，不须更主于收敛；此知自能发散，不须更期于发散。收敛者，感之体，静而动也；发散者，寂之用，动而静也。知之真切笃实处即是行，行之明觉精察处即是知，无有二

[①] 冯友兰：《论风流》，《哲学评论》1994 年第 3 期，"作达"是魏晋时期一个通行名词，指"达而要作"。

也。居越以后，所操益熟，所得益化，时时知是知非，时时无是无非。开口即得本心，更无假借凑泊，如赤日当空而万象毕照。是学成之后又有此三变也。（《姚江学案》，《明儒学案》）

这里是说阳明心学在学成之后又有"默坐澄心"、"致良知"、终达"圆熟化境"三变。按当代学者的理解，其前三变是异质的转变，后三变是同质的发展，是同一个系统的圆熟完成。[①] 前三变使其从"泛滥词章"、"出入佛老"至"龙场悟道"，在生命的活泼跳脱与艰难体认过程中领悟"圣人之道，吾性自足"，上接中国心性学主脉，直入圣人之境域。而后三变则使其通过"默坐澄心"，证会本心真体，了悟"未发之中"，进而通过揭示"致良知"以本心良知自作主宰，即知即行，知行合一；并最终至"时时知是知非""时时无是无非""开口即得本心，更无须凑泊"的真我圆熟化境。这个化境，既是人生道德的化境，也是人生审美的化境。这是一种融道德境界与审美境界一体的"自然感而遂通，自然发而中节，自然来物顺应"（《传习录》上），"乐天知命""无入而不自得"的最高境界。

不管是从阳明的心学思想，还是其一生的轨迹变化，我们可以看出，阳明坚持在本体工夫合一论上的"敬畏"与"洒落"的统一，这种统一后的"敬畏"不是恭敬整肃、恐惧忧戚的心理状态，而是对善的自觉追求和对恶的自觉警戒的意向；"洒落"也不是纵情妄为，而是心不为外在利欲所累，时时放下，时时自得的境界。这种统一状态才是真洒落，从而能自得与超越。

这种超越自得的休闲境界在王阳明被贬谪荒夷时就有所体现，当家仆随从皆因不适应贵州的恶劣环境而病倒，王阳明却能舒朗率

[①] 蔡仁厚：《王阳明哲学》，台北：三民书局1992年版，第13页。

性处之，不仅交友旅游休闲活动一个不少，而且愉快坦然地照顾起生病的仆人，"处之旬月，安而乐之，求其所谓甚陋者而莫得"，乃至"亦忘予之夷居也"①。在穷苦交迫下悟出"心即理也"——"万事万物之理不外于吾心"（《传习录》中），从而建立成熟的心学体系，在苦难挫折中体心立言，可谓是以超越的生命智慧实现了在那个时代所能达到的最高生命自觉和自由。

超越自得的"万物一体之乐"既是人与自然的合而为一，也是人与社会的合而为一。在阳明看来，"良知是造化的精灵……与物无对。人若复得他完完全全，无少亏欠，自不觉手舞足蹈，不知天地间更有何乐可代"（《传习录》中），"夫惟有道之士，真有以见其良知之昭明灵觉，圆融洞澈，廓然与太虚而同体"②，寻道之人只有悟到良知的妙处，才能与自然同体而获得永恒的快乐，个体在存在意义上与宇宙合一，从而"无入而不自得""无往而非乐"。

阳明自得超越的休闲审美境界体现在生活的时时处处。如对待生死："义者宜也。心得其宜之谓义。能致良知，则心得其宜矣，故集义只是致良知。君子之酬酢万变，当行则行，当止则止，当生则生，当死则死，斟酌调停，无非是致其良知，以求自慊而已。"（《传习录》中）对待文字："文字思索亦无害。但作了常记住在怀，则为文作累，心中有一物，此则未可也。……凡作文字要随我分限所及。若说得太过了，亦非修辞立诚矣。"（《传习录》下）对待举业："只要良知真切，虽做举业，不为心累。……读书作文安能累人？人自累于得失耳"（《传习录》下）。对待作息："日间工夫，觉纷扰则静坐，觉懒则且看书，是亦因病而药"。（《传习录》上）总之："圣人何能拘得死格？大要出于良知同，便各为异何害？……若拘定枝枝节节，都要高下大小一样，便非造化妙手矣。"

---

① 王阳明：《何陋轩记》，《王阳明全集》卷23，上海古籍出版社1992年版。
② 王阳明：《答南元善》，《王阳明全集》卷6，上海古籍出版社1992年版。

(《传习录》下)阳明要的是当行则行,当止则止,时时放下,时时自得,如此才是自然坦荡的宽宏气象、洒落自得的休闲审美境界。

当学生王汝中和黄省侍王阳明同坐而在炎炎夏日不敢用扇子扇凉,唯恐在礼节上对师长不敬重时,王阳明批评说"圣人之学不是这等捆缚苦楚的,不是装作道学的模样"(《传习录》中)。宋儒均以周敦颐窗前草不除,"与自家生意一般"为美谈,王阳明则认为"草有妨碍,理亦宜去,去之而已,亦不累心"(《传习录》上)。学生薛侃苦于每日需要除去花间的野草,遂感"天地间何善难培,恶难去",阳明回答"天地生意,花草一般。何曾有善恶之分?子欲观花,则以花为善,以草为恶。如欲用草时,复以草为善矣。此等善恶,皆由汝心好恶所生"(《传习录》上)。所谓宜去则去,宜留则留,无论去留,"无所住而生其心",只要做到凡事不累于心,就能"无入而不自得",人间世事何事又能妨碍乐?

甚至在阳明看来,"乐"与"悲"也并不绝对矛盾,在道德情感的伦理指向性下的"乐"强调适度中和,而不必过分压抑正常情感宣泄,如面对亲友逝去的丧礼仪式时"不哭便不乐矣,虽哭,此心安处既是乐,本体未尝有动"(《传习录》下),同时强调表达悲伤的程度要顺应良知,中和适度,"天理亦自有个中和处""大抵七情所感,多只是过,少不及者""人但要识得心体,自然增减分毫不得"(《传习录》上),七情六欲乃人之常情,只要顺心明体,乃可不为情感所累,从容自得。

王阳明承续陈献章"君子一心,万理完具备"的自得之学,并对其心量广大、无累无滞、自然和乐境界和工夫作了完善和发展。阳明的自得是"闲观物态皆生意,静悟天机入窅冥,道在险夷随地乐，心忘鱼乐自流形"[①] 的自在之得，同时又是"以天地万物为一体"（《传习录》中）完全摆脱物我之隔、人己之分的自由之得。在这种境界中，真可谓"一悟本体，即是工夫，人己内外，一齐俱透了"（《传习录》下）。真正达到了本体与境界的合一，本体即境界，境界即本体，应然即本然，本然已应然，其间再无稍稍的欠缺。从境界的特征而言，它已超越了有无之分，物我之隔，化解了有无之间的紧张、物我之间的对立，而进入了"与物无对"超越自得的境地，从而真正地实现本体工夫境界的同一，达到天人合一的自由体验，这是属于传统中国哲学独特的休闲智慧和审美境界，并达到了传统中国休闲审美哲学前所未有的深度和高度。

---

① 王阳明：《睡起写怀》，《王阳明全集》卷19，上海古籍出版社1992年版。

第三章

传统中国休闲审美的话语体系

如何从基点上摆脱美学和休闲学研究中的削足适履式的西方理论模式，探寻中国美学和休闲学乃至东方人文学自身的理论根基与特征，在全球的视野下对东西方源于不同历史文化传统背景的认知、体验和把握世界方式的差异作平等的对话，以凸现东方美学和休闲学独特的原创性思维及其理论特征，已是中国美学和休闲学研究的迫切课题，建设有中国特色的哲学和美学理论也有待于在这个课题上的重大突破。用本土原创的学术话语，构建中国学术话语体系，实现与西方学界平等对话，已是中国人文学界当务之急，休闲与审美的研究同样需要中国话语和体系。

我们亟须用国人原创的学术话语，建构中国学术话语体系，使中国人文学科理论打上中国话语和中华文明深刻的烙印。从休闲与审美研究的角度说，要以全球化的视野做休闲审美理论及文化的中西比较，深入发掘整理休闲审美理论的中国元素和传统精神及智慧，以实现与西方休闲审美理论平等对话，建立当代中国休闲美学理论的本土话语体系。当代中国休闲文化及其美学研究和理论建构应该从本体传统汲取诸如"闲""适""宜""度""中""和""乐""各得其分""玩物适情""寻乐顺化"等理念的精神元素和智慧，以及本体—工夫—境界等理路构架，形成中国休闲与审美研究和理论建构的本土特色和理论话语。

综合来看，中国传统哲学的主要思想资源，无论是儒家、道家还是佛家，从本原上看，均无西方古典哲学美学主客两分的意识，没有以纯形式或语言为究的兴趣，没有先天的绝对和已成的对待，一切俱在天人或心物体认中澄明或生成，在人生境界的圆成中落实，由此构成迥别于西方的理路和话语体系。如果说西方传统哲学的理路着重语言逻辑之思，那么，中国传统哲学的理路强调本体工夫之证。西方哲学语言对感性体验的漠视，使"美"成为维特根斯坦所认为的难以言说者。中国哲学的话语则不然，它本身就不是以抽象的逻辑语言为基础，而是以切身体验来生发，因而可以对"不可言说"的美、对那恍惚倏微却又无比真实的深层体悟，作恰如其分的传述与呈现。

第一节　儒家休闲审美的话语与体系

儒家是中国传统意识形态领域的主体话语，这种话语和理路，以天为终极之本体，以天人体认和化育为基本工夫，以物我无间、天人合一为终极而恒常境界；从本原上言，它没有西方古典哲学美学主客两分、理性与感性二元的意识，没有以客体为纯然观照对象、离人论物的传统，没有以形式为探究、唯美是求的兴趣，没有先天的绝对和已成的对待；一切俱在天人对应中存在，在具体境域中生成，在人生境界中落实。本体—工夫—境界及其相关的话语是中国儒家有关休闲与审美思想的基本理路，也是传统中国休闲审美话语的内在体系。儒家认定天人的内在合一，以天为终极本然（本体），以体认和践履为沟通天人的基本途径和方法（工夫），以物我无间、天人合一为终极理想（境界），由此构成了迥别于西哲传统的理路和话语。"本体—工夫—境界"为儒家乃至整个传统中国审美休闲哲学的"终极识度"、基本理路和话语体系。

一 儒家如何沟通天人之际

学术话语和理路的分歧最终根源于对天人之际的终极思考。"天人之际"是人类对生存和学术问题的终极思考，一切理论问题都绕不开对这个终极理路的考量，所有人文学科理论（包括审美与休闲理论）的构建，都以这种终极思考的理念和方法为根基。中西学术话语和理路的分歧最终根源于对天人之际的终极理念与思考，既在于对天的理解，更在于对沟通天人的路径与方法的思考。在此，中西的理路和方法迥然不同，决定了哲学话语及其体系的差异，也决定了审美与休闲研究的话语及其体系的差异。

在西哲，天为终极存在或真理；在儒家，天为终极本然或应然。存在如何澄明？西方存在论的思路是存在与诠释的结合；天人如何合一？中国儒家尤其是作为其成熟体系的宋明理学的理路是本体与工夫的结合。前者将语言作为存在呈现之家，后者将工夫作为本体澄明之道；前者的方法重理解与阐释，后者的工夫重心上体认与事上磨炼；在此两者理路不同。然而前者为消除现成的概念化语言对存在呈现的障碍，把诗和艺术以及"畅"的"游戏冲动"作为呈现真理和完善人性之道，后者为消除天人相隔的"渣滓"滞碍，把"体认"和"寻乐顺化"的工夫作为本体澄明之道，则同样都含有走向美学和休闲学的契机。

相对而言，西方传统哲学的理路是将天人两分，以分离的态势考虑天人的格局，以分析的方法论证天人的关系。因其分离与分析，西方传统哲学美学主张的审美方式是对象性的"观照"，将客体当作"活的形象"，主体在纯形式的观照中消解来自理性和感性的束缚，借此实现物我的一体、人性的完善。

海德格尔（Martin Heidegger）完成了西方"传统本体论"向"现代本体论"的转换，消解了西方传统形而上学将"存在"或

"本体"概念化、绝对理性化以及由此造成的主客分离、主客对立的格局,将"存在"或"本体"认定为必须通过人的实际生存状态才能得到非概念化的原发理解的"此在"或"缘在",这样存在论的基点就由依据现成者的理论态度转向了依据生活本身的现象学态度。然而,以海德格尔为代表的西方现代存在论沟通天人的基本手段与途径是语言,真理通过语言澄明,存在在诠释中诗意地呈现,这与中国儒家的基本理路仍有根本性的不同。

在海德格尔看来,存在不能自行显现出来,存在要"给"出来,这就必须通过语言,在语言中"存在"。换言之,"说"(语言)是存在之"在"的特定方式,因此,"语言是存在之家"[1]。言语陈述对象,也道出自身。而真理是无遮蔽的状态,这种无遮蔽状态只能体会不能言传,只能在内心去描述而不能通过理性语言去把握。日常意识和理论思维中的"真理"都是"非真理",因为它们都被生活经验或理论分析所遮蔽。那么,真理如何无遮蔽地呈现,或者说,通过何种方式能体会这种"无遮蔽的状态"?只有通过"诗"和"思",而且是后主体主义的"诗"和"思"。正因为海德格尔特别强调了存在的此在性、此在的境域显现性和显现的个体澄明性,任何概念化的理性语言都无法切近个体体会、个体意味的独特性和真实性,因而只有艺术和诗的语言方能切近地实现这种功能。他借用荷尔德林(Johann Christian Friedrich Hölderlin)的诗句,强调"诗意地栖居意味着:与诸神共在,接近万物的本质"[2]。"诗化语言"能透澄事物的本质,消解技术世界的工具理性,使人成为真实的存在,还人以真正的自由。于是存在就在诠释中诗意地呈现。总体而言,西方哲学美学构建的是语言体系。

---

[1] [德]海德格尔:《关于人道主义的书信》(1946),此文收录于《路标》,孙周兴译,商务印书馆2009年版。

[2] [德]海德格尔:《海德格尔谈诗意地栖居》,丹明之译,工人出版社2011年版。

就中国儒家哲学来说，"天"或自然一开始就被认定内在于人的存在，人也被认定内在于自然的存在，在主体与客体、心灵与肉体以及人与神之间便没有一种绝对的分隔，这样儒家哲学便把沟通天人之际的注意力的趋向集中于内在的人生和人心，通过"向生命处用心"和"内在超越"来求得人自身的解放及人与世界关系的和谐。"天命之谓性，率性之谓道，修道之谓教。唯天下至诚，为能尽其性，能尽其性，则能尽人之性；能尽人之性，则能尽物之性；能尽物之性，则可以赞天地之化育；可以赞天地之化育，则可以与天地参矣。"（《中庸》）按《中庸》哲学，道是理想本体，教是对理想本体的追求体认过程，教化实践过程本身就是道。因此，本体就是人生的创造过程，生生的本体流行就是人生在现实创造中对本体意向的自觉与贯通。① 在儒家哲人看来，宇宙的本体就是人生，而人生的本体则是指人生的应当，人生的应当就是人生的理想世界，人生的本体自觉和本体实现就是对理想世界的自觉追求和体认，也就是对天道的自觉体认，"一旦豁然贯通焉，则众物之表里精粗无不到，而吾心之全体大用无不明矣"（《四书集注·大学章句》）。孟子亦说过，"尽其心者，知其性也；知其性，则知天"（《孟子·尽心上》），根据这种观念，人与天地是有机地融合在一起的，人性内涵永恒与超越的"天道"，"天道"可以在"尽性"中由"人"契悟与体会。"道心"不由"启示"得来，它是从"尽性"与"践仁"的实践生命过程中由"人心"内省、体会、契悟而得。

按传统儒家哲学，天人之际如何沟通？本体如何澄明？主要途径不是如西方的语言艺术，而是身心体认、践履的工夫。熊十力先生谈本心仁体，曾说"孔子答门下问仁，只令在实事上致力，即唯

---

① 严正：《儒学本体论研究》，天津人民出版社1997年版，第30—31页。

与之谈工夫,令其由工夫而自悟仁体,却不克就仁体上形容如何如何。一则此非言说所及,二则强形容之,亦恐人作光景玩弄"。因此,孔子"只随机感所触,而示以求仁的工夫","孔子盖谓真理当由人伦日用中实践而证得"[①]。孔子之"学"既非去学习关于现成存在者的知识,也不是脱离了人生日常经验和语言经验的冥会工夫,而是一种学"艺",也就是涵泳于当场启发人的"时中"技艺(礼、乐、诗、书、射、御、数等)之中,从而使人在无形中摆脱那种或"过"或"不及"的、缺少原初视域浸润的思维方式,最终进入"从心所欲不逾矩"的缘发中和的至诚仁境之中。这就是王阳明的"事上工夫"和"心上工夫","事上工夫"强调道德身心的磨炼与实践,"心上工夫"强调本心直觉的体认与感应,而这一切俱在实际境域中活泼泼地落实,时机化地澄明。可以说本体即工夫,工夫即体认,体认即生生之实现。正是中国儒家的这种"终极识度"的传统智慧构成了中国审美与休闲理论与西方不同的理路和话语体系。这种体系,是"知行合一"的体认体系。

二 休闲与审美作为融合天人的工夫

儒家在人与世界关系上以人为本,在人生与人心关系上以心为本,这种文化精神必然把其最基本的指归和工夫放在对人心的化育上,可以说"养心"或"化心",消解"人心"对"道心"的偏离,使"人心"与"道心"合一,正是儒家文化哲学乃至整个中国传统文化哲学的基本宗旨。心如何养?又如何化?儒家哲人拈出了一个"乐"字,"乐"不仅仅是养心的一种工夫,而且本身就是心的本体。整个儒家审美哲学与休闲哲学的要义,就在于如何通过"乐"的修养工夫,达到"乐"的人生境界。儒家所谓"诚""自

[①] 郭齐勇:《熊十力学术文化随笔》,中国青年出版社1999年版,第46—48页。

慊""不勉而中，不思而得，从容中道"（《中庸》），都是强调心的一种真实自然、毫无勉强、浑然天成的本体状态。如何达到这种本体状态，按周敦颐的说法是"寻乐顺化"，按朱熹的说法是"玩物适情"，这其实就是通过审美与休闲的工夫，通过乐的中介圆融作用，使人返诚至乐，顺乐达化，消除天人之间的渣滓与隔阂，进入浑然与万物为一体即天人合一的理想境界。

按冯友兰先生对儒家尤其是宋明理学精神的理解，它的目的是要在人生的各种对立中得到统一，这些对立面主要是主体和客体、殊相与共相的矛盾，理学的主旨就在于通过日积月累的修养工夫，由量变至质变，在"一旦豁然贯通"中实现主体与客体、殊相与共相的统一。得到这种统一的人亦得到一种最高的幸福，即"至乐"，人一生都在殊相的有限范围内生活，一旦从这个范围解放出来，他就会感到自由和解放的快乐，从有限中解放出来体验到无限，从时间中解放出来体验到永恒。这就是由道德的敬畏而达到人生的洒落境界。所谓"浑然与万物同体""即其所居之位，乐其日用之常""而其胸次悠然，直与天地万物上下同流"，所谓"浑然天成""端祥闲泰"，"俯仰自得，心安体舒"，"鸢飞鱼跃""无入而不自得"，都是这种理想境界的形象表述①。

审美与休闲的精神实质在于通过以令人愉悦为主的情感体验，消融主客体之间的矛盾而达到精神的自由，审美与休闲也即"乐"的工夫是实现这种"天人一体""物我两忘"终极境界的基本工夫。新儒学集大成者朱熹有着非常深刻的体会。在他看来，人生至诚至乐理想境界的达到，除了日常生活中克私的修养和道德的积累之外，还需要"乐"本身的融化。孔子曾云"成于乐"，即人格的最高境须成就于"乐"的熏陶。为何如此呢，朱熹的理解是

---

① 冯友兰：《宋明道学通论》，《哲学研究》1985 年第 2 期。

"乐……可以养人之性情，而荡涤其邪秽，消融其渣滓"（《论语集注》卷4）。在朱熹看来"人与天地本一体，只缘渣滓未去，所以有间隔；若无渣滓，但与天地同体"（《朱子语类》卷45）。什么是"渣滓"呢？其一，"渣滓是私意人欲未消者"（《朱子语类》卷45），其二"渣滓是他勉强用力，不出于自然而不安于为之之意"，"闻乐就可以融化了"（《朱子语类》卷5）。可见，"渣滓"正是殊相与共相的矛盾处及人与天地之间隔处，"渣滓"本身又含"私欲"和"勉强"两层意思，前者指动机，后者指体验，如果说"私意"的动机还可以由"复礼"克服，那么"勉强"的体验就不仅仅是"复礼"所能奏效的了；单一的"复礼"仍可能使人"不出于自然而不安于为之"，感之以"乐"，就能融化这种"渣滓"而使人"忽而不自知其入圣贤之域"（《论语集注》卷4）。可见要达到"乐"的境界，"乐"的工夫是必由之路。

朱熹在《四书集注》中把"游于艺"之"游"解释为"玩物适情"，这其实就是儒家对审美和休闲的特点及功能的根本理念，朱熹认为，艺教作为一种情感性的审美教育方式，能在游戏（"玩物"，《广雅释诂三》："游，戏也。"）中给人愉悦（"适情"），在愉悦中让人感到自由（"从容""自得"），而又在自由愉悦的感受中，使人自觉自愿，甚至不知不觉地进入善的境界（"忽不自知其入于圣贤之域"）。审美与休闲作为沟通天人的重要工夫，要义就在于使人"玩物适情"过程中自由愉悦地进入为人的理想境界。朱熹认为"艺是小学工夫，若说先后则艺为先而三者为后，若说本末则三者为本而艺为末"（《朱子语类》卷34），然后，他又说："盖艺虽末节，然亦事理之当然，莫不有自然之则焉。"[1] 朱熹是从"至理所寓"，"教人之本末"的角度来肯定艺教或休闲审美教育的必

---

[1] 朱熹：《与张敬夫论癸巳论语说》，《朱文公文集》卷31，四部丛刊本。

要性和重要性的。他反复重申"艺，则礼乐之文，射御书数之法，皆至理所寓，而日用之不可阙者也"（《论语集注》卷4），虽然"艺"与"道"、"德"、"仁"是本末精粗的关系，末也是本之体现，因此在艺上皆有至理所寓。道、德、仁标志的是大本，人的修养除大本之外还有小节，艺就是管小节的工夫，然而小节又与大本密切关联，因为其"皆有至理存焉，又皆人所日用不可缺者，游心于此，则可以尽乎物理，周乎世用，而其雍容涵泳之间，非僻之心亦自无入之也"。因此他认为"以疏密之等言之，则志道者未如德之可据，据德者未若仁之可依，依仁之密乎内又未尽乎游艺之周于外也。详味圣人此语而以身体之，则其进为之序，先后疏密皆可循循序以进，而日用之间，心思动作无复毫发之隙矣"（《论语或问》卷7）。艺教或休闲审美教育的特点是"不遗小物"而"周于外"，能使人在对周全的小物的"从容潜玩"中收其放心，悟其至理，终至"忽而不自知其入圣贤之域"。正如《学记》所云："不兴其艺，不能乐学。故君子之于学也，藏焉！修焉，息焉，游焉！"

要之，就中国传统哲学来说，"天"或本体一开始就被认定内在于人的存在，在主体与客体、心灵与肉体以及人与神之间便没有一种绝对的分隔，这样中国传统哲学便把沟通天人之际的注意力的趋向集中于内在的人生和人心，通过"向生命处用心"和"内在超越"来求得人自身的解放及人与世界关系的和谐。按中国传统哲学，天人之际如何沟通？本体如何澄明？主要途径不是如西方的语言逻辑，而是身心体认、践履的工夫。这就是王阳明的"事上工夫"和"心上工夫"，"事上工夫"强调道德身心的磨炼与实践，"心上工夫"强调本心直觉的体认与感应，而这一切俱在实际境域中活泼泼地落实，时机化地澄明。可以说本体即工夫，工夫即体认，体认即生生之实现。审美与休闲的精神实质在于通过以令人愉悦为主的情感体验，消融主客体之间的矛盾而达到精神的自由，审美与休闲即"乐"的工夫是实现这种"天人一体""物我两忘"终极境界的基本工夫。正是中国儒家的这种"终极识度"的传统智慧构成了中国审美与休闲理论与西方不同的理路和话语体系,这种体系是身心互融、知行合一的体认体系。

三 "本体—工夫—境界"的基本理路和话语体系

儒家内在地认定天人一体,天之本然状态即人之应然境界,人可以通过"体认"和"践履"的工夫,达到与天地一体的境界;本体是其成己、成物、成圣的依据,工夫是所以能成即化依据为现实的途径,境界则是本体"无所亏欠"的呈现;本体经由工夫澄明,澄明之境界即现实或当下之本体,本体与境界原本为一。审美与休闲必然有本体之依据,这种本体不是悬空设置,而是在工夫中澄明与呈现,通过恰如其分的工夫,达到恰到好处的境界,由此,"本体—工夫—境界"便构成了儒家乃至整个中国审美和休闲哲学的基本理路,与其相关的范畴则构成了中国审美与休闲理论的基本话语体系。

"各得其分"的"止"及其衍生的相关概念表达的是中国审美与休闲本然与应然的潜在状态,通过"适""宜"等恰到好处的"体认"无限而充分地接近、呈现恰如其分的"止",是其基本工夫,通过"体认"与"践履"的工夫,化"本然""应然"为恰到好处的"实然""自然",以至"天人同体""物我两忘","无往而非乐",是为中国审美与休闲的境界,相关概念组成"本体—工夫—境界"语汇,由此构成迥别于西方的中国审美与休闲研究的"终极识度"、独特话语和理论体系。

理学奠基人程颢提出的"体用一源"的本体论原则,对后代哲学产生了深刻影响,宋明理学三大派,即理学派、气学派和心学派,无不以此原则来论证和完善自己的本体论体系。朱熹集成了完善的儒学本体论,其本体有三义:(1)"性之本体":"大抵人有此形气,则此理始具于形气之中,而谓之性。才说是性,便已涉乎有生而兼乎气质,不得为性之本体。"(《朱子语类》95)(2)"形气之本体":"但即形器之本体而离乎形器,则谓之道,就形器而言则谓之器。"(《朱子语类》75)(3)"天理自然之本体":"性者,人所受之天理;天道者,天理自然之本体,其实一理也。"(《论语集注》卷3)朱熹所说三种本体的意义有层次的不同:性之本体指性的本然,形器之本体指存在的根据,天理自然之本体,指理本身。王阳明则讲"心之本体",如云:"人心是天渊,心之本体无所不该,原是一个天,只为私欲障碍,则天之本体失了。"(《传习录》下)"夫心之本体,即天理也。天理之昭明灵觉,所谓良知也。"(《传习录》下)王阳明所谓心之本体即良知,亦即先验的道德意识与当体自性。按牟宗三先生的理解,"他的本体,意即他的自体,他的当体自己,他的最内在的自性本性"[1]。蔡仁厚先生接着他老师同解:"所谓'本体'意即是'自体',是意指当体自己的实性,亦即最内在的自性本性。"[2] 在笔者看来,这里所谓本体是本来状态之义,也是应然状态之义;按其思辨的逻辑,本然即应然,应然即本然,心之本体既指心的本来状态,亦指心的应然状态;本然为逻辑本体,应然为理想境界,在王阳明本体即境界,境界即本体,两者合而为一。概言之,在宋明理学中,张载主张气本体论,程朱主张理本体论,陆王主张心本体论,他们对本体内容的理解不同,但对本体作为终极的本然、应然这一规定却是相通的。

"工夫"一词,亦写作"功夫",宋明理学构建了完整的本体工夫论,"工夫"概念的重要性由此凸显。宋明学者把"工夫"释为道德践履或精神修养之义,如陆九渊的"易简工夫"等,即专指

---

[1] 牟宗三:《从陆象山到刘蕺山》,台北:台湾学生书局1993年版,第218页。
[2] 蔡仁厚:《王阳明哲学》,台北:三民书局1992年版,第22页。

实现"本体"必备的功底和所需的手段、方法。与体用范畴相对应,"体"为本体,"用"为"工夫","体用合一"便与"知行合一""本体工夫合一"(《传习录》下)打通,表现为要求人们通过"践履笃行""体认反证"去求真知、成圣人,以便"由体成用,由用识体"。王阳明构建了最为圆熟的本体工夫论,其本体工夫论的特点是体用一元,本体即工夫,本体工夫原不可分,本体为工夫内在规定,工夫为本体实际呈现。"工夫不离本体,本体原无内外"(《传习录》下),本体与工夫本来是一个和合结构。阳明提出"致良知"工夫的目的有二:"去蔽"与"着实"。与此相应,致良知的工夫便具有两种功能:一是良知的显现与复归,二是良知的体认与落实。[①] 阳明把前者称为"心上工夫",后者称为"事上工夫"。"事上工夫"强调道德身心的磨炼与实践,"心上工夫"强调本心直觉的体认与感应,而这一切俱在实际境域中活泼泼地落实,时机化地澄明。

儒家哲学不是实体论哲学,而是境界形态的哲学。儒家美学也不是实体论美学,而是境界论美学。"境界"一词原为佛家范畴,后被儒家所用,自唐代始成为重要的哲学与美学范畴。境界是精神状态或心灵的存在方式,是心灵"存在"经过自我提升所达到的一种境地和界域。儒家主要有三种境界,即诚境、仁境、乐境:诚为意义世界的实诚存在,体现为真的境界;仁为道德世界的是非明觉,体现为善的境界;乐为审美世界的超越自得,体现为美的境界。这三种境界并不是并列的组合,而是有机有序、三位一体的融合。诚境为基础,意义世界、道德世界、审美世界是个实诚的境域,以意义世界为存在之基础;仁境为核心,意义世界、审美世界均以道德人生的明觉为用心;乐境是理想,意义世界、道德世界的

---

① 钱明:《阳明学的形成与发展》,江苏古籍出版社2002年版,第125—126页。

最高体验是无人而不自得的乐境。意义世界、道德世界向审美境界的转化就在于本心的超越自得体验。

儒家哲学包含一系列的本体范畴。从本体的意义讲，在儒家哲学的成熟形态理学范畴系统中，"理气"部分的"气""道""理""心""象""物"及"太极""太虚""太和""中和""中庸""神化""阴阳""刚柔"等范畴，包含着理学家对美的本体及其现象的解释。如持气本体论的张载认为"凡象皆气"，"气聚则离明得施而有形"（《正蒙·太和篇》），这些哲学范畴和命题包含着这样的美学内涵：美不是在虚无或心念中凭空产生的，而是有"气"这个物质性基础的；美的本体既不是空虚的"无"或观念性意识存在，也不是某种具体的实体性物质存在（"客形"），而是一种既具有形象性又非某一具体形象，既属物质性存在又非属某一具体物质的"气"及其微妙的表现。

持理本体论的朱熹认为"文皆从道中流出"（《朱子语类》卷139），"鸢飞鱼跃"是"道体随处发现"，"满山青黄碧绿，无非天地之化流行发现"（《朱子语类》卷139），它们的美学内涵在于：美的本体是先验的"道"或"天理"，美的产生是道或天理的流行发现。持心本体论的王阳明则认为"心外无物"，"意之所在便是物"，如山中观花，"你未看此花时，此花与汝同归于寂；你来看此花时，则此花颜色一时明白起来，便知此花不在你的心外"（《传习录》下）。对于这些范畴与命题，从美学的角度可以作这样的理解：美的本体既不是物质的实在，也不是先验的、外在的客观天理，而是内在的吾心的主观精神，是吾心主观精神之投射，使世界产生美的现象或带上美的意义。

在朱熹的理学美学构架中，更将审美存在构架为"道—气—文"或"道—气—象"三层次结构，"理"的概念标志的是本体论，是本体范畴或虚性范畴；"气"的概念标志的是宇宙生成论，是实体范畴或实性范畴;"文"的概念标志的是形态论,是象体或象性范畴。在朱子理学美学审美客体论的逻辑构架里,理标志的是审美客体的本体,气标志的是审美客体的实体,文标志的是审美客体的形态。①

儒家哲学本体概念的"本然"意谓更值得重视。《周易》"贲卦"的彖辞有云:"刚柔交错,天文也,文明以止,人文也。观乎天文以察时变,观乎人文以化成天下。"其中"文明以止"的"止"字含义特别需要注意,朱熹解"止"字义为"各得其分"(《周易本义》),而这也正是审美与休闲之本体。《中庸》:"致中和,天地位焉!万物育焉!""中者,天下之大本,和者,天下之达道"。孔子所称"允执厥中""不偏不倚""无过不及"的中庸之道,所谓"乐而不淫""哀而不伤"的中和尺度,所追求"从心所欲不逾矩"的规矩中有自由、自由中有规矩的境界,都与这个"止"相关,《大学》则直接强调"止于善":"大学之道,在明明德,在亲民,在止于至善。知止而后有定,定而后能静,静而后能安,安而后能虑,虑而后能得。"朱熹释曰:"止者,必至于是而不迁之意。……止者,所当止之地,即至善之所在也。"(《四书章句·大学集注》)"是而不迁之意""当止之地""至善之所在",皆是恰到好处、恰如其分的审美与休闲本体。

李泽厚曾提出"度本体"一说,也把"度"解释为"做事做人"所需要的"掌握分寸,恰到好处"。"度"首先出现于"人类的生产—生活活动中",即"实践—实用中",所以它不是"对象(Object)",也不是"意识(Consciousness)",而是人的"创造(Creation)",是人在体认对象世界的过程中所形成的一种恰如其分的、动态的关系状态。由此,"和""中""巧"等相关概念得以衍

---

① 潘立勇:《朱子理学美学》,东方出版社1999年版,第110—112页。

生，也就是"无往而不适的心理自由感"随之产生。① 儒家和中国传统文化特别强调的就是这种恰如其分的分寸感，追求的是与万物和谐的中和境界。

从美学和休闲学的角度来考量，美和休闲的要义就在于"各得其分"，也就是恰如其分。不同于西方用数的比例（如"黄金分割率"）或抽象的本体（如"理念"或"理式"）来规范美的本质，中国儒家传统美学着眼于从人与对象世界的感受、体悟关系来把握美的度。而审美和休闲的功能，也不仅仅在于耳目的形式观赏，更在于通过对这种关系的恰如其分的把握，在主客交融、身心一体、知行合一的过程中，化成天下，包括人自身。"止"作为事物存在的最佳状态，正表现为恰如其分的分寸感与中和境界。因而，《尚书》谈圣人形象是"直而温，宽而栗，刚而无虐，简而无傲"，《易传》言事业是"得道居中，故君子无咎"，宋玉《登徒子好色赋》形容美人为"增之一分则太长，减之一分则太短；著粉则太白，施朱则太赤"，苏轼《饮湖上初晴后雨》形容美景为"水光潋滟晴方好，山色空蒙雨亦奇。欲把西湖比西子，淡妆浓抹总相宜"。强调的都是这种"各得其分"的"止"。休闲的本体，即本然状态也正是对人生状态的"从心所欲不逾矩"的把握与体验。

在儒家尤其是其成熟形态理学范畴系统的"心性"和"知行"部分中，"心""性""情""欲""虚""静""诚""明""乐""化""体""觉""中和""易简""顿悟""践履"等理学范畴中，涉及了有关审美与休闲的工夫论思想。在理学家中，张载最先区分"天地之性"和"气质之性"，前者是由天德而来的绝对至善的人性，后者是由气化而来的善恶相兼的人之感性素质存在。在他看来"形而后有气质之性，善反之，则天地之性存焉"（《正蒙·

---

① 李泽厚：《历史本体论》，生活·读书·新知三联书店2002年版，第1—7页。

诚明篇》），人要返回"天地之性"，达到"与天为一"的境界，需要经过"大心""尽心"的途径进行"穷神知化""穷理尽性"的认识和修养。所谓"大心""尽心"其要义就在于通过"无私""无我""虚明""澄静"的直觉体悟使主体进入与天地万物上下通贯的精神境界，达到对微妙莫测而又至高无限的"天理"的内在体认。"大其心则能体天下之物"（《正蒙·大心篇》），"心既弘大则自然舒泰而乐也"（《经学理窟·气质》），"无我然后得正己之尽，存神然后妙应物之感"（《正蒙·神化篇》），这既是一般的道德认识论和修养论，也微妙地表述了审美认识和休闲修养的特殊规律。儒家的审美与休闲究其根本是"化"的工夫，"化"者，内外融通，不勉不强，自然流成之谓也。朱熹《小学书题》云："习与智长，化与心成。"任启运《礼记章句》形容"化"的特征是："盖其为教，优游和顺，使人默化而不知。"理学家们常喜欢说："易简工夫""豁然贯通""心觉""顿悟""存神过化""穷神知化"等等，作为一般认识论或有神秘主义的色彩，但用于休闲审美体认，却极富于启发。

从审美与休闲的角度，有理由特别关注阳明"常快活便是工夫"（《传习录》下）的说法。在本体论，阳明有"乐是心之本体"（《传习录》下）的命题，把"乐"作为本体澄明的一种本然状态，而在工夫论中，又提出"悦则本体渐复矣"（《传习录》中），"常快活便是工夫"的见解。"良知现成，当下具足"，本体是无滞无碍、灵明跳脱的澄明之境，板滞勉强，意见执着，便失本体；工夫也应是"明白简易，洒脱自在"（《传习录》中）的洒落工夫，拘泥困顿，强探力索，终非真切工夫。明儒史玉池曾如此评点心学之境："言心学者，率以何思何虑为悟境。盖以孩提知能，不学不虑，圣人中得，不思不勉。一落思虑，便失本体。"（《明儒学案》卷60）按王阳明，"义理无定在"，"道无方体，不可执着"（《传习录》上），因此，"圣人论学，多是随时就事"（《传习录》中），"须是因时制宜，难预定一个规矩在"（《传习录》上），"君子之酬酢万变，当行则行，当止则止，当生则生，当死则死，斟酌调停，无非是致其良知，以求自慊而已"（《传习录》中）。"日间工夫，觉纷扰则静坐，觉懒则且看书，是亦因病而药。"（《传习录》上）要之，就是"轻快洒脱""不累于心"。何思何虑并非"沈空守寂"之无思无虑，只是"不可着一分意思"（《传习录》中），不可自私用智之意。致良知工夫到达纯熟之境，无一毫私意留滞，将自家生命从隐曲中翻出来，一切如平常，随时光明自在，便是何思何虑的境界。[①] 这种境界是自在的，这种工夫也就是快活的。这种自在境界与洒脱工夫必然伴随着自在超越的人生态度和情感体验，也就是接近于审美与休闲的态度和体验。

在审美与休闲工夫论中，"适"和"宜"是另一组十分重要的范畴。按儒家的休闲观，"闲"（"大德不逾闲"）具有人生的本体意义，"适"则是"闲"的工夫。适何以成为闲之工夫？《说文》："适，之也。"段注："女子嫁曰适人。""适"又有"宜"义，"之"且"宜"，这就是"适"。从这个核心蔓延出去，就产生"适会""偶合"诸义；进一步延伸就有了"偶尔""刚刚"等更抽象的含义。《说文》："适从啻声。""适""啻"同源，它们又都有从"止"义而引申出来的"仅限""恰好"之义。对适之意稍加总结可以看出，适原本具有到达、宜、刚刚、仅限、恰好的意思，后来就又自然发展出满足、舒适、当下、适度等意思。适作为闲的工夫，要义在对生存活动和生存方式的"各得其分"地适度把握。人在身心欲求得以合乎限度地满足舒适之后，在当下的人生境遇中享受生命之安闲。《仓颉篇》言"宜，得其所也"。《说文》言"宜，

[①] 蔡仁厚：《王阳明哲学》，台北：三民书局1992年版，第155页。

所安也"。《诗·小雅·裳裳者华》言"君子宜之"。所谓"宜子""宜居""宜生""宜时""宜事",等等,都是强调适宜、恰到好处之意。"适"与"宜"即《易传》所谓"止",亦即《中庸》所谓"和"。"止"是"各正性命","和"则是"天下之达道"。唯其"适"而有度,方能"各正性命",把握生命之本真,体验审美与休闲之真意,达到天人合一的本体境界。

儒家的哲学范畴系统,始于本体,经由工夫,终于境界,这种境界即天地境界,即本体境界,是本然现实地呈现为应然的至境,儒家审美与休闲理论亦如此。在儒家尤其是理学范畴系统的"天人"部分,"天人合一"作为儒家的最高理想境界,更是充满了审美与休闲的色彩。理学家虽把"天"本体化,说成是终极的本体存在,但这天是"极高明而道中庸",形而上者即在形而下者之中,不离形而下而存在。与西方宗教神学中令人敬畏、恐惧的彼岸不同,理学家意识中的"天"被说成"生生不息"的自然过程,气本体论者以气为天而表现为气化过程,理本体论者以理为天而表现为天理流行,心本体论者以心为天而表现为生生之意。他们都主张以人心体现天地生生之心,人心即天地生物之心。因此理学家的"天人合一",不仅是主体通过直觉认识和自我体验实现同宇宙本体的合一,而且是实现人和自然的有机统一。他们所表达的"鸢飞鱼跃""活泼泼地""一气流通""浑然与物同体"的理想境界,其实正是对人和自然界和谐统一的审美与休闲式体验。

王阳明所谓"无善无恶心之体",正是指良知呈现于"乐"的休闲审美世界时,面对的是本真的自由体验的世界,在自在生命的自由体验中,一切物和事都脱去了它们实用的或伦理的片面实相,呈现在人们面前的是一如其真的本如之相,而且人们对其的体验甚至无须执定于是是非非、是善是恶。真可谓"天人一体","与物无对"。其弟子王龙溪所谓"四无句":"无心之心则藏密",指的也正是休闲审美的超然自得境界。无心意味着超越,指不让人执着于现实功利的过分纠缠,能时刻超脱于外界客观世界的变化与纷扰,通过一种超然的心境以更加积极的心态去参与到社会宇宙的创化之中。人类的审美与休闲活动毕竟是需要一定的物质基础为前提,而"物"遵循的是客观法则,具有很大的偶然性。超然于物外的审美与休闲境界能够让人在这偶然的客观法则下寻求一种无往而不适、无往而不闲的人生自由境界,归于和规律与和目的的统一。

冯友兰把人所可能的境界分为四种:"自然境界,功利境界,道德境界,天地境界。"① 其划分的依据,乃"人对于宇宙人生底觉解的程度,可有不同。……因此,宇宙人生对于人所有底某种不同底意义,即构成人所有底某种境界"②。这里所说的人生"觉解",不仅仅是语言义理的认知,更是身心的践履"体认"工夫。作为人生境界中最高层级的天地境界正是"人己无外""天人合一"的审美与休闲境界。对于此境界,冯友兰先生论述为:"在其中所谓人己内外的界限,都不存在。所谓人己内外,相当于西洋哲学中所谓主观客观。主观是己,是内;客观是人,是外。在普通人的经验中,这个界限是非常分明底。但人可到一种境界,可有一种经验,在其中这些界限都泯没了。这种境界,即所谓万物一体的境界。"③ 这也就是审美与休闲的最高境界。所谓"经验",即人的在世体验、践履体认;在经验中的"界限泯没",即在体认工夫中确证到真如本体,人己内外得以处于"恰如其分"之关系状态,外界不再是作为制约因素的异己者,它与自身之间不存在任何大于或小于关系,人不需要为宗教偶像牺牲献祭,也不会被功利伦理累赘桎梏;于是人再不会意识到自身与世界的界限隔阂,而得至"忘适之

---

① 冯友兰:《新原人》,《三松堂全集》第四卷,河南人民出版社 1986 年版,第 550 页。
② 冯友兰:《新原人》,《三松堂全集》第四卷,第 549 页。
③ 冯友兰:《新世训》,《三松堂全集》第四卷,第 495 页。

适"的审美自适状态；随着物我、主客、内外间那本就非实存的界限的湮没，人得以突破"有限"达到"无限"：人情物事无有羁绊，生命体验无有拘束，自在生命自由体验，进入休闲审美之臻境！

这正是王阳明所谓"无善无恶心之体"的超越境界，在这种境界，良知即本心，本心即良知，顺天则而自慊，自慊中有天则，是非无须执着去知，善恶无须刻意去辨，一心朗现，通体莹彻，体无善无恶而境至善至乐，真可谓"无入而不自得"，无往而非乐。这是一种既道德而超道德、既审美而化道德的最高的理想境界。在这种境界中，真可谓"一悟本体，即是工夫，人己内外，一齐俱透了"（《传习录》下），真正达到了本体与境界的合一，本体即境界，境界即本体，应然即本然，本然已应然，其间再无稍稍的欠缺。从境界的特征而言，它已超越了有无之分，物我之隔，化解了有无之间的紧张、物我之间的对立，而进入了"与物无对"超越自得的境地。

审美与休闲之境界，是儒家的"赞天地之化育，可以与天地参"（《中庸》）："天人所为，各自有分"，[①] 复其"本分"，人就能在共通的本体基础上，与天地精神相往来；参赞天地，与天地同流。处于此种境界的人，能觉解体认"人虽只有七尺之躯，但可以'与天地参'，虽上寿不过百年，而可以'与天地比寿，与日月齐光'"[②]。又是"从心所欲不逾矩"（《论语·为政》）：己心人伦之关系，永处"至善之所在"，无不恰当，无有冲突，自然无所逾矩。

[①] 对于"赞"，程颢解为"天人合一"之意："至诚可以赞天地之化育，则可以与天地参"。赞者，参赞之义，'先天而天弗违，后天而奉天时'之谓也，非谓赞助。只有一个诚，何助之有？（程颢、程颐：《二程集》第一册，中华书局1981年版，第133页）程颐与朱熹则认为是"天人所为，各自有分"之意。（《二程集》第一册，第158页；黎靖德编：《朱子语类》，中华书局1986年版，第1570页。）

[②] 冯友兰：《新原人》，《三松堂全集》第四卷，第554页。

还是风乎舞雩的"曾点之乐"(《论语·先进》):高蹈飘逸又不离礼乐,不累俗务又自得一番天下治平气象。

审美与休闲境界,是道家"物物而不物于物"(《庄子·山木》)的无物可累:不拘于"材"或"不材"之两端,也不墨守"材与不材之间"的"中道"成见,而"与时俱化""以和为量",即同化于日新时新的恰如其分之本体,"浮游乎万物之祖,物物而不物于物"①,由此"乘天地之正,而御六气之辩,以游无穷"。"乘云气,御飞龙,而游乎四海之外。"(《庄子·逍遥游》)也是"梓庆为鐻"(《庄子·达生》)的"以天合天":忘"庆赏爵禄"之利、"非誉巧拙"之名②,是随休闲工夫渐深的境界突破;终得恰如其分地把握本体,即"以天合天",成于天籁。还是"庄生梦蝶"(《庄子·齐物论》)的"物化":"周与蝴蝶",虽然"必有分矣",但若能"各得其分",则自会了然其"有分"而无"对立",从而体"栩栩然""物化"之境③。以上道家之论,皆可视为休闲审美"恰如其分"之本体的境域化呈现;得此本体,即道家所谓居于"道枢""得其环中":在其中"无心者与物冥,而未尝有对于天下"④,无心而顺应万物,闲之至矣。

审美与休闲之境界,是禅家"应无所住"的心镜空明:"住",为执,为偏执;偏于任何一方,都会失于恰当。禅的工夫与闲的工夫都是要去执,归于性空,方得"恰如其分"地照见真如。这真切体现于青原惟信禅师所言的公案:"老僧三十年前,未参禅时,见山是山,见水是水。及至后来亲见知识,有个入处。见山不是山,见水不是水。而今得个休歇处,依前见山只是山,见水只是水。"⑤

---

① 郭庆藩:《庄子集释》,中华书局 2004 年版,第 668 页。
② 郭庆藩:《庄子集释》,第 658—659 页。
③ 郭庆藩:《庄子集释》,第 112 页。
④ 郭庆藩:《庄子集释》,第 68 页。
⑤ 瞿汝稷编:《指月录》,巴蜀书社 2012 年版,第 814 页。

未参禅时，心智未启，则执于外物；后有了"亲见知识"的践履体认，却又执于自我；最后去执见空，虽"山还是山，水还是水"，但经过体认工夫的洗磨，已是开悟之洞见：我观山水则亦如山水观我般不将不迎，"我"与"山水"，互不相掩，各得其分，又俱是空中之妙有。如此不累于物执、意执，而"休歇"畅游于活泼泼的天地本然，自然是休闲至境。

审美与休闲境界的话语特色，鲜明体现着中国哲学模式的在世性与体验性，天人不二，体认澄明，天即人对此生此世恰如其分的体认把握之境域呈现。故"从心所欲"而"不逾矩"、"物物"而"不物于物"、"随缘任运"而"真空妙有"；在此审美境界中，万象腾越却又"各得其分"。审美与休闲有个"恰如其分"的"止"的本体，而人能够通过对在世生活的践履体认，无入而不自得地把握到"止"之本体，这个过程就是工夫渐深的过程；境界是本体在工夫中的呈现，休闲与审美境界是本体经过工夫洗礼之后的自由自在的澄明呈现。因而，在审美与休闲自在生命的自由体验中，工夫依归本体，本体不离工夫，本体通过工夫"恰如其分"地化呈境界，三者浑然一体，共生于休闲审美之境。

与建立在纯粹语言基础上的西方美学、休闲学大体作为思辨之学、"观听之学"不同，中国传统美学、休闲学建立的是在"体认"基础上的"身心之学"，"本体—工夫—境界"构成了中国传统审美与休闲思想的基本理路与理论体系。在此，中国传统审美与休闲智慧理解的"本体"不是悬隔于人的绝对本体，而是与人一体相关的"恰如其分"的本然、应然状态；审美与休闲的本体的需要通过"恰到好处"的身心工夫呈现，而且就根本上说，审美与休闲正是沟通天人的基本工夫；境界是本体通过工夫无欠缺的自然而圆满的呈现，通过"寻乐顺化"的工夫，去天人之间隔，终至"天人一体"，"无往而不自得"的审美与休闲的境界。

由中国思想传统的在世性与体验性所化育的"本体—工夫—境界"的理论模式，不但体现着中国成熟深刻的哲学智慧，更因其与以自在生命的自由体验为特征的审美与休闲过程深度吻合，而应成为中国审美与休闲研究所本应采纳的话语体系。以此话语体系建构的休闲美学是"顶天立地体心"之学：本体依据于"文明以止"的"各得其分"，工夫践履于"寻乐顺化"的当下现实人生体认，境界澄明于"无入不自得"的自由心灵，这就是人的生活，也就是中国人的美学与休闲学。

第二节　道家休闲审美的话语与体系

道家休闲美学话语体系以"有无"辩证逻辑为基础。通过"无"这种否定性法则，道家实现了对物质环境与文化环境压力的超越；通过"有"这种肯定性法则，道家实现了生命价值与意义的创造与生发。道家休闲审美话语体系以"自然"为本体价值，以"无为"为进修工夫，以"游世"为最高境界。这种"本体—工夫—境界"呈现出的休闲美学话语系，向上发现了自然的价值，朝下通向了养生实践；它以"无为"成就休闲审美的人生要义，以"游世"实现物我为一，和光同尘。道家休闲美学话语体系对中国传统的休闲审美文化产生了深远的影响。

中国哲学是以"艺术的精神发展哲学智慧"[1]，这种哲学践行到日常生活中来，难免会生发出一种生活的艺术。事实上无论儒家还是道家、禅宗，其形上与形下的贯通之处，无不体现为以这种超越的哲学精神提升日常生活的审美情怀，由此而通达一种审美的自由之境。在人生安顿的意义上，道家哲学特别体现出"超脱解放"

---

[1]　方东美：《原始儒家道家哲学》，黎明文化事业股份有限公司1983年版，第14页。

的精神,此种精神很容易转向一种休闲的审美智慧。因为,按照我们的理解,道家的"无为而无不为"的思想就是通过对束缚的摆脱达到对自由的肯定。它的"超脱解放"的精神,来源于其先天地对忙碌异化的现实具有批判的本能。这看似逍遥浪漫,其实是需要凭借巨大的否定力量、拒绝的姿态才会调适而出。或许正是通过对自然之道的肯定以及对异化忙碌状态的否定,道家成为一支饱含休闲智慧且具有鲜明休闲审美特征的话语形态。

否定与拒绝作为一种处事策略及修道工夫,在道家思想体系中常常表述为"无","无"对于休闲审美而言,具有本体性的价值("无名天地之始");而"有"在道家思想体系中体现为创生的含义("有名万物之母"),也即生命的超脱解放。那么,有与无的辩证逻辑是如何在道家的休闲审美话语体系中体现的?我们将试图以这种辩证逻辑为"经",以"本体—工夫—境界"为"纬"勾勒出道家哲学所蕴含的休闲审美话语体系。

一 道家休闲审美话语体系逻辑基础

对人类思想及文化领域的"有无"现象进行最早关注并提升为理论范畴的是道家哲学,[①] 它尤其发现了"无"的意义。《道德经》开篇便是以有无对举而阐发玄妙之道,庄子内篇也频频以"无待"标举一种至高境界。那么,道家对有无关系的重视,除了阐明其深奥玄妙的宇宙论与人生论之外,是否也与休闲美学之道有关?

休闲美学在何种意义上体现为"有无"之辩证逻辑?笔者曾撰文指出:"对于休闲而言,'无'是休闲之本体性依据,'有'则是休闲之现实性依据。'有'是创造,是体验,是美……要从有无辩证关系上去深入挖掘休闲的内涵,了解休闲的本质。"[②]

---

① 陈来:《有无之境——王阳明哲学的精神》,人民出版社1991年版,第3—5页。
② 郑明、陆庆祥:《人的自然化:休闲哲学论纲》,《兰州学刊》2014年第5期。

作为本体层面的无，至为抽象而不可言说，亦不可见，不可闻（希言、希声、无形、无为）。因此老子又特别给予无（道的规定性）一个可供觉知①的范畴，那就是"自然"。这里的"自然"绝对不仅仅是物质自然本身，而且是天地自然万物所呈现出的自然而然的性质，也就是顺其自然的本性（庄子所谓"同乎大顺"）。这种性质正是来自"无"的力量："天地有大美而不言……圣人者，原天地之美而达万物之理，是故至人无为，大圣不作，观于天地之谓也"（《庄子·知北游》），"无为"与"观"对于艺术审美精神而言都很重要，这明显不同于儒家"参赞天地"那种道德功利的性质。休闲与审美活动正是在"无"中生发创造的价值，在"自然"中体现超越性的意义。在约瑟夫·皮珀（Josef Pieper）看来，休闲是过一种顺其自然的生活。戈比（Geoffrey Godbey）对休闲的定义也是强调休闲要遵循"个体所喜爱的、本能地感到有价值的方式"②，这都是强调了"自然"对于休闲与审美的重要性。"本能"应该不是指原始的生理本能，而应该是超越了物质环境与文化环境双重束缚之后，充满了人文色彩的本能，也就成为一种价值的"自然"。当一种人生的价值取向认同了自然的价值，这种价值多半会认同休闲的价值。在价值论的层次上，自然、休闲与审美之间是有内在一致性的。"自然"或者"无"本身体现出既美且闲（"无为""不作"）的特征，这就是道家休闲审美话语体系的基础性范畴。

"自然"作为一种休闲美学范畴是如何体现在现实人生领域中的？"悠兮其贵言，功成事遂，百姓皆谓我自然"（《道德经·第十七章》），这里是从政治治理艺术角度，提出一种自然的价值。老子认为政治治理的理想境界就是"自然"。这里的"悠兮"，是悠闲、

---

① 笔者认为本体层面的"无"，是超验性的范畴，主体无法以感官感知到，唯有靠内在理智的直觉来体悟，故以"觉知"名之。

② ［美］托马斯·古德尔、杰弗瑞·戈比：《人类思想史中的休闲》，成素梅等译，云南人民出版社2000年版，第11页。

悠游自得貌。因此，我们可以说，体现"自然"价值的政治是一种政治治理的休闲境界。"解衣般礴裸"的画史以自然本真的面貌闲却了世俗的礼仪规范、功名利害，故其艺术境界最高，这也便是艺术修养的休闲境界，亦即审美心胸。而庄子所言"自然"的状态，如其倡言之"游"范畴系列，既有游戏自得之谓，又有自由无碍之意，因其超越而诗意的气质，便皆与休闲审美相通起来。所以，道家持"有无相生"的自然之道，推向人生价值领域，生发出的便是对休闲审美理念的肯定。

但在自然本体与境界之间，存在着一个巨大的现实鸿沟，那就是充满了背离自然本体的人为的世界，这是对自然本体的否定。老子言："大道废，有仁义；智慧出，有大伪；六亲不和，有孝慈；国家昏乱，有忠臣。"（《道德经·第十八章》）庄子指出："一受其成形，不亡以待尽。与物相刃相靡，其行尽如驰而莫之能止，不亦悲乎！终身役役而不见其成功，苶然疲役而不知其所归，可不哀邪？"（《庄子·齐物论》）各种欲望的激荡、道德理性的羁绊，都扰乱了自然的秩序，也成为人越来越远离休闲审美状态的原因。知识、道德、欲望等容易使人产生"有蓬之心"，也驰心不收以至"物于物"，从而劳形累心成为"倒悬"之民。在现实状态中，人心的向外竞逐不已，"劳、累、伤、疲、役"成为人的常态。因此老庄提出对这一现实的情态做减法，进行否定意义的归根复命的工夫。光复本体，需要做减法的工夫，最终本体湛然朗现，"圣人休焉"（《庄子·刻意》），"圣人处无为之事，行不言之教"（《道德经·第二章》），人最终进入一种休闲的审美人格状态中，成为真人、至人、神人，这是对人的最为崇高的肯定。

二 道家休闲审美话语结构

现代休闲学认为，休闲是成为人的过程。但由休闲而成人的根基在哪里，又成为什么样的人，我们便不能很好把握。中国哲学是生命哲学，关乎性命修养与道德审美人格塑造，它有一套下学上达、体用一贯的人生修养体系，对于旨在"成为人"的休闲而言，应该会有其独特的贡献。

徐复观认为老庄的道，是一种最高的艺术精神，但同样也承认"他们是对人生以言道，不是对艺术作品以言道"，"庄子所追求的道，与一个艺术家所呈现出的最高艺术精神，在本质上是完全相同的。所不同的是，艺术家由此而成就艺术的作品；而庄子则由此成就艺术的人生。庄子所要求、所待望的圣人、至人、神人、真人，如实地说，只是人生自身的艺术化罢了"[1]。这种哲学所认定的最高人格"真人、至人、神人"，更像一个解脱了各种束缚之后的自由个体，也就是那"明白太素，无为复朴，体性抱神，以游世俗之间者"（庄子·天地）。"明白太素"，就是自然之本体，"无为复朴，体性抱神"即无为之工夫，"游世俗之间"，即游世（亦可解为"游戏"）之境界。道家由"本体—工夫—境界"所传递的俨然是一套较完整的休闲审美话语体系。

1. 道家休闲审美之本体论：自然

在中国哲学语境下，何谓"本体"？曰"始"，曰"初"，曰"根"。老子言"无名天地之始"（《道德经·第一章》），《说文》曰："始，女之初也。"清代朱骏声的《说文通训定声》注："裁衣之始为初，草木之始为才，人身之始为首为元，筑墙之始为基，开户之始为戾，子孙之始为祖，形生之始为胎。"[2] 与西方传统哲学的存在"本体"不同，我们所言的本体显然具有根基作用，有着生发的意义。在道家哲学话语体系中，作为本体的"无"[3] 可名之为

---

[1] 徐复观：《中国艺术精神》，华东师范大学出版社2001年版，第34页。
[2] 朱骏生：《说文通训定声》，武汉古籍出版社1983年版，第172页。
[3] 陈来：《有无之境——王阳明哲学的精神》，人民出版社1991年版，第4页。

"本体的无，工夫的无，境界的无"。因此，其休闲审美的本体便是"自然"。

据刘笑敢考证，"自然"作为一个单独的词语来用，最先见于道家老子①。"自然"在老子思想体系中具备根本性的价值，但到底何谓"自然"，道家并未给予直接的界定。原因正如老子所说："希言自然"，"听之不闻名曰希"，"自然"本身是超越了现实经验之感知的（闻、见、搏）。"道法自然"，道本身已是"夷、希、微"，不可感知，作为道所效法的本体自然，人只能对其进行"觉知"（莫逆于心）。本体既是一种不可界定的本然，同时又是潜在而不可感知的超越性力量。

自然之道虽然不可感知，但却经常以一种休闲的状态描述之：

> 悠兮，其贵言，功成事遂，百姓皆谓我自然。（《道德经·第十七章》）

"悠兮"，大概就是老子说的圣人"处无为之事"；贵言，则是"行无言之教"。无为与无言，省去了繁剧与操劳，因此这样的政治治理，休养生息，润物无声，上下皆呈闲暇之貌。

在庄子看来，"自然"还与人为相对，是一种自然天放、本性自由的状态：

> 泽雉十步一啄，百步一饮，不蕲畜乎樊中。神虽王，不善也。（《庄子·养生主》）
>
> 何谓天，何谓人？北海若曰：牛马四足是谓天，落马首，穿牛鼻是谓人。故曰无以人灭天，无以故灭命，无以得殉名，

---

① 刘笑敢：《老子：年代新考与思想新诠》，台湾东大图书股份有限公司1997年版，第67页。

谨守而勿失，是谓反其真。(《庄子·秋水》)

"天"，即自然，"真"也是自然。自然的状态在庄子看来是一种自由自在自适的状态；而背离自然本体，则意味着失去自由，是被奴役的状态。而且这里的"自然"更意谓本来如此的本然状态。也就是说在庄子看来，生命（包括人的生命）本是应该处于闲暇自适的状态，所谓"鱼相濡以沫，相呴以湿，不如相忘于江湖"。正如本来是快乐游戏于水中的鱼儿，一旦竭泽，即便相互施以仁义之援，也是局促忧虑不堪。所以，道家指出："彼仁人何其多忧也！"（《庄子·骈拇》）人最可贵的是不要失去其本来状态（"不失其性命之情"），"莫得安其性命之情者，而犹自以为圣人，不可耻乎？其无耻也！"（《庄子·天运》）。人之为人，就要恢复自然本性。按照自然本性生活，其最重要的一个情感标志便是"安"。庄子多次提到这种"安时处顺"的自然之道："吾生于陵而安于陵，故也；长于水而安于水，性也；不知吾所以然而然，命也。"（《庄子·达生》）安于自然本性，必然是自足自适，无所外求（"马，蹄可以践霜雪，毛可以御风寒，龁草饮水，翘足而陆，此马之真性也。虽有义台路寝，无所用之"《庄子·马蹄》）。"安于性命之情"就是"莫之为而常自然"，这种本体自然的状态庄子又名之曰"静"：

明于天，通于圣，六通四辟于帝王之德者，其自为也，昧然无不静者矣。圣人之静也，非曰静也善，故静也；万物无足以铙心者，故静也。……夫虚静恬淡寂寞无为者，天地之本，而道德之至，故帝王圣人休焉。……夫虚静恬淡寂寞无为者，万物之本也。……静而圣，动而王，无为也而尊，朴素而天下莫能与之争美。(《庄子·天道》)

这段话算是庄子休闲审美自然本体论的一个宣言。"明于天",即遵循自然之本,显现出静的状态。这种循"虚静恬淡寂寞无为",即老庄休闲美学体系中的本体。自然作为道家哲学的本体,它肯定的是自然如此、自然而然的性质,同时意味着对知识欲望道德等的否定指向,具有了审美超越的性质。它超越功利、是非、利害,超越在知识、欲望、道德等欲望的牵引下,人的竞逐纷争、驰心不已的状态。因此,"自然"本身是休闲审美之源始与肇初。

2. 道家休闲审美之工夫论:无为

人生是需要自由的,休闲也是如此。休闲的人生是拥有更多自由的人生。然而现代休闲学认为自由,应该就是要尽量少做一些事情。为了获得自由,就需要我们去摆脱些什么。我们在很多关于休闲的定义中也都会看到诸如减少干涉、解脱束缚、节制等类似"做减法"的规定。这些都是在说如何获得休闲,即通往休闲的途径,我们称之为"工夫"。在道家的话语体系中,做减法的工夫确实是其一大理论特色。

做减法如何成为休闲的工夫?在道家看来,做减法就是"无为",无为即自然。无为是不干预、不活动,正如约瑟夫·皮珀所言:"对照于工作那种全然卖力意象的,则是闲暇'不工作'的观物姿态。"[①]在他看来,工作是一种活动,工作是一种卖力,工作是一种社会功能。而闲暇,无疑则是反其道而行之。道家主张无为、顺其自然的观念,以及崇尚"老死不相往来"的自然社会,这些应该都是一种"不工作的观物姿态",而道家的表述与实践比起约瑟夫·皮珀所论要更加极致与精深。在约瑟夫·皮珀强调的"一种平静,一种沉默,一种顺其自然的无为状态",用道家的话语来说即"凝神静虑、无为之业、不言之教"的修养工夫。可见,无为的修

---

① [德]约瑟夫·皮珀:《闲暇:文化的基础》,刘森尧译,新星出版社2005年版,第43页。

养工夫，就是休闲审美的工夫。因为，在道家那里"无为"的反面"有为"，恰是一种非常忙碌而且充满异化的状态。正如司马迁所说："天下熙熙皆为利来，天下攘攘皆为利往"，熙熙攘攘之际，窃珠窃国，争权夺利、忙乱纷争，驰而不休。庄子亦自言"一受其成形，不亡以待尽。与物相刃相靡，其行尽如驰，而莫之能止，不亦悲乎！终身役役而不见其成功，苶然疲役而不知其所归，可不哀邪"（《庄子·齐物论》）！老庄对于人类因外物的牵引以及欲望的追逐所导致的"形劳神悴"，有着深刻的认识与批判。

道家休闲美学以"自然"为价值本体，自然作为本体不可道、不可名，也不可感知，如果要实现自己的话，它必须以否定的工夫（也就是冯友兰说的"负的方法"）在现实经验世界中开疆拓土，扎根生长，以达到"游世"逍遥的境界目的。"无为"作为一种"负的方法"所否定的人的行为方式有两个层次，一个层次是外在的习惯行为及其常见的社会现象，另一个层次则是人的内在倾向。

首先，作为外在的行为习惯，"无为"在老子、庄子中经常被表述为"不言、不争、不有、不恃、不宰、无事、无待"等，与之相应的便是对名利事业的主动摆脱。在道家看来，现实生活中的人都因这外物的牵引而"胥易技系，劳形怵心"（《庄子·应帝王》），不得休闲。这些都是令人"形劳"的主凶，"形大劳则敝"（《汉书·司马迁传》）。主体反过来必须投以拒绝与否定的姿态："圣人处无事之地，无为之业"（《道德经·第二章》），"宁曳尾于涂中"（《庄子·秋水》），"忘乎物，忘乎天，其名为忘己。忘己之人，是之谓入于天"（《庄子·天地》）。

其次，作为内在的心理倾向，"无为"常常被表述为"无欲、无心、无知无识、无思无虑、绝仁弃义、绝圣弃智、绝学、心斋、坐忘"等，与之相对的便是道德给人的压力，善恶真伪导致初心不复，"大道废有仁义"；知识给人的压力导致了是非争论不休，"生有涯，知无涯，以有涯随无涯，殆已"；欲望给人的压力导致心志纷乱，"五色令人目盲，五音令人耳聋，五味令人口爽，驰骋田猎令人心发狂，难得之货令人行妨"（《道德经·第十二章》），"神大用则竭"（《汉书·司马迁传》）。对知识、道德、欲望的否定或节制，让知识、道德、情欲回到自然无为的本体上来。

"无为"作为否定性的总体概念，在道家哲学的工夫论中，它要求人们进行一种心灵的转换。"无为"作为工夫，削减掉知识的、道德的束缚因素，所渐次澄明的毋宁说就是一种艺术的精神或者审美超越的世界。现实世界是个分裂的世界，物质与文化的压力，感性与理性的冲突，让人处于异化（役于物，物于物，他适）中。道家所运用的这个方法途径，有点类似西哲席勒（Friedrich Schiller）的以休闲（游戏）消解冲突对立，凭借审美由必然王国通往自由王国。明张萱在《西园闻见录·知止前言》中言："闲有二：有心闲，有身闲。辞轩冕之荣，据林泉之安，此身闲也；脱略势力，超然物表，此心闲也。"[1] 此身心二闲所代表的休闲审美工夫传统，应该就是受到了道家哲学的深刻影响。

3. 道家休闲审美之境界论：游世

休闲审美最终是要获得人与世界的和谐。就像荷尔德林在其《闲暇》一诗中写道："我站在宁静的草地上，好像一棵可爱的榆树，也好像挂在藤架上的葡萄，生命的甜蜜游戏围绕在我身旁。"[2] 庄子在闲暇休憩之时也曾达到了这一境界，如其观鱼之乐以及梦蝶之化。人在休闲的最高境界进入物我两忘齐物逍遥与天地自然冥合之境，进入此境界的人便称为"神人"：

上神乘光，与形灭亡，此谓照旷。致命尽情，天地乐而万

---

[1] 张萱：《西园闻见录》，哈佛燕京学社1940年版，第2073页。
[2] 约瑟夫·皮珀：《闲暇：文化的基础》，第43页。

事销亡，万物复情，此之谓混冥。(《庄子·天地》)

当人与世界取得和谐之际（"与形灭亡""致命尽情"），由此达到物我皆闲，是休闲的最高境界（"天地乐而万事销亡"）。休闲的最高境界也便是对自然本体之实现（"万物复情"）。自然本体呈现为休闲的人生境界，用庄子的话便是"游世"。

首先，游世是"游于物之初"，这属于道家休闲审美境界的"觉解"。"游"，即游戏无碍，逍遥适性，是一种自由状态。"物之初"，即"天地之始"，"无"，更是自然之本体。这种物之初的自然本体，需要人去觉解。一旦觉解，即能冥合物化世界之差别对立，淡漠人事纷争，撄宁浮躁驰乱之心。这是来自本体的召唤，表面上道家的休闲境界是消极无为，归复到起初的原始状态，实际上"游于物之初""修德就闲"，是其经过审美的超越工夫之后，自我与世界达成的一种和谐（与物皆昌，道通为一，上下与天地同流），也就是"至人无己，神人无功，圣人无名"。当人完全融入进宇宙大化洪流中时，私己功名都是多余累赘之物了。

其次，游世并非避世、避人。那种远遁山林江海，刻意而闲的人生境界，庄子是鞭挞的。游世的境界体现的是道家对自然、生命、生活的肯定，也是安时处顺之后一种至高人生修养。它甚至是取消了人类社会与大自然之间的界限，人与万物和谐相处，可以攀缘鸟巢而窥，可以鸟兽不乱群，人与自然融为一体，万物并行并育无害，相安无事。因此，避世之避尚属刻意，若游世而行，则无世可避，"藏小大有宜，犹有所遁。若夫藏天下与天下而不得所遁，是恒物之大情也"（《庄子·大宗师》）。人在天地间，本无所遁所避，故可逍遥于天地之间而已。

最后，游世并非玩世不恭，无所事事，更非不顾原则，圆滑处世。游世是对自然本体的肯定，是对自由境界的肯定。"不刻意而高，无仁义而修；无功名而治，无江海而闲；不导引而寿，无不忘也，无不有也；其生也天行，其死也物化；静而与阴同德，动而与阳同波；不为福先，不为祸始；其生若浮，其死若休，淡然独与神明居。""人能虚以而游世，其孰能害之"（《庄子·刻意》）。这就说明了游世境界所蕴含的否定与批判的内涵。优游于世本身是在昭示不同于流俗的巨大批判，展现出拒绝的姿态，同时游世境界也是个体最终的自我实现，"非以其无私耶，故能成其私"（《道德经·第七章》）。然而就游世境界本身，却又同时体现出动静合宜、与世界取得和谐之后的寂然与淡漠。

三 总结

道家休闲审美哲学是根于自然，依于无为而行，旨在游世的一套话语体系，因此可以断定，这是一种自然主义的休闲美学。道家哲学先天与审美相通，且具有休闲的特质，也最贴近休闲的本质。在道家看来，自然即无为，自然无为即逍遥游世，割裂"自然—无为—游世"去单独理解一方，都会导致误解。因为自然作为本体价值，必须以"无为"为理论之基，它决定自然之本体并非原始本能的发泄；无为作为一种否定的方法，使人光复本体而进入游世的自由之境。以此而观，老庄所言自由，内藏着批判的人文元素。老庄的自然主义休闲美学并非趋向纯粹本能的懒散，也非机械刻意的退守，它激荡着肯定与否定、有与无，在消解了二元对立之后，进入审美逍遥之境。

构建自然的本体，让道家的理论体系相比起其他哲学流派更能还原一个纯粹的大自然，也因此而能发现自然的美与趣（"天地有大美而不言""游鱼之乐"），对自然界充满了欣赏与向往（"山林与，皋壤与，使我欣欣然而乐于!"）。如果说儒家在大自然面前是参悟道德本体（"比德"），道家却力求与人、与自然的相互澄明，彼此游戏，人像回归母体一样寝卧于自然之中（"游于物之初""彷徨乎无为其侧，逍遥乎寝卧其下""与物为春"）。后世山水园林休闲、田园乡村休闲，以及由此形成的各种自然的艺术休闲，皆在精神深处受此道家休闲美学的自然本体论思想泽被。

不惟如此，道家的自然本体论，对人的生命的重视，最终导向一种休闲养生理论。它从养生的角度发现身体的价值，实现长生久视之道。那么，不期然而然地，凡是劳形怵心，形劳神敝，不利于身心自然放松的生活方式及相关活动，道家皆予以鞭笞与拒绝。这种思想流波后世，无论是道家道教的养生，还是儒家的修身养性，都很重视"虚静"的重要性（后世新儒家倡言静体，常被认为是受老庄影响）。身体的静与内心的静，能使人从奔驰忙乱的状态中，收视返听，感受身体的微妙变化，感悟心与物游之欢愉。

实施一种无为的工夫论，让道家的休闲审美哲学找到了连接现实、通往"众妙之门"钥匙。我们有理由相信，"无为"是"休"〔"夫虚静恬淡寂寞无为者，天地之平而道德之至，故帝王圣人休焉，休则虚，虚则实，实则伦矣。"（《庄子·天道》）〕，"无为"也是"闲"〔"天下无道，则修德就闲。"（《庄子·天地》）〕。在道家看来，无为并非就是什么事也不做，而是去做自己喜欢做的事，做符合自然之道的事，做那种肇始于自己内在的力量而非假由外铄的事情。这样的无为，恰恰就是休闲审美人生的要义。陶渊明不堪折腰之累而载奔载欣复返自然，诗酒余生，此即无为；白乐天隐在留司官，歌舞鼓吹，优游岁月，亦是无为；苏东坡宦海浮沉，大浪淘沙，闲观风月，更是无为。"无为"之修养工夫，造就了后世休闲文化之纯粹与旷达，精深与超迈，飘逸与不羁。这应该是道家休闲美学赋予中国古典休闲审美文化精神的独妙之处。

道家休闲审美通向游世，而非绝尘，这显示了道家休闲审美哲学话语体系的辩证之处。一般理解，"无为"最方便的法门便是绝尘拒世，由此仿佛能够一劳永逸，得享闲福。然而道家告诉我们，这样的休闲人生境界看似高妙，实则刻意不真。真人（可以理解为拥有至高休闲境界的人）是那种可以赴汤蹈火而不为所伤，在乱世俗尘之中浮游往来而内心纯洁若冰雪的人。所谓岩穴之士、江海之人，恰恰是伤己害物之人。道家运用巨大的心灵转换力量，调适自我，物我为一，这大概也是道家休闲美学智慧精妙所在。这种智慧赋予中国古典休闲文化更多的是生活的气息、审美格调、圆融之道。白居易、苏轼及至袁宏道、李渔等士人的休闲人生践履，都对道家游世的休闲审美境界进行了精彩的诠释与生动的演绎。

第三节　佛家休闲审美的话语与体系

作为中国传统文化重要组成部分的佛家，有着独特的休闲审美智慧，形成了一整套涵盖"本体—工夫—境界"的完整的休闲审美话语体系。从佛家"心性本净"的本体论思想中，可以发掘出"寂""无心""闲田地""万法本闲"等休闲审美的本体论话语；从佛家的修持工夫中，可以梳理出"看破""放下""随缘任运"等休闲审美的工夫论话语；从佛家的修为境界中，可以提炼出以"解脱自在"为核心的休闲审美的境界论话语。

任何一门学术研究，如其研究所涉在本民族历史上曾有过悠久的持存，便可以也有必要从传统中汲取智慧和资源。以休闲审美作为自由的人本体验的形式、特点和规律为研究对象的休闲美学也不例外。在中国传统文化中，传自异域后又被高度本土化并与儒道两家鼎足并峙的佛家，和其他两家一样，也包含着丰富深刻的休闲审美智慧，从中可以梳理出以"本体论—工夫论—境界论"为结构形式的休闲审美话语体系。

一　佛家休闲审美的本体论话语

曾有学者指出，佛教的基本倾向是一种回归的企图，而这一回归即向"心"的回归①。的确，在中国佛家看来，心，或曰本心或心性，乃是一切修行实践和话语理论的本体论依据。佛家以治心为本，其休闲就是心的休闲，并在心的休闲中展现出独特的生命之美。

早期的中国佛教诸宗派多接受以龙树为创立者的大乘中观学说（故有所谓"八宗共祖"之说），以"空"为宇宙人生的本体，后随着佛教的不断本土化，其本体论思想也越来越中国化；到了南禅宗创始人慧能那里，超越性的空性本体彻底让位于内在化的心性本体②。佛教从其诞生之初就不曾中断过对心性的探讨或言说，并且"经过长期的论证，形成了'心性本净，客尘所染'这一大部分佛教各教派都能接受的理论模式"③，但明确将心性论上升为本体论，还是在慧能这里。在慧能看来，作为成佛根据的佛性本体其实就是众生自己的心性，他斩钉截铁地提出："万法尽在自心，何不从自心中，顿见真如本性？……自心见性，皆成佛道。"（宗宝本《坛经·般若第二》）"识自本心，见自本性，即名丈夫、天人师、佛。"（宗宝本《坛经·行由第一》）"我心自有佛，自佛是真佛。"（宗宝本《坛经·付嘱第十》）此后，南宗禅人莫不奉此为圭臬，并以"见性成佛"作为修行的终极目标。

心性本净，这是佛教，也是禅宗一贯的主张。五祖弘忍曾解释《维摩诘经》中的"如"字云："如者，真如佛性，自性清净。清净者，心之原也。"（《最上乘论》）慧能更多次强调："佛性常清

---

① 王志敏、方珊：《佛教美学》，辽宁人民出版社1989年版，第5页。
② 宋志明：《简论佛教本体论的中国化》，《浙江社会科学》2004年第1期。
③ 乔根锁：《本觉：中国佛教心性本体的根本内涵》，《西藏民族学院学报》（哲学社会科学版）2009年第5期。

静……何处惹尘埃?"(敦煌本《坛经》第八节)"何期自性,本自清净。"(宗宝本《坛经·行由第一》)"世人性本清净"(宗宝本《坛经·忏悔第六》)。"净""清静"意谓纯洁无染,是佛教所认为的心的本然状态。本然心在没有被客尘烦恼所染污时,既不会沉溺于情欲,也不会驰逐于功利,因而处于一种"寂"的状态,正所谓"兀兀不修善,腾腾不造恶;寂寂断见闻,荡荡心无著"(宗宝本《坛经·付嘱第十》)。这种"寂"的状态也就是心的休闲状态。反之,若心为烦恼客尘所覆,就会妄念丛生,造作惑业,"忙忙业性而靡所不为"(《高峰龙泉院因师集贤语录》卷八),处于与寂相对立的劳乱不安的状态。因此,"寂"是"净"的逻辑引申,"闲"是"寂"的必然表现。心性本净就是"心性本寂",某种意义上也就是"心性本闲"。

"寂"这一在佛家本体论意义上有着休闲意蕴的概念,同时也蕴含着审美的精神。刘小枫曾言:"把生命的意义转化为生命的本然,以生命的本然取代生命的意义,审美精神便诞生了。"[1] 美是自由的象征,审美的精神即自由的精神。在佛家看来,"寂"作为"净"的逻辑引申,是生命(心)的本然,生命(心)因"寂"而自由。慧能云:"一切善恶都莫思量,自然得入清净心体,湛然常寂,妙用恒沙。"(宗宝本《坛经·宣诏第九》)一句话道出了个中关捩。清静的心体不去思量一切善恶,远离身口意诸业的造作,常处于寂静状态,因而能够产生如恒河沙数一般无穷的妙用。何为妙用? 慧能弟子神会有言:"真空为体,妙有为用""湛然常寂,应用无方"(《景德传灯录》卷三十)。心体的妙用即迎应万法,照用万物,同时又不失其净寂体性。这便是蕴含着审美精神的本心的自由。

---

[1] 刘小枫:《拯救与逍遥》,上海三联书店2001年版,第66页。

另一个与佛教心性本体论相关的休闲概念是"无心"。无心之心，非是本心之心，乃染污心、生灭心、烦恼心、攀缘心、妄心。因而所谓无心，并非如大乘中观学派主张的那样以空性为体，而是对清净自性从相反的方向所作的另一相对通俗的言说。如果说"清净"一词所包含的休闲意味还不是十分明显的话，"无心"这一在本体意义上与"清净"等价的词语则能将休闲之意表露无遗。如龙牙居遁禅师曾有诗写道："粉壁朱门事岂繁，高墙扃户住如山。莫言城郭无休士，人若无心在处闲。"（《禅门诸祖师偈颂》卷一）大意是说只要超越功利，保持无心，即使处于城市中粉壁朱门的高墙大户里面，也可葆有休闲心态而不受世间利益纷争的干扰。有"诗佛"之称的王维在《答张五弟》诗中云："终年无客常闭关，终日无心长自闲。"也是强调无心即休闲。

作为佛教心性本体的清净心是寂静之心，是无心之心，因而也可以说就是一种"闲心"。这从禅宗"闲田地"的说法中可以得到进一步的印证。"闲田地"之说始于宋代五祖山法演禅师的一首诗偈，后来屡被其他禅师引为话头。该诗偈云："山前一片闲田地，叉手叮咛问祖翁。几度卖来还自买，为怜松竹引清风。"（《五灯会元》卷十九）后野翁同禅师也有一首《闲田》曰："秦不耕兮汉不耘，钁头边事杳无闻。年来也有收成望，半合清风半合云。"（《禅宗杂毒海》卷七）将自性本心比作"闲田地"，包含多层意思：一是自性本心如闲田地般未曾遭到杂染，本来清静；二是自性本心这块"闲田地"是无待"劳作耕耘"的，否则只会适得其反，陷入执着或烦恼；三是自性本心这块"闲田地"本身即具无上价值，只要守住不令失去，它就会带来清风白云般的无尽受用。禅师们通过"闲田地"这一独特话语，不仅表达了"心性本闲"这一至为深刻的本体论思想，还借助于具体生动的诗语形象，为这一思想注入了审美的精神。

体现"心性本闲"这一思想的，还有一个被无数禅人反复强调的命题——"万法本闲，唯人自闹"。"时有风吹幡动，一僧曰风动，一僧曰幡动，议论不已。惠能进曰：'不是风动，不是幡动，仁者心动。'"（宗宝本《坛经·行由第一》）慧能当然不至于否定"风吹幡动"是每一个在场者都能看到的现象，他之所以说'不是风动，不是幡动，仁者心动'，不过是强调无论是风动还是幡动，禅者都应保持本心不动，不为物牵，不为境夺。同理，"万法本闲，唯人自闹"之说，也非是说万法都是寂然不动的，而是强调只要做到内心清净，如如不动，则万法自不会来扰乱我心。即真正闲的，还是我心，万法之闲乃是因了我心之闲而被我心观鉴为闲的。所以，这一命题作为一个本体论命题，其侧重仍在本心之闲。

二　佛家休闲审美的工夫论话语

工夫是为呈现本体所采取的手段或方式。清静心是佛教的心性本体，为回复、呈现清静本心所采取的手段或方式就是佛家的修持工夫。佛家修持工夫中，看破、放下、随缘任运与休闲的关系最为密切，故也可视之为佛家的休闲工夫。

以看破、放在、自在作为修行的三个阶段，这在佛门中是老生常谈。佛家所谓看破，从根本上讲，乃指认识到宇宙人生的真相，按佛教"四法印"的说法，即"诸行无常，诸法无我，有漏皆苦，寂灭为乐"。世俗的种种快乐在佛教看来都是无常的，是性空不实的，本质上都是苦的，唯有无上清凉的涅槃（寂灭）境界才能带来绝对的快乐，才具有真实恒久的价值，才值得世人去追求。认识到这一点，也就能认识到世间种种不应以贪求、贪恋之心去执着对待，否则只会徒增烦恼负累，不可能得到真正的心灵休闲，更不可能得到终极的寂灭快乐。

《心经》就是一部有着劝导世人看破俗情之功能的佛家经典。

作为一部般若经典,《心经》主要强调色、受、想、行、识这五蕴皆为假有,诸法悉因缘和合而生,虚幻不实,唯有修习般若观照,超越种种颠倒妄想,方有望到达"究竟涅槃"的理想彼岸。《心经》对于休闲的启示是,以佛家的般若智慧来看,财色名利等世间种种均是苦空无常、虚幻不实的,对这些身外之物应抱持超越的心态,看破一切是非、荣辱、得失,过一种心无挂碍、自由自在的生活。

元代诗人张弘范在《题保定抱阳山寺》诗中说:"奔驰世外心千里,参透人间梦一场。终日杜门稀万事,此中滋味少人尝。""参透人间梦一场",即看破了红尘俗世,认识到人生如同《金刚经》所说的"如梦幻泡影,如露亦如电",于是诗人不再奔波劳碌,而是闭门不出,享受起"此中滋味"来。"此中滋味"就是"闲中滋味"。看破了"忙"的无价值,"闲"的价值也就自然凸现了。"人生世间闲第一"(《竺仙和尚语录》卷中),"人间万事不如闲"(《月涧禅师语录》卷下),"营营逐逐不如闲"(《净土圣贤录续编》卷二)……佛教中有大量诸如此类的诗偈话语,表达的都是看破世情以后对休闲价值的发现和肯定。

看破的逻辑结果是放下,即卸下尘劳负累,实现心灵的轻松安闲。用另一个佛教术语来说,放下是"舍"。"舍"常和"得"组合成"舍得"一词,流俗多用"舍得"来指称行善得福的因果报应之理,但其最根本的意思,乃指"舍染得净",即舍弃烦恼染污而得心地清净。看破本质上是一种"悟"。关于"悟",佛家有"解悟"和"证悟"之分,前者只是理上的觉解,后者才是本心自性的真实契证。一般来说,看破属于解悟的范畴,看破之后,还有待进一步的证悟。因此佛教有云:"悟心容易息心难,息得心源到处闲。"(《五灯会元》卷十八)即强调在看破之后,还须下并非容易的"息心"工夫。"息心"工夫也就是将贪嗔痴等诸种烦恼妄念统统放下的工夫，只有这一放下的工夫切实到位了，才可能回复到本来清静的自性本心，实现"到处闲"的目标。在讲究"直指人心，见性成佛"的南禅宗那里，这一放下的工夫表现为瞬间透彻的顿悟，在顿悟的当下就能放下，就能舍染得净，获得心灵的安闲。而在讲究渐修的禅宗北派，看破后的放下工夫则体现为一个循序渐进的修持过程，即不断地减损直至最终熄灭贪嗔痴等烦恼妄念的过程。

看破、放下之后，即可随缘任运。作为一种修养工夫，随缘任运指的是以顺乎自然的方式去应对生活中的一切境遇。关于随缘，菩提达摩禅师云："随缘行者，众生无我，并缘业所转，苦乐齐受，皆从缘生。若得胜报荣誉之事，是我过去宿因所感，今方得之，缘尽还无，何喜之有。得失从缘，心无增减，喜风不动，冥顺于道，是故说言随缘行。"（《略辨大乘入道四行观》）意谓世间一切皆遵缘生缘灭之理，对个人的苦乐、荣辱、得失等种种逆缘或顺缘，悉应坦然顺受，淡然处之。任运即听任自然，不加造作之意。随缘强调的是面对境遇时顺变的一面，任运强调的是面对境遇时不动的一面。两者组合在一起，恰切地表示出禅者以不变之心顺乎万变之境的处世态度和方式。以此态度和方式处世，即可自由无碍，无心而闲，故禅家云："荡荡无拘无碍，随缘任运腾腾"（《建中靖国续灯录》卷十六），"随缘任运不须忙，万事无心是妙方"（《慧林宗本禅师别录》）。

随缘任运的处世态度和处世方式，在佛教还有一个说法，即"平常心"。马祖道一云："所欲直会其道，平常心是道。所谓平常心：无造作，无是非，无取舍，无断常，无凡无圣。……只如今行住坐卧，应机接物，尽是道。"（《景德传灯录》卷二八），又说："汝今各信自心是佛，此心即是佛心。……若体此意，但可随时著衣吃饭，长养圣胎，任运过时。更有何事？"（《景德传灯录》卷六）如此纯任自然，以无修为修，则"语默动静，一切声色，尽是佛事"（《古尊宿语录》卷三），也尽是休闲之事。因为"平常心是道"取消了刻意修行，禅者成为"无事人""闲人"，只需"饥来吃饭，困来即眠""热即取凉，寒即向火"（《景德传灯录》卷六、卷十）。吃饭穿衣等活动，在常人是为满足生理需求，通常并不以休闲视之，在禅师行来，也颇具休闲意味，因为禅者可以"终日着衣吃饭，未尝触一粒米，挂一缕线"（《景德传灯录》卷十九）。甚至于遇到危险非常之境，禅者也能以休闲心态泰然处之："纵遇锋刀常坦坦，假饶毒药也闲闲。"（《永嘉证道歌》）如此，即可在内心中时刻保持"常离诸境，不于境上生心"（宗宝本《坛经·定慧第四》）的无事人本色，做一个潇洒自在的"绝学无为闲道人"（《永嘉证道歌》）。

看破放下、随缘任运作为休闲工夫，其中也蕴含着审美的精神。看破放下，则尘累一空，心灵不复为贪嗔痴等各种妄念执着所占据，呈现为一种休心无念的虚静状态。中国古典美学中素有"虚静生思"的说法，认为诗文书画等艺术创作需要有一个虚静的审美心胸作为前提。而在禅家，随缘任运的生活不必定要借助于艺术创作方可呈现出审美的趣味，只要有了虚空的心境，禅者的日常生活本身就可以是艺术化、审美化的。美是自由的象征，自由的心胸即审美的心胸，自由的生活即审美的生活。看破放下、随缘任运的禅者，心灵因虚静而自在，生活因自然而自由。皮朝纲先生说："在禅宗看来，审美活动就是生命的自在任运活动，而自在任运的生命活动在个体身上则表现为一个自由个性。"[1] "饥来吃饭，困来则眠"，"热即取凉，寒即向火"，"夜听水流庵后竹，昼看云起面前山"（《五灯会元》卷十五）……如此随缘任运的生命活动，不正

---

[1] 皮朝纲：《禅宗美学史稿》，电子科技大学出版社1994年版，第81页。

是禅者自由个性的表现吗？因此，我们可以说，在佛教禅宗那里，看破放下提供了审美的可能性，随缘任运则将这种可能性转换成了活泼生动的审美的现实。

三　佛家休闲审美的境界论话语

在中国哲学中，境界指的是"心灵超越所达到的存在状态"[①]。佛家以清静心为本体，因而其所谓境界也就是通过修养工夫而达致的超越染污之心回复清静本心的状态。质言之，清静既是佛家心性本体的一种本然特性，也是本体得以实现时所呈现的一种心灵境界。若以更具休闲意涵的话语来表达这一心灵境界，即"解脱自在"。解脱自在既是一种宗教境界，也是一种休闲境界和审美境界。

解脱自在是心灵摆脱烦恼妄念之后的无拘无缚和自由自在。在佛教，解脱与自在异名而同实。《成唯识论述记》卷一："解谓离缚，脱谓自在。"《佛学次第统编》谓："解脱者，自在之义，梵语木底木叉，译做解脱，即离缚而得自在之义。"因此，解脱即自在，自在即解脱。又《大乘本生心地观经浅注》卷七谓："自在即安闲"，故解脱自在乃是佛教所追求的心灵休闲境界。

在俗世生活中，我们从忙碌状态中脱身而获享休闲也常谓之"解脱""自由""自在"等，如著名休闲学家杰弗瑞·戈比在定义休闲时即说"休闲是从文化环境和物质环境的外在压力中解脱出来的一种相对自由的生活"[②]。但这种解脱以及所得之自由与佛家所说的解脱和自由（自在）不在一个层次上。为区别于世俗之解脱、自由（自在）等概念，以突出佛教境界的殊胜，佛典中常在这些词语前加上一个"大"字，构成"大解脱""大自在""大休歇""大

[①] 蒙培元：《漫谈情感哲学》（上），《新视野》2001年第1期。
[②] [美]杰弗瑞·戈比：《你生命中的休闲》，康筝译、田松校译，云南人民出版社2000年版，第14页。

安乐""大受用"等概念：

> 灭度者，大解脱也。大解脱者，烦恼及习气，一切诸业障灭尽，更无有余，是名大解脱。（《般若心经释要》）
>
> 自在者，豁证实相理谛，于诸境界得大解脱也。（《金刚经解义》卷一）
>
> 由是三摩地，诸佛所观照；令一切有情，皆得大自在。（《最上根本大乐金刚不空三昧大教王经》卷五）
>
> 天台染禅人……得大自在，得大受用，得大解脱，得大安乐时节。（《元叟行端禅师语录》卷五）
>
> 不被此等妄想缠绕，如脱鞴之鹰，二六时中，于一切境缘，自然不干绊，自然得大轻安，得大自在。（《憨山老人梦游集》卷二）
>
> 到极深处无深，极妙处无妙，大休歇，大安稳，不动纤尘只守闲闲地。（《佛果克勤禅师心要》卷上）
>
> 向梦幻壳子上，明自本心，见自本性，直到大休大歇，大安乐田地而已。（《元叟行端禅师语录》卷五）

这些前面冠以"大"字的概念，均指向佛教所追求之涅槃解脱境界及其功德，体现了佛家休闲的终极关怀特征。

前文曾言，看破世情之后就能认识到闲的价值，这种价值是一种不同于世俗的"乐"，也是一种体现于心理层面的佛家特有的愉悦感。解脱自在作为一种休闲境界，能带来"乐"的受用。解脱便能回归到心寂的本然状态。在《大般涅槃经》和《杂阿含经》中，佛陀曾教导弟子"寂灭为乐"，意即熄灭一切烦恼妄执，到达涅槃解脱境界，才是真正的快乐。这种快乐是寂的快乐，也是闲的快乐。王维晚年在《饭覆釜山僧》诗中有句云："一悟寂为乐，此生闲有余"。王维一生笃信佛教，还曾接受慧能高足神会禅师的当面指教，因而对佛教的"寂灭为乐"体会极深。心寂之乐作为"闲中滋味"，乃是佛教特有的"内乐"，远较世俗之乐（"外乐"）为"大"（"大安乐""大受用"之"大"），故只要"一悟寂为乐"，便能"此生闲有余"。佛家有时也用"远"和"长"来形容这种"闲中滋味"的"大"，如率庵梵琮曰："闲中滋味长"（《率庵梵琮禅师语录》），诗僧齐己云："闲中滋味远"（《晚夏金江寓居答友生》），皆是。总之，佛教特有的"闲中滋味"超越了世俗快乐。"曾经沧海难为水，除却巫山不是云"，体验到这种"滋味"的佛教中人不会去攀缘沉溺于世俗之乐。诚然，佛禅的因解脱自在而获享"闲中滋味"是一种宗教境界，但既然肯定了有"滋味"，有"乐"，便如李泽厚先生所说，"在作为宗教经验的同时，又仍然保持了一种对生活、生命、生意的肯定兴趣"[①]，因而又何尝不是一种审美境界？

解脱自在的境界之所以是一种审美境界，还因为这种境界能够超越主客关系，实现天人合一，而"审美意识不属于主客关系，而是属于人与世界的融合，或者说天人合一"[②]。"万法本闲，唯人自闹"是这种天人合一的体现。前文曾言，此语并非说万法都是寂然不动的，而是因我心之闲而观鉴万法为闲。从出发点看，这一话语属于本体论，从落脚点看则属于境界论。解脱自在的禅者回复到没有烦恼妄念的"无心"状态，以无心之心观乎天地万物，则万物无论是动是静，都如我一样无心而闲。此正如宋代诗僧文珦所言："流水何尝有竞，闲云本亦无心。静者不殊云水，悠然自乐山林。"（《隐居二首·其一》）山林云水，乃至整个世界的一切存在，都与

[①] 李泽厚：《瞬间永恒的最高境界》，见吴平编《名家说禅》，上海社会科学出版社2003年版，第97页。

[②] 张世英：《哲学导论》，北京大学出版社2002年版，第121页。

禅者的闲寂之心相契，呈现为无心的状态。这种天人合一的境界无疑是一种审美的境界。

  总的来说，佛家拥有独特的休闲审美智慧，形成了一整套涵盖"本体—工夫—境界"的完整的休闲审美话语体系。这些闪烁着佛家独特的智慧之光的话语，早已融入中国文化的血脉深处，对之进行整理、提取、阐扬，将为我们今日的休闲研究尤其是休闲美学的研究提供宝贵的话语资源。

下 篇

当代中国休闲审美的社会实践、思维张力和理论构建

对于当代中国休闲文化研究与美学理论构建，笔者主张如下的研究思路和方法：切入当代中国休闲文化的现状，深入系统分析其发展轨迹与趋势，梳理问题与症结，提出相应对策；在古今和中西参照中发掘整理本土文化元素和历史基因，以资当代中国休闲美学的构建，是为基本思路。思辨与实证结合，理论分析与社会考察互进，中西比较、古今参证，关注交叉领域，运用多学科方式，是为基本方法。其中特别要注意：（1）深入厘清审美与休闲共同本质、体用关系及其相互影响；（2）明确指出走向休闲、深入休闲、引导休闲是中国当代美学不可或缺的现实指向和使命；（3）深入辩证地分析休闲文化与消费的多面性及异化现象，研究与探讨休闲异化的"审美救赎"可能性与现实途径；（4）突出强调在当代中国休闲文化及其发展中弘扬本土文化精神元素和智慧的迫切和必要，努力发掘、确立休闲与审美文化及理论研究领域的中国话语。

在具体研究思路和方法论上，着重从如下角度切入：

1. 哲理和思辨研究。从生存的哲学定位，人本需求的心理分析入手，深入分析休闲文化的人本哲学与心理基础，揭示休闲与审美作为自由生命的自在体验的本质规定与特征，彰显休闲与审美在人的理想生存和社会理想状态中的本体意义。"休闲"这个概念在应用层面、现象层面给人的印象较为丰富和深刻，容易形成习惯定势和俗见，如我们打开"中国休闲网"，里面的内容大体是沐浴、洗脚和美容，似乎休闲活动和休闲文化主要就是这类消遣性的活动与现象。其实这是一种偏见或俗见，对休闲文化、休闲活动所蕴含的深刻的人本价值缺乏基本的理解。超越这种定势对其作深入的基础理论研究有一定难度，但我们的理论工作者应该超越一般应用层面的休闲活动和现象，深入揭示其人本哲学和心理基础及其内在逻辑构成，使休闲研究理论升华。明确休闲是人的理想生命的一种状态，是一种"成为人"的过程，休闲不仅是寻找快乐，也是在寻找生命的意义；同时要分析聪明而合理的休闲与单纯或消极的闲暇、逸乐的区别，揭示理想的休闲境界。

2. 现实和境界研究。从社会发展的绝对指数（现实）与人本感受的相对指数（境界）两方面考察，分析休闲与审美对于构建和谐社会、实现理想生存的现实价值；考察比较中外休闲与审美的传统智慧异同之处，并分析其对当代生活品质的意义与价值。按笔者的理解，休闲不仅具有绝对的社会尺度，还是一种相对的人生态度。所谓绝对的社会尺度是指社会发展的绝对水平，如果社会的生产力和发展水平尚未能提供给人们足够的闲暇时间和经济基础，人们的休闲就缺乏必要的外在条件；但聪明休闲的智慧在于，人们可以通过人生态度的恰当把握，超越这种绝对尺度，在当下的境地中获得相对的自由精神空间，由此进入休闲的人生境界，这就是人生体验的相对态度。这个世界对于人的意义，取决于人对世界的自由感受。自在的生命才是人的本真生命，自由的体验才是人的本真体验。我们可能无法绝对地左右物质世界，但我们可以通过对心灵的自由调节，获得自由的心灵空间，进入理想的人生境界。在这里，人的相对的感受系统起了重要的甚至是决定性的作用。在古今中外的休闲观念和理论中，包含着丰富的聪明休闲智慧；这些智慧，对于提高当代生活品质，尤其是对生活境况满意度的体验，具有重要的现实意义。

3. 产业和载体研究。分析休闲文化尤其是休闲美学的现实品格和应用价值，揭示休闲与审美作为体验经济、文化产业的人本基础，显示其在推进和谐创业，构建和谐社会，提高当代生活品质中的积极意义。休闲审美活动是连接体验和产业的中介和载体，休闲活动既是一种体验，而其活动的载体又是一种产业。休闲审美活动满足人的高层次的内在的需求，满足这种需求的产品的精神附加值特别的巨大，于是，休闲活动及其载体就成为天然的"体验经济"，乃至"美学经济"。因此，通过休闲体验与消费，使审美活动真正现实地切入生存实际，体现人本价值和产业价值，使美学与产业内在结合，这就是文化产业的人本基础、文化产业的内在灵魂，也就是"美学经济"的现实前景所在。休闲是极为具体、极为现实的人的生存和活动方式，其载体又是丰富的产业类型，休闲美学作为应用性很强的学科，对它的研究不能仅仅停留于思辨的阐述和理性的论证，而且需要相关活动及其载体的切实依托；需要对休闲审美活动及其观念在改变当代生活方式、提高当代生活品质、提升产业结构等方面的社会价值和经济效应作深入具体的调研，实现休闲理论与实践、休闲体验与产业的对接。

4. 话语和体系研究。首先，深入、系统地发掘、整理中国源远流长的休闲审美思想资源，梳理儒道佛三家各具特色，又异曲同工，殊途同归的休闲审美智慧，并剖析其内在的逻辑结构和理论体系，充分汲取传统中国休闲审美理论智慧的源头活水；其次，在全球的视野，从中西比较的角度，揭示在天人之际的终极识度和会通方式基点不同而造成的中西方休闲审美话语体系的差异，进而凸显中国休闲审美独特的本土话语体系，以资当代中国休闲美学建构；最后，对休闲美学的理路品格作深入系统的分析，对其在涉及领域、感官机制、社会功能等方面与传统哲学、心理、艺术美学形态的异同，尤其是差异作全新的审视与解析，从而确立休闲美学的基本理论要素，构建休闲美学的逻辑框架和理论体系。

第四章

当代中国休闲审美的社会实践

休闲已经普遍地融入社会产业、经济、文化和人们的生活方式，全民的休闲时代已经大体到来。与传统社会注重较为外在的物质性需求不同，休闲时代人们追求更为内在的精神性体验，这给人们的生活状态、栖居环境、产业内涵、娱乐方式等各方面均带来了巨大的变化。当代中国休闲审美的社会实践非常丰富，涵盖了国民生存体验的各个方面、各个领域。在这里，着重就当代的存在与栖居环境、休闲产业的人本内涵、"微时代"（数字化时代）的休闲变革及其两重性影响等方面作概要性的探讨。

第一节 存在与栖居的休闲审美观照

我国城市化迅速发展，"宜居"已经成为城市发展的共同追求。"宜居"包含着城市空间环境构建的深刻的人文内涵。休闲与审美是城市空间的重要人文因素，对提升城市生活品质具有重要意义。存在主义美学对人居环境的反思，对于我们宜居城市的建设，宜居空间的休闲与审美品质提升，也许具有一定的启示意义。

一 城市·发展·宜居

当今中国发展的重要问题是城市问题，"宜居"已成为城市发展的共同追求。居住是城市第一功能，居住环境条件与人们生活品质息息相关。曾经对世界城市发展产生历史性影响的《雅典宪章》，在20世纪初问世时，就开宗明义将"适宜居住"作为所有城市四大功能的首位。

我国半个多世纪城市化发展经过了由"生产型"、"生活型"向"宜居型"的发展与转化。改革开放四十多年来，中国经济总量大幅度增加，城市化水平显著提升，社会经济发展取得了辉煌的成就。但在经济发展的同时，一些地方生态失衡、环境污染，特别是随着城市的发展，交通拥堵、能源紧张、房价高涨、生活成本上升、环境污染等问题日趋严重，成为困扰居民日常生活、阻碍"宜居城市"建设的核心问题。近年来，越来越多的城市管理者、学者和居民已经意识到人居环境在城市发展中的重要作用，很多城市纷纷将"宜居城市"作为城市发展和建设的目标之一，城市正在向着它的本义回归。

世界卫生组织将安全性、健康性、便利性、舒适性作为居住环境的基本条件，后来学者又把"可持续性"加入其中，成为宜居城市评价的重要依据。2007年5月30日，中国《宜居城市科学评价标准》（以下简称《标准》）通过建设部的评审验收并正式发布。《标准》中宜居城市的评价标准主要包括六大方面：社会文明度、经济富裕度、环境优美度、资源承载度、生活便宜度、公共安全度。

如今，宜居是休闲时代一种新的生活价值观。城市的主体是人，人们来到城市是为了生活，人们居住在城市是为了生活得更好，人的身心健康、生命安全、生活舒适是城市首要关切的。同时，城市要从高效率城市向具有创造力的城市提升，宜人的快乐的环境，休闲与审美的氛围，是创意城市的必需。

存在主义美学对人居环境的反思，对于我们宜居城市的建设，宜居空间的休闲与审美品质提升，也许具有一定的启示意义。

二 空间·场所·环境

周膺把当代城市划分为以下五类：①游戏城市范畴系；②栖居城市（存在空间）范畴系；③拼贴城市（存在时间）范畴系；④意象城市范畴系；⑤生态城市范畴系。[①] 其中的第二种范畴划分，是从空间维度来把握城市，其主要思想来自于挪威建筑理论家舒尔茨（Christian Norberg-Schulz）。舒氏在1971年提出的核心概念"存在空间"，包含了人和环境的基本关系，它导源于海德格尔的"空间"思想，即人与空间密不可分，不存在没有人的空间。这种观点彰显了存在主义的强烈的人文气息。

那么，存在空间具体是由什么构成的呢？海德格尔较早提出了"场所"理论。作为现代存在主义的主要创始人海德格尔就人类存在的属性和真理以及关于世界、居住和建筑之间的关系做出了有关"场所"的理论论述。在海德格尔的哲学定义中，世界是由天地之间的事物组成的："事物聚集了世界"。真正的事物是指那些能够具体化或揭示人们在世界中的生活状况和意义的东西，它们能够将世界联系成一个有意义的整体。海德格尔的艺术哲学认为，真正的艺术作品具有解释存在真理的功能，在艺术品中，真理既是隐蔽的，同时也是自我展开的。本真的城市和建筑就是这样的艺术品，有意义的环境整体就是所谓"场所"。

作为海德格尔的精神继承者，舒尔茨继续发挥了场所理论，明确提出"场所是存在空间的基本要素"[②]。简而言之，场所是空间这个"形式"背后的"内容"。场所是具有清晰特征的空间，是由

[①] 周膺：《后现代城市美学》，当代中国出版社2009年版，第223—232页。
[②] ［挪威］诺伯格·舒尔茨：《存在·空间·建筑》，尹培桐译，中国建筑工业出版社1990年版，第24页。

具体现象组成的生活世界,是由自然环境和人造环境相结合的有意义的整体。这个整体反映了在某一特定区域中人们的生活方式及其自身的环境特征。也就是说,存在空间是由一个个具体而个性相异的场所构成的,每个场所来自于具体环境氛围的整合。舒氏的场所理论一经提出,便以其强烈的人文精神关注而获得我国学界好评,对我国城市建构的理论与实践产生了重要影响。

三 建筑·居住·人本

在技术性王国的视野中,"居住(或译栖居)"不外乎就是对一个空间位置的占用问题,是一套可诉诸"人均占有面积"来精确衡量的住房问题。而在存在主义的家园里,"存在空间"与"居住"是同义语。只有存在,才能居住;居住包括了有生活呈现的"空间—场所"关系。存在主义的语境认为,居住不是简单地"入住",而是诗意地栖居,因为海德格尔一再告诫我们,"诗意创造真正使我们居住"[1];"居住发生的条件是诗意实现并且现身"[2];诗意"是居住的根本形式"[3]。

海德格尔说过,我们似乎只有借助建筑才能达到居住,但这是人类长期以来把建筑和居住的关系颠倒了。根据海德格尔的考证,德语中"建筑(Bauen)"一词最原始的意义本来就是"栖居"。正确的关系应该是:"只有我们能居住,我们然后才能建筑。"[4] 海德格尔并非玩弄文字游戏,他的意思是强调,作为存在的栖居是第一位的,它才是目的,而建筑只是手段。海德格尔认为,人类的无家可归就在于"迄今为止没有把居住的真正困境当作困境"[5],所以

---

[1] [德]海德格尔:《诗·语言·思》,彭富春译,文化艺术出版社1991年版,第187页。
[2] [德]海德格尔:《诗·语言·思》,第198页。
[3] [德]海德格尔:《诗·语言·思》,第198页。
[4] [德]海德格尔:《诗·语言·思》,第144页。
[5] [德]海德格尔:《诗·语言·思》,第145页。

人类"必须永远学习去居住①"。建筑是物质手段，居住是人本需求，所以，只是为了材料技术而建筑，或只是为了"入住"而建筑，建筑一味地追求现代化而忽略人本化，本质上也是反"存在"、反"居住"的。

现代主义建筑大师、城市规划的先驱人物勒·柯布西埃（Le Corbusier）早在20世纪20年代，就强调了现代建筑的功能性与伟大古典建筑的原则之间的一致关系：好的现代设计应当是新技术与古典理想的合理融合。他反复强调建筑设计的美学理念，指出"建筑只有在产生诗意的时刻才存在"②。我们注意到，80年代的英国大部分地区，新建成的建筑几乎都以优美的古代建筑为背景，形式虽然是现代化的设计，但在整体上给人的印象，无论在气氛上，还是在色调上，都使人感觉到美的"共同分母"的存在，考虑到了"文化的连续性"这个因素。而令人遗憾的是，我国当今城市的许多建筑，举目望去，太多的是灰蒙蒙的钢筋水泥的丛林，或玻璃幕墙眩光，那种栖居舒适而视觉美观的建筑少而又少。在这样千篇一律、缺乏美感的居住环境中，我们难以得到和谐愉悦的精神享受，难以展现出休闲放松、心无羁绊的优雅姿态。正如当代德国建筑大师格罗皮乌斯（Walter Gropius）所说："我们走过街道和城市，却没有对这种丑陋的惩罚感到羞愧而号啕！"而国际美学协会前任主席、美国哲学家伯林特（Arnold Berleant）不久前还曾一再强调："审美融合是人造环境的试金石：它能够验证人造环境是否宜居，是否有助于丰富人类生活和完善人性。"③

---

① ［德］海德格尔：《诗·语言·思》，第145页。
② ［法］勒·柯布西埃：《走向新建筑》，吴景祥译，中国建筑工业出版社1981年版，第168页。
③ ［美］阿诺德·柏林特：《审美生态学与城市环境》，《学术月刊》2008年第3期。

四 "场所精神"与审美意境

1979年在《场所精神——迈向建筑现象学》这部名著中,舒尔茨又提出"场所精神(Genius Loci)"的概念。该词始源于古罗马,本意为"一个地方的守护神"。古罗马人认为,所有独立的本体,包括人与场所,都有其"守护神灵"陪伴其一生,同时也决定其特性和本质。舒氏据此认为,场所不仅具有实体空间的形式,而且有精神上的意义。"场所精神"表达的是一种人与环境之间的基本关系,它是一种总体气氛,是人的意识、记忆和行动的一种物体化和空间化,以及在参与环境的过程中获得的一种认同感和归属感,一种有意义的空间感。

舒尔茨的"场所精神"是人们对世界和自己存在于世的本真认识的浓缩和体现。完整认识"场所精神",对于理解和创造城市与建筑环境有着十分积极的美学意义。场所理论的本质,是倡导依据城市实质空间的文化及人文特色进行设计。"空间"之所以能成为"场所",是由于其文化或历史内涵赋予空间的意义所决定的。场所的特征由两方面决定:外在的实质环境的形状、尺度、质感、色彩等具体事物,内在的人类长期使用的痕迹以及相关的文化事件。场所就是具有特殊风格的空间。场所精神技一个人所具有的完全的人格。就建筑而言,就是如何将空间场所精神具象化、视觉化。

人类不仅用眼睛、用理智,而且用感觉和身体来感受空间。所以,设计师的任务就是塑造环境,创造有意味的场所,实现环境与文化内涵的整合,使人获得独特的环境体验,从而帮助人们栖居。所以,从休闲学角度来看,休闲场所应该从栖居的高度,在设计上创造出更多精神性的意味,使人体验存在与栖居的感觉。

南京的"1912"休闲酒吧群是目前国内较为成功的具有审美意境的休闲场所营构。一片占地3万多平方米的民国风格建筑,紧邻辛亥革命的重要现场——1912年孙中山就职的总统府,在这里,孙中山正式宣布中国两千多年的封建专制的结束和第一个民主政权的开端。民国时期的南京,聚集着当时最显赫的政治人物和学术大师。受西风东渐的影响,民国的南京是中西交汇之地,其建筑、社会风尚都带有中西合璧的味道。因此,"1912"的那种中欧融合、稳重大气、深灰色彩、砖墙质感的民国建筑艺术风味构建,在周边巨大的历史语境下,便具有了一种浓厚的历史体验和怀旧情怀。而面积大、建筑少的场地构思,使人迅速沉浸于历史时空环境之中。正如伯林特指出,"艺术性和审美性两者都是环境体验所固有的。……人类并不,也不可能站在环境之外来静观环境。我们必须像艺术家一样,通过我们的活动进入环境之中,同时,积极而敏悟地参与到环境欣赏中。这样,艺术和审美才能切实地在我们与环境的密切融合中结合起来"①。"1912"使空间成为真正意义的"场所"——一个不可多得、不可复制、独具人文特色的休闲消费场所,极富审美品位和底蕴。在这样的环境中,人们将能通过自己的休闲参与和体验,感觉到置身于艺术化的审美意境之中。

五 "城市故事"与休闲品位

根据记忆心理学研究,人对环境的印象和记忆分为物、场、事三个层次。记忆的内容首先是在环境中发生过的事情,其次是发生的地点即环境的场所,最后才会回忆环境的外观和细节。居住环境、休闲环境,其外观的美丽固然可以给人直接的视觉享受,但必须营造多"物"整合的完形环境才能形成令人印象深刻的场所空间。

美国城市学理论家凯文·林奇(Kevin Lynch)曾提出这样一个

---

① [美]阿诺德·柏林特:《审美生态学与城市环境》,《学术月刊》2008年第3期。

富于启发性的观点:"城市可以被看作是一个故事。"① 的确,每个城市因不同的发展条件,都有独特的身世、历史与记忆。它们构建了独特的故事,而这些故事就成了城市的灵魂,散发着独特的魅力。此后,张楠、扶国等国内学者明确提出了"城市故事论":从"事"的维度来统筹"物"和"场"的营造。而城市故事如同场所的灵魂,它融入了人们的生活和记忆,已不仅仅是感官体验的美学愉悦,而且是让人感受到了自己与场所在时间维度上的融合,真正做到了人与环境在物质和情感上的同一。因而本文认为,要构建高品位的休闲环境,就必须发掘和表现城市故事,从而超越场所的三维静态组合,从思维动态组合、时空互动上发现城市意义,构建城市意象,实现休闲的美学境界。

"城市故事论"将城市故事的营构要归结为三类整合:"与自然环境的整合、与历史文化的整合、与市民交往活动的整合。"② 在第一类整合中有两种形式,其一是人与自然发生的关系,即地域人群处理人与自然的矛盾关系而形成的城市文明史。例如杭州居民在栖居中与西湖、钱塘江等自然环境产生的生活史,它同时也被演绎为许多民间故事、历史故事(如白蛇传传说、梁祝传说、西湖传说、钱王传说等),逐渐成为杭州这个城市生活的一种重要的文化内容,并渗透到其休闲活动的方方面面之中去(如富有地方特色的游西湖、看杭剧、饮龙井茶、观钱江潮等)。其二是建设自然生态环境,如绿化系统、水域系统等的城市活动。它是自然渗入城市生活的主动性因素,是人类的自然性在城市中展开的历史故事。例如杭州近年的生态市建设活动,在造田造地、森林进城、扩大绿化、扩大西湖水域、整合西溪湿地的进行中,不断扩展新的休闲空间,

---

① [美]凯文·林奇:《城市形态》,林庆怡、陈朝晖等译,华夏出版社 2001 年版,第 27 页。
② 张楠:《城市故事论——一种后现代城市设计的建构性思维》,《城市发展研究》2004 年 5 期。

创造新的现代城市故事。在第二类整合中有两种文化要素的参与，一是物态的，如城市旧居、遗迹等；二是非物态的，如语言、民俗等。第三类整合中，不仅要求市民们欣赏历史留给他们的故事，更要求他们传承和创造新的故事。在高度发达的工业城市中，市民的空间被技术与理性王国机械地分割、瓦解，因此，我们要营造互动性强的休闲空间，激发市民积极、自由的交往行为，以呼唤人性的回归。

综观以上三类城市故事营构的整合方式，我们不难发现一条规律，即，城市文脉是城市故事的主线。它是城市特征的组成部分，是城市彼此区分的重要标志。文脉是一个城市的根，是城市的灵魂。人是历史地栖居于自然和文化中的人。没有文脉，城市故事就难以编织；没有文脉因子，城市休闲空间就会变得荒芜而低俗；没有文化因子，休闲环境就会沦为没有品味的简单娱乐。值得庆幸的是，我国是个有着悠久历史文化的古国，我国的大多数城市都有着源远流长的文脉。因此，中国式的休闲，应该最能展现文脉的连续与文化的弘扬，最能体现休闲的品位。

六 游憩空间与生存环境

"游憩空间（Recreation Space）"概念来自于西方，是休闲文化的重要组成内容，是人们从事休闲活动的场所。它既是人类文化的创造物，也是传承人类优秀文化遗产的载体。游憩空间是人们感受文明、融于自然、理解文化、陶冶性情的一种综合性的文化生态环境。

在工业化日益提高的今天，人们迅疾云集城市，使城市超出了自己能够节制的范围。来不及准备的城市瞬时就被卷入旋涡，逐渐变成了一个无秩序、非人性化、精神焦虑的社会空间。60年前，诗人吴奔星就发出了"都市是死海"的警语——这绝非危言耸听。

因此，在高楼大厦林立，甚至频发"高楼恐惧症（cluster phobia）"的大都市，游憩空间对于缓解压力，松弛身心，改善生存环境，营造休闲气氛来说至关重要。游憩空间与自然环境融合，使居民的身心健康和环境质量得到最大的保护。

马惠娣提出：大力发展"现代游憩空间"，改善城市文化生态环境[①]。朱厚泽先生则精辟地解释了什么是"文化生态环境"：它包括自然环境的取舍，人工构造物的布局、设计和建构，各种服务设施的配置，以及生活在当地的人们的衣着、容貌、言谈、举止、待人接物等。他呼吁："把人的内心追求的真、善、美，体现、表征、建设于实实在在的'地区形象'之中，形成善良、优美、真诚、相爱的环境和氛围，进而孕育、启迪、激励人们崇善、爱美、求真的高尚情怀。"[②] 也就是说，休闲环境，不仅依赖与自然环境的优美、人工环境的品位，更依赖于社会环境的和谐。

当代西方环境伦理学大多只强调人与自然的生态关系，不重视人与人的社会关系。本文认为，只有建立生存环境伦理理念，创造和谐、休闲的社会生存环境，才能突出"人的全面发展"这一马克思主义的根本价值取向，凸显作为人类普适价值的人文关怀。也就是说，不仅要做到建筑环境与自然环境相融合，更要做到物质生存环境与人文环境相融合。既要有人与自然的和谐，又要有人与人的和谐。这就要塑造城市人文生存环境。

人文生存环境是城市内涵多方面的表现，包含市民的智慧、情感、伦理等多方面内容。我们不难发现，自然的、生态的生存环境已经改变了人的休闲方式。例如，全球变暖、植被减少、大都市的超高碳排放，已经使得人们越来越难以在夏季进行户外的休闲活动。现代游憩空间人工环境的千篇一律，缺乏个性，也使得人们懒

[①] 马惠娣：《休闲：人类美丽的精神家园》，中国经济出版社2004年版，第192页。
[②] 朱厚泽：《关于当前中西部城市发展中的几点思考》，《自然辩证法》2003年第7期。

于或难于走出本地城市，去体验另一种休闲风味。而社会的、人文的生存环境也同样改变着休闲方式，如果说前二者越来越呈现负面效应，那么良好社会环境的营造，将能提供正面影响，改善我们的休闲生存。例如杭州市在2002年拆除了西湖景区的围栏，免费开放环湖所有公园，很好地塑造了地区形象，为全国乃至全世界营造了良好的休闲环境。2006年的10月国庆长假中，杭州市民主动为上百万外地游客"让湖"，选择了其他休闲方式，或干脆待在家里，从而使景区拥挤的状况有所缓解。当月底，第9届"世界休闲大会"在杭州举行。会上，世界休闲组织授予杭州"世界休闲之都"称号。该项荣誉的获得，与杭州市良好的休闲环境，特别是温馨的人文社会环境的营造不无关系。

城市人文生存环境就是一个城市的品格，也是城市美学的重要内容。每个城市都应当智慧地以游憩空间为载体，为人类创造优质的休闲生存环境和和谐、理想的美好社会。

第二节　休闲产业的人本内涵与价值实现

"人本身"及其自由体验和全面发展是人类社会休闲活动的基本和最高的价值指向，休闲产业的基本内涵和价值也在于满足"人本身"及其自由体验与全面发展的内在需求。工业革命以来，不断发展和完善的休闲产业供给体系使得人们的休闲理想成为现实，但片面关注休闲产业的经济价值的功利取向会使其偏离健康发展的路径，无法实现其应有的人本价值。作为满足人的休闲需要的"工具与手段"，休闲产业的基本宗旨和特性是要实现人的自由全面发展，呈现人的"自由与选择""行动与创造"。只有通过构建与多层次休闲需要直接联系的休闲产品与服务供给体系，在设计、生产、供给的过程中贯穿人本宗旨，在消费的过程中学会聪明地休闲，才能实现休闲及其产业的人本价值。

一 问题的提出

人类的休闲活动蕴含着丰富且崇高的"自由、自我实现、创造、健康、尊严、爱"等人本价值，中西学界对"休闲价值"的讨论与研究都着重围绕"人本价值"的内核展开。西方学者如赫伊津哈（Johan Huizinga）、葛拉齐亚（De Grazia）、戈比、凯利（Kelly）、奇克森特米哈伊（Csikszentmihalyi）等人大多都认为休闲或者游戏是深刻扎根于文化内部的"自由活动"[1]，是作为人自由选择[2]、欣然之态做心爱之事[3]，是强调过程性的且具有使人成为人的积极价值[4]，是一种有益身心健康的畅爽高峰体验[5]。庞学铨、潘立勇、马惠娣等本土学者也认为，休闲与人的本能、生活方式紧密相连[6]，是自在生命的自由体验[7]，是人类美好的精神家园[8]。"人本身"及其自由体验和全面发展成为人类社会休闲活动的基本和最高的价值指向，休闲产业的基本内涵和价值也在于满足"人本身"及其自由体验与全面发展的内在需求。

然而，现实的休闲及其产业状态却有诸多不尽如人意之处，休

---

[1] ［荷］约翰·赫伊津哈：《游戏的人》，多人译，中国美术学院出版社1996年版，第15页。

[2] De Grazia, S., *Of Time, Work, and Leisure*, New York: The Twentieth Century Fund, 1962.

[3] ［美］戈比：《你生命中的休闲》，康筝译，云南人民出版社2000年版，第1页。

[4] ［美］约翰·凯利著，《走向自由——休闲社会学新论》，赵冉译，云南人民出版社2000年版，第242—244页。

[5] Csikszentmihalyi, M., *Flow: the Psychology of Optimal Experience*, New York: Harper & Row, 1990.

[6] 庞学铨：《休闲学研究的几个理论问题》，《浙江社会科学》2016年第3期。

[7] 潘立勇：《休闲与审美：自在生命的自由体验》，《浙江大学学报》（人文社会科学版）第2005第6期。

[8] 马惠娣：《建造人类美丽的精神家园：休闲文化的理论思考》，《未来与发展》1996年第3期。

闲的人本价值往往存在于"抽象的理想王国"中，休闲产业的发展往往偏离人本宗旨。无论在理论还是实践的层面，人们在休闲产业领域还存在许多误区，我们或许已经现实地认识到休闲产业的经济价值，但是对其应该蕴含的深刻的人本内涵、价值仍缺乏深入的理解。于是形成这样的矛盾：观念中的休闲有着丰满的人本理想，而现实中的休闲产业却往往偏离人本宗旨，甚至沦为仅仅谋取经济利益的工具。

工业革命以来，各国休闲产业就通过政府公共供给、企业商业性供给以及志愿者组织非营利性供给等不同形式，表现为不同的休闲产品与服务，以满足人们多样化、不同层次的休闲需要。然而，当前国内仍有不少学者还往往只是从经济学的视角来研究休闲产业，不少从业者也往往只着眼于经济价值来经营与发展休闲产业，由此偏离了休闲及其产业的"人学"初衷。现代社会"唯经济要素"为衡量指标的休闲产业发展过程中，出现了诸如"黄金周消极的旅游体验""钢筋水泥的城市休闲广场""炫耀式的休闲消费"等负面的休闲生产和消费现象，这些休闲产品与服务严重偏离了休闲本身所追求的人本价值。

基于"理想中休闲的人本价值与现实中休闲产业的实践困境"之矛盾，我们有必要思考这样两个问题：其一，我们需要怎样的休闲产业？仅仅是唯经济论，还是要秉持休闲产业的人本宗旨与特性？其二，如是后者，那么"休闲产业"的人本内涵、价值何以认定，其价值又如何充分地实现？

在以往的休闲产业研究中，人们往往关注其经济要素，如经济价值、产品性能、市场效应等。然而，休闲产业归根结底是以"人"为核心的社会供给体系，休闲产品与服务的供给与消费正是观念中的"休闲"走向日常生活的载体，是实现抽象理论中"休闲人本价值"的现实途径。我们关注休闲产业的时候不仅要认识到其作为经济学领域中的供给与需求，掌握其经济价值和规律，更不可忽视其人文属性，实现其内在固有的人本价值。从人本哲学与心理学视角来看，休闲产业归根结底是以"人"为核心的产业体系，应当从人本的视角理解休闲产业的宗旨和特性，并以此来指导其在现实中落地应用与发展。

如果仅研究休闲产业的经济要素，我们只能把休闲产业作为一种经济活动一般的经济规律，提高其运营过程中经济效益，使其等同为人类普通物质生产的一般环节，与人类其他部门生产并无本质区别，从而不能反映休闲产业本质属性和实践品格。因此，我们除研究其经济要素之外，更需研究休闲产业的人本要素，把握其作为人类美好精神体验载体的本质特性，促进其实践过程中的对"人的发展"作用。在此，我们试图进一步厘清休闲产业本身所蕴含的人本内涵和价值，探讨它们的实现途径，促使休闲产业回归人本轨道，充分且健康地满足人类的休闲需求。

二 休闲产业的发展和研究

近现代休闲产业的发展主要开始于以英国、美国为代表的第一批完成工业革命的西方国家。博尔绍伊（Borsay）在《休闲的历史：英国1500年以来的发展历程》[1] 一书中介绍了18世纪以来英国休闲产业发展的历程。19世纪早期，音乐、剧院、绘画、体育、赛马等都已经显示出商业化的态势，工业革命以来，妇女从家务活动的进一步解放以及工人收入的增加，进一步加大了对休闲产品与服务的需求，同时也极大地刺激了休闲产品与服务的商业供给。希尔（Hill）的《20世纪英国的运动，休闲与文化》[2] 一书从社会历

---

[1] Borsay, P., *A History Leisure: The British Experience since 1500*, New York: Palgrave Macmillan, 2006, pp. 17–41.

[2] Hill, J., *Sport, Leisure and Culture in Twentieth-century Britain*, New York: Palgrave, 2002.

史学的视角研究了 20 世纪以来人们的体育与休闲产业的发展对人们的生活方式和生活质量所产生的影响。贝利（Bailey）在《英国维多利亚时期的休闲和阶级：理性的休闲及其控制权争夺：1830—1885》[1] 一书中研究了英国维多利亚时期的休闲历史，其中他认真梳理了伦敦音乐厅的发展历史，认为这些音乐厅与表演具有"定义和执行社会适当行为的潜力"，这些新的休闲娱乐供给使得英国工人阶级能够进入一种新的生活方式。琼斯（Jones）[2] 在文章中阐述了战后英国休闲行业呈现前所未有的发展状况，并从人们的收入飞速增长与劳动时间的减少两个因素的分析基础上，阐释了人们对于休闲产品与服务的需求以及休闲产品与服务生产的相关部门的供给两者之间的关系。

发端于英国工业革命的影响很快波及美国，诸多学者研究了政府公共型的休闲产业与组织。杜勒斯[3]（Dulles）在其《学习游戏的美国：大众休闲的历史 1607—1940》一书中，将美国近三个世纪的娱乐活动的发展历史阶段分为 18 世纪早期，到 19 世纪中叶，再到 20 世纪初的三个发展阶段，并做了深刻分析。罗伯茨（Roberts）[4]、亨德森等（Henderson，etc.，）[5] 对美国休闲产业的发展做了较为深入的研究，他们认为从 19 世纪中期到 20 世纪 30 年代期间，美国城市规模的不断扩张，导致城市日益拥挤以及社会卫生与安全问题不断恶化。人们开始感受与意识到城市环境与自然生态

---

[1] Bailey, P., *Leisure and Class in Victorian England: Rational recreation and the contest for control: 1830 – 1885*, London: Methuen, 1978.

[2] Jones, S. G., "Trends in the Leisure Industry since the Second World War", *The Service Industries Journal*, 1986, vol. 6 (3), pp. 330 – 348.

[3] Dulles, F. R., *America Learns To Play: A History of Popular Recreation 1607 – 1940*. D. Apleton-Century Company, 1940.

[4] Roberts, K., *The Business of Leisure: Tourism, Sport, Events and Other Leisure Industries*, London: Palgrave, 2016, p. 2.

[5] Henderson, K. A., *Introduction to Recreation and Leisure Services*, Venture Publishing, 2001, p. 135.

的基本需要及其紧迫性与重要性，以及在新的工业化与城市化的背景下，城市居民日益增加的休闲时间与年青一代出现的日常休闲问题也日趋加剧。迪克森（Dickason）[1] 在文章中追溯了美国运动场的历史，以及公园和娱乐休闲人员的职业化问题，认为一批专注于管理休闲产业的政府、公益组织与机构也相继开始出现，以满足城市休闲设施以及国家公园的迅速发展的管理需要。[2] 罗伯茨进一步指出，自从20世纪70年代开始，电子信息技术到现在已经进入了大发展时期，新科技在这个时代会创造出更多的新的休闲产品与服务，如网络社交（Facebook、Twitter）、网络在线电子游戏、电子购物休闲（eBay、Amazon）、智能设备休闲（平板电脑、手机、智能穿戴设备等）、APPs等新社交媒体等产业的兴起与流行。[3] 进入新世纪以来，社会老龄化的进一步加剧，导致老年人休闲产品与服务的增长加快；单身、丁克家庭或者离婚率的增长，都孕育着新的休闲品位与喜好等。[4] 佛罗里达（Florida）在《创意阶层的崛起》[5]与《重新审视创造阶层的崛起》[6] 两书中指出，休闲创意文化产业的崛起是21世纪休闲产业发展的重要特征，他认为人们开始在思考如何发展"夜间经济"，开发文化资本，使自己的城市吸引新的"创意阶层"，这个阶层将带来其主要资产是知识产权不断扩大的

---

[1] Dickason, J., "1906: A pivotal Year for the Playground Movement", *Park & Recreation*, 1985, vol. 20 (8), pp. 40–45.

[2] 该协会的英文名称为：Playground Association of America（简称：PAA），后来改名为Playground and Recreation Association of America（简称：PRAA），最终成为1964年美国国家娱乐与公园协会，National Recreation and Park Association（简称：NRPA）。

[3] Roberts, K., *The Business of Leisure: Tourism, Sport, Events and Other Leisure Industries*. London: Palgrave, 2016, pp. 196–219.

[4] Roberts, K., *The Business of Leisure: Tourism, Sport, Events and Other Leisure Industries*. London: Palgrave, 2016, pp. 8–11.

[5] Florida, R., *The Rise of the Creative Class: And How It's Transforming Work, Leisure, Community and Everyday Life*. Basic Books, 2002. （中文译名：《创意阶层的崛起》）

[6] Florida, R., *The Rise of the Creative Class Revisited: Revised and Expanded*. Basic Books, 2012.

"创意产业"。罗德里格斯（Rodríguez）[1] 研究了文化产业与休闲产业的发展与融合变化，他指出休闲娱乐产业导致了文化的创造与生产越来越大众化，文化与休闲之间的边界已经开始模糊，在工业化产品与文化产业产品混合的媒介环境下，相关产品充分交流，同时更加赋予个体性的体验。

珀金（Perkin）在《职业社会的兴起：1880年以来的英国》[2]一书中指出，越来越多的人开始以家庭为中心导向的"休闲生活"方式，并成为人们生活的一种全新的、普遍的生活方式。帕克（Parker）在梳理总结20世纪以来主要学者对休闲产业发展的正面与负面评价的基础上，认为商业市场的力量在决定我们如何度过我们的休闲时间上比人类历史上的任何时候都要强大。另外，休闲产业的研究与发展从原先的创建健康和谐社会或者社区为目标，开始转移到如何利用休闲产业创造经济价值以及对个体成长的作用，休闲者已经成为休闲产业发展与研究的中心。[3] 班海迪（Banhidi）与弗莱克（Flack）[4]两位学者较为完整地总结了商业型休闲产业发展的各项历史数据，他们认为，支撑新的普遍的休闲生活方式的相关产业——休闲产品与服务，在现代进入了真正的大发展时期，休闲产业本身的门类与业态更为丰富多样。

通过对休闲产业国外文献的回顾，我们可以发现：首先，休闲产业的历史可以追溯到工业革命，公共休闲产品与商业型休闲产品

---

[1] Rodríguez-Ferrándiz, R., "Culture Industries in a Postindustrial Age: Entertainment, Leisure, Creativity, Design", *Critical Studies in Media Communication*, 2014, vol. 31 (4), pp. 327 - 341.

[2] Perkin, H., *The Rise of Professional Society: England since 1880*. London: Routledge, 1989, p. 421.

[3] Parker, S., "Work and Leisure Industries", *World Leisure & Recreation*, 1999, vol. 41 (4), pp. 11 - 13.

[4] Banhidi, M., Flack, T. "Changes in Leisure Industry in Europe", *International Leisure Review*, vol. 2 (2), 2013, pp. 157 - 176.

的发展以"二战"前后为分水岭。"二战"之前，主要由政府机构、公益组织、高校研究机构主导休闲产业发展和管理，休闲产业研究所围绕的核心问题是：人们需要什么样的社会公共休闲产品与服务，政府其他机构要如何提供社会公共休闲产品与服务。它的重要任务旨在解决城市卫生治理、社会公共治安等问题，社会青少年（特别是辍学青少年）的教育问题，寻找城市文明发展过程中，经济发展与环境生态恶化之间的平衡点。

"二战"后，随着人类社会在经济物质生产的逐步复苏，人们对休闲产品与服务的需求与日俱增，相关休闲产品与服务的供给从公共领域飞速扩展到商业领域，尤其是休闲旅游产业、商业性休闲、体育产业、电影视听产业等进入了蓬勃发展时期。进入新世纪以来，尽管2008至2009年的经济危机使得诸如美国政府等西方国家在休闲产品与服务的公共支出方面大幅度地减少预算，但休闲产业的商业领域在经济萧条的景况下，却还保持着发展的势头。互联网技术的更新与发展，更是极大地促进了互联网相关的休闲产业、互联网新媒体的崛起，以及更加注重个体休闲体验的休闲文化产业的飞速发展。

我国的休闲产业的发展及其学术研究相对西方国家较晚。大体上可以分为两个时期：改革开放到20世纪末——休闲产业及其学术研究的起步时期；进入21世纪——休闲产业及其学术研究的发展时期。

早在20世纪80年代初，著名的经济学家于光远认为，闲暇不仅为个体带来自我发展的机会，从生产角度来看，又是经济文化发展的因素。只因"生产劳动"与"物质发展"是那个时代的主旋律，"闲暇"并没有引起社会与学术界的广泛关注。直到李江帆[①]

[①] 李江帆：《第三产业经济学》，广东人民出版社1990年版。

从生产、流通、分配和消费的"四环节"阐释了无形的服务也是一种经济产品，并且直接指出"闲暇时间"的占有量是影响"服务需求"的三个基本因素之一，是构成"第三产业经济学"的重要经济要素，他从经济学理论的视角提出"闲暇时间"具有重要的经济功能，"闲暇"的研究便携带着"经济价值"的基因开始出现在中国大陆社会经济发展与学术研究的视野。

进入20世纪90年代，中国学术界关注"休闲"研究的成果逐步增多。涉及休闲产业的论文大都集中在90年代中后期，特别是1999年"黄金周"实施，开启了全民关注"假日经济""休闲产业（经济）"的序幕，休闲旅游观光业、休闲农业、康体休闲业等蓬勃兴起。郭舒权与车明正[1]较早地提出休闲产业是以休闲产品为龙头，以人们的休闲消费为市场的综合性产业，满足现代人旅游、健身、服饰、娱乐、求智、消闲、居室装饰等休闲要求，带动诸多行业的发展；李再永[2]从增加就业的角度阐述了休闲产业的价值；汤乐毅[3]从休闲产业促进休闲旅游、休闲运动等方面的消费展开论述。

进入新世纪以来，随着中国经济的进一步发展，休闲逐渐成为国民普遍的新的生活方式，休闲产业成为新的经济增长点，由此促成了学术界对于休闲产业、休闲经济等领域的关注热潮。在这一时期，产生了一批有价值的休闲产业论文、专著以及学位论文，概括起来大致涉及休闲产业的概念与统计分类、休闲产业的区域聚合研究、传统经济理论对休闲产业的研究、休闲消费、具体部门的休闲产业发展对策研究以及休闲管理等内容。

从国内文献研究来看，休闲产业研究的学科视角更为广泛，不仅有宏观经济学视角研究，也有微观经济学视角研究，并逐步从传

---

[1] 郭舒权、车明正：《休闲消费浪潮与休闲产业的崛起》，《经济问题探索》1995年第10期。
[2] 李再永：《增加就业的新途径——休闲产业》，《山西财经大学学报》1999年第1期。
[3] 汤乐毅：《休闲产业：启动消费的亮点》，《企业经济》1999年第8期。

统经济学与产业学等视角转向管理学,包含人力资源、营销、财务等。另外,在人本主义以及生活哲学思潮的影响下,也逐渐从休闲产业的经济价值研究转向休闲产业的人本价值研究。但是从文献来看,已有的研究还没有系统地运用人本主义视角和方法,深入分析休闲产业的人本要素特征与内涵。

虽然中西学者都认为"休闲产业"与其他产业之间的界限非常模糊,很难精确定义,但从事休闲研究的学者还是尝试给休闲产业下一个定义。罗伯茨①认为休闲产业是由提供满足人们休闲需求的产品与服务构成的产业系统,并且基本由三种类型构成:政府公共休闲供给、营利性商业供给与非营利性志愿者组织供给。休闲产业的宗旨与特性,大体是为了满足"人自身"的自由、内在的精神体验需求。如帕克②虽然没有明确地直接地为休闲产业做一界定,但在他看来,休闲产业是能够有意义地满足人们在工作之外,于闲暇时间内的休闲需要的产品、设施与服务,它增加了人们的休闲机会与休闲选择。于光远先生也认为休闲产业指的是为满足人们的休闲需要而组织起来的产业。③ 该定义可以说是国内最早的对休闲产业所做的较为抽象的概念性定义,揭示了休闲产业的根本目的是满足人们的休闲需要,同时也充分地明晰了休闲产业不仅要取得经济效益,更重要的是要获得人本价值,如果忽视休闲产业的人本价值,仅重视休闲产业的经济利润是一种"本末倒置"④ 的行为。

三 休闲产业的人本内涵

我们有充分的理由认为休闲产业是以"人的发展与实现"为明

---

① Roberts, K., *The Business of Leisure: Tourism, Sport, Events and Other Leisure Industries*, London: Palgrave, 2016, p. 15.
② Murphy J. F., *Concepts of Leisure: Philosophical Implications*, Prentice-Hall, Inc., 1974, pp. 101–108.
③ 于光远:《论普遍有闲的社会》,《自然辩证法研究》2002年第1期。
④ 于光远:《论普遍有闲的社会》,《自然辩证法研究》2002年第1期。

确目的的。休闲产业的生产目的是满足人的休闲需要，而"人的休闲需求"就是人的本然的、内在的、摆脱了生存压力和社会义务的人本需求。休闲产业所服务的直接对象是"人"，使人们获得实实在在的休闲生活，使休闲的人本价值落到具体实在的生活世界；休闲产业作为一种实在的"工具与手段"，服务于人们的休闲理想，使人们在休闲体验中"成为人"，体现人本身的尊严，归根结底，即"人是目的"[①]。最先提出"人是目的"这个人学命题的康德（Immanuel Kant）认为，这一法则不仅是必要的，而且与其他目的毫无关系，是没有任何条件和依据的绝对命令，由此确立了主体价值的终极优先地位，树立了人本身在理性王国的尊严。"人是目的"也适用于对休闲产业根本性质的认定。休闲产业并不是为了任何"人"之外的间接的经济目的、政治目的，"直接满足人的内在的休闲需要"是休闲产业首要考虑的目的，除此之外的任何其他都是附属目的，不能以实现其他目的，而忽视"人本身的休闲需要满足"，舍本求末。因此，满足"人本身"的休闲需要就是休闲产业首要的、明确的、无条件的目的。

休闲产业与主体之间建立一种直接联系是实现"人是目的"的必要条件。这种直接联系的显著特征与表现形式是：休闲产品或者服务直接切入到"人"丰富的日常休闲生活，满足人的内在的、本能的、真正的休闲需求。休闲产品和服务均由"人是目的"这一人本要素出发，同时也以此为归宿。由于休闲产业为"人"的休闲生活提供了直接的产品、场所和服务，以丰富多样的方式满足人之为人的自由体验与享受，使人在这种体验和享受过程中充分地释放与完善人性，因而它就可能成为"成为人"中介和载体。而且这种直

[①] ［德］康德：《道德形而上学奠基》，杨云飞译，邓晓芒校，人民出版社2013年版，第64页。康德指出："你要这样行动，把不论是你的人格中的人性，还是任何其他人的人格中的人性，任何时候都同时用作目的，而绝不只是用作手段。"

接联系的建立过程是现实、具体且丰富的，并不是停留在抽象的理性王国，换言之这种直接联系的建立结果是将"人是目的"这一人本要素从康德的纯粹理性王国落实到了可以看得见摸得着的、感性的、可直接体验的生活世界。反之，若休闲产业离开与人的直接联系的建构，或者说休闲产业的商业化目的绑架了人的主体性，使主体他化或者物化，我们就有理由怀疑这种产业形式是否值得鼓励与发展。失去与"人是目的"这一人本要素的直接联系，以"唯经济目的"为价值主张的产业发展路径，很可能会使得休闲产业的人本价值受到潜在的威胁。

"人是目的"是休闲产业的核心人本要素。马克思（Karl Marx）休闲思想同样认为休闲产业是为了实现"人的自由全面发展"，并以此为终极价值。马克思立足现实具体的社会生活，对康德在抽象王国中提出的"人是目的"命题作了理论的超越。马克思通过对"自由时间"的论述——"用于娱乐和休息的余暇时间"和"发展智力，在精神上掌握自由的时间"，指出，"在共产主义社会里，已经积累起来的劳动只是扩大、丰富和提高工人的生活的一种手段"[①]。在他看来，真正的劳动生产不是为了生产而生产，而是为了满足人们在自由时间内的娱乐、休息、发展智力等需要，不断丰富与提高人们的生活品质，最终实现个人的自由全面发展之目的而生产。苦役式的劳作或超越自身内在需求的谋计均可能是劳动或生产的异化。可以说，休闲产品与服务正是为了满足人们"自由时间"的人本需求，它的天然功用便是提供人们在闲暇时间内的休闲娱乐的机会，以满足人们的娱乐与发展智力的需要，丰富"人"的属性，改善人的生活品质。因此，实现"人的自由全面发展的目的"正是休闲产业的终极价值和人本指标。

---

① 《马克思恩格斯选集》第1卷，人民出版社2012年版，第415页。

根据存在主义的人学观，休闲产业应当呈现"自由""选择""决定""行动"以及"创造"这些基本的人本要素。存在主义的先驱索伦·克尔凯郭尔（Soren Aabye Kierkegaard）在深入分析人的现实处境的基础上，很重视人的休闲生活。他指出："在所有可笑的事情中，我觉得最可笑的是忙碌于世界、是去做一个匆忙于自己的膳食和匆忙于自己的劳作的男人。"① 他积极肯定休闲生活对人的生存处境的积极意义，贬斥当时哥本哈根的资产阶级小市民将所有的生活都投入精明的实业活动与世俗忙碌。法国存在主义哲学家让-保罗·萨特（Jean-Paul Sartre）认为"人的存在先于本质"，人之所以能够按照意志选择，让自己成为想成为的那个样子，是因为人的存在是自由的。他最引人注目的人学观便是人的自由、选择、行动。引申到休闲产业学，我们可以认为，休闲产业不仅其供给目的是为满足"人的自由全面发展"，而且其供给方式是人们为满足真正休闲需要的自由选择，而不是被诱导、误导或者捆绑。诸如老年人购买名不副实的休闲保健器材、保健药品等而上当受骗，休闲供给者以夸大其词的广告宣传吸引消费者，各种传统、非传统的节日都变成了全民狂欢的"购物节"，等等。在这样的休闲产品与服务供给体系中，人们是无法获得真正的休闲需要满足的。萨特强调人必须通过自己的意志来选择和行动来表现"自由"，以此不断地使自己成为某种存在，通过自由选择与行动使自己不断地获得新的意义。这就是说，"人之初，是空无所有；只有在后来，人需要变成某种东西，于是人就按照自己的意志而造就他自身"②。因此，人的休闲行动意味着个体的意志的自由选择，休闲产品与服务应该是人们自由选择意志的体现，并让人的存在、自由选择走进现

---

① ［丹麦］克尔凯郭尔：《非此即彼》上卷，京不特译，中国社会科学出版社2009年版，第10页。
② ［德］雅斯贝尔斯：《新人道主义的条件与可能》，王玖兴译，见中国科学院哲学所西方哲学史编《存在主义哲学》，商务印书馆1963年版，第337页。

实的生活世界，成为有意义的生存方式的一部分。虚假、夸张宣传的产品以及被利用的消费者欲望，实际上是剥夺消费者的选择自由，泯灭消费者的真实需求，使消费成为一种被他在和异在牵引的异化现象，使消费者迷失在由上述"休闲供给者"编织出来的浮躁与虚荣的消费世界。因此，休闲产业应当呈现"自由""选择""决定""行动"以及"创造"这些基本的人本要素，实现人本的生活方式。

休闲产业所创造的休闲氛围与休闲空间是要让人们感受自由地选择，鼓励人们主动地行动，并助益于人们主宰自我、感知自我、认同自我。凯利[1]认为，成为人的环境条件是拥有主宰生活的自由以及学习与发展的社会空间。休闲产品或者休闲服务所营造的氛围与环境让人们在自我主宰的前提下，尝试去发现自己，寻找自己，摆脱压力。在尝试与游戏的轻松情境中，摆脱日常压力的前提下，发现与寻找在日常生活中感受不到的全新的自我，并以此重新激励个体以新的姿态重新投入创造。某些休闲产品与服务虽然是经过设计的体验过程，但其所产生结果却是开放的，也应当始终是保持一种开放性。也就是说，人们如何体验，体验到什么，是需要人们自己亲自全身心地去把握。人们所体验的结果并不是被给予的，而应当是休闲产品与服务在并没有任何具体的目的设定下由主体主动感知而生成的体验结果。

人本心理学的开创者美国心理学家亚伯拉罕·马斯洛（Abraham H. Maslow）提出了著名的——需要层次理论[2]，他认为，要通过满足人不同层次的需要，进而达到自我实现或自我超越最高层

---

[1] ［美］约翰·凯利：《走向自由——休闲社会学新论》，赵冉译，云南人民出版社2000年版，第244页。

[2] 马斯洛在《动机与人格》（1954）一书中首次系统地阐释了他的"需要层次理论"，将人的需要逐级分为"生理、安全、归属和爱、尊重、自我实现"五个层次。在其晚年完成的《人性能达到的境界》（1971）一书中在原五个需要层次的基础上增加了超越自我的需要。

次；另一位美国人本心理学家罗杰斯（Carl Ransom Rogers）借用克尔凯郭尔的一句话——"成为个人真实的自我"[①]，来说明个体需要充分潜力的发挥与达到自我实现的目的最终目的；罗洛·梅（Rollo May）则提出"自我选择论"的主张，认为每个人的独特能力和创造力必须重新得到发现。总之，人本心理学强调人的潜能、价值、自主性、创造性，主张通过自我选择、自我实现达到健康的人的目的。按人本心理学的原则，休闲产品与服务在生产与设计的过程中必须充分考虑"健康的人的目的"，满足人的自然性的身体需要与精神性的需要；必须充分尊重个体的个性化选择，激励个体探索、发现自己的一切可能性与潜在能力，鼓励个体充分地自我选择与决定过有意义的生活，培养个体的创新与创造才能，从而达到个体的自我实现或自我超越；相应地，休闲产品与服务在自身生产与设计的过程中必须摒弃胁迫人、控制人、奴役人、否定人或者歪曲人的"非人"目的。人本心理学家所主张的"健康的人目的"，同样是衡量休闲产业重要的人本指标。

四 休闲产业人本价值之实现

休闲产业要满足人的自由全面发展需求，实现"自由""选择""决定""行动"以及"创造"等目标，首先需要建立丰富、多样、全面，且赋予个性化的休闲产业供给体系。按照马斯洛的需求层次理论，休闲产业应当满足人们不同层次的休闲需要，或者说不仅要满足身体性的休闲需要，更要满足精神性的休闲需要。然而，休闲产品与服务的供给过程中，并不是要强调不同休闲需要的孰优孰劣、谁先谁后的次序，而是需要探索如何更好地满足各种不同层次的休闲需要的原则与方法。因此，休闲产业应当建构完整的

[①] ［美］卡尔·R. 罗杰斯：《个人形成论：我的心理治疗观》，杨广学等译，中国人民大学出版社2004年版，第154页。

供给体系，创造更加丰富的产品与服务体系，实现满足人的各个不同层次的休闲需要，最终达到自我实现或者自我超越。

卡尔·罗杰斯①认为，具有优先地位的不是《圣经》，也不是先知；不是弗洛伊德（Sigmund Freud），也不是科学研究；不是上帝的启示，也不是人类的教训，而是我自身的直接体验。在他看来，只有自身的直接体验才是最优先，也是最高的权威。这个意义上，休闲产品与服务就是要创造出能让每一个人自由地体验和直接地体会自己内心的意义、感受、滋味的现实载体与机会，起到一种能够让人获得疗养与康复，感觉自我满足，发挥积极潜能的作用。只要可以满足自身的本真休闲体验的需要，且能让个体在这些产品与服务的机会中感受自身的内心之爱，那么，无论是提供休闲体育运动产品还是提供在沙滩酒店享受日光浴的服务；无论是培养欣赏音乐字画的品位还是发展足浴、按摩、疗养产业，均是休闲产品供给体系中的应有成分。

休闲产业要不断丰富和提高人们的休闲生活质量，尽可能地通过完整和全面的休闲产品与服务的生产，将人本身丰富的属性与休闲需要的满足相联系起来。马克思在谈到如何满足人的休闲需要的时候指出，如果音乐很好，听者也懂音乐，那么消费音乐就比消费香槟酒高尚。② 很显然，相比较消费香槟而言，马克思更加推崇消费音乐，但他并没有否定消费香槟。从休闲生产供给的视角来看，我们不仅要生产香槟，也要生产音乐。只是我们可以"消费香槟"，且更需要"消费音乐"而已。马克思将丰富、立体的休闲消费能力，即发展一种能享受多层次的休闲活动视为个人自由全面发展的目的之一，以香槟与音乐为代表的多层次休闲产业供给体系，也是

---

① ［美］卡尔·R. 罗杰斯：《个人形成论：我的心理治疗观》，杨广学等译，中国人民大学出版社 2004 年版，第 21—22 页。

② 《马克思恩格斯全集》第 33 卷，人民出版社 2004 年版，第 361 页。

高度发达文明社会的标志与特征。也就是说，除了音乐、艺术、文化等形式的休闲产品与服务之外，必须也要有能使得身体获得发展的休闲产品，"消费音乐与消费香槟"不是非此即彼的问题，是两者应当并存的问题。

休闲产业要满足个体多层次的不同休闲需要，思考如何打破与消除各种休闲制约的边界，让人们能够充分感受自身的直接体验，与形式多样、层次丰富的休闲需要的满足建立直接的联系。就像马斯洛认为："一位作曲家必须作曲，一位画家必须绘画，一位诗人必须写诗，否则他始终都无法安静。"[①] 马克思同样认为："上午打猎，下午捕鱼，傍晚从事畜牧，晚饭后从事批判，这样就不会使我老是一个猎人、渔夫、牧人或批判者。"[②] 不管是绘画与写诗，还是捕鱼与批判，都是个体直接的自主选择与自我体验。我们的休闲产品与服务供给不仅要提供能普遍地满足所有人的休闲生活需要，且要提供充裕的、个性化的休闲产品与服务，帮助不同公民自由地、平等地享有公共休闲服务空间与设施，尊重他们个性化与多元化的休闲需要，接受他们对生活品质的独特追求。也只有这样，才能助益于休闲产业人本目标的实现。

休闲产业的人本价值，应当通过休闲产品的设计、生产和利用、消费过程来实现。从设计与生产休闲产品与服务的角度来看，当"自由、选择、创造力、健康"等人本观念被植入到休闲产品的设计、生产以及供给的过程中，休闲的人本价值也就有了实现的可能，反之则不然，休闲产业也有可能成为人们异化消费的载体；当人文艺术、日常休闲产品或服务真正被利用于"人本身"的休闲，满足人们身心的内在需求，并能发展与丰富人的社会精神属性的时候，休闲产业的人本价值才真正呈现。从利用和消费休闲产品和服

---

① [美]马斯洛：《动机与人格》，许金声、程朝翔译，华夏出版社1987年版，第53页。
② 《马克思恩格斯选集》第1卷，人民出版社2012年版，第165页。

务的角度来看，消费者通过有智慧地利用或者享受休闲产品和服务，满足人的自然本能、本性，获得身心放松愉悦，从而发展与丰富自身作为人的属性，并且使人的自然与社会精神属性达到一种内在的和谐统一。唯其如此，休闲产业的人本内涵才能无遮蔽地呈现，休闲产业的人本价值才能现实地、充分地实现。

第三节 "微时代"的休闲反思

"科技改变人类生活"，但也在某种程度消解了人类生存的本真品质，卢梭（Jean-Jacques Rousseau）和梭罗（Henry David Thoreau）相隔一百多年不约而同地论证或实践了这个命题。当前，人类在普遍享受休闲的同时又迎来一个新的科技时代，即"微时代"。"微时代"不仅是一个新的传播时代，也是一个新的休闲时代。"微时代"在方便人类休闲的同时，也带来了诸如接收信息的碎片化、"在场"体验感的缺失、休闲质量下降等问题。"微时代"对于休闲，既是一种时代机遇，也是一种挑战。"微时代"的休闲发展需要充分发挥人本意识，体现人的审美和人文情怀，在有效利用科学技术带来的便利的同时，用审美和人文情怀保持休闲活动以"自然""本真"为特性的人本因素，使休闲活动真正成为发展和完善人性的过程和方式。

一 问题的提出：自然与异化

1750年，38岁的卢梭向法兰西第戎科学院提交了题为"论科学与艺术"的应征论文，以回应"科学与艺术发展导致了人类的进步还是堕落"这个命题，基于自然人本主义和启蒙主义的立场，他的结论是：科学与艺术的进展导致了人类的堕落，并提出"让我们回归自然"的口号。结果，卢梭的论文获得首奖，一举成名。卢梭的观点绝非危言耸听，他确实切中了科学技术发展进程中的悖论，历史前进中的二律背反。

卢梭生活的18世纪欧洲，自然科学的飞速发展，带来物质生活水平提高和人们生活的便利，同时却造成人们生存品质的普遍异化。技术的进步看似让人们拥有更多自由，实际却是使人们被更多的枷锁束缚。人们过分追求功利主义，忽视生存的本然意义，人与自然和人与人之间的和谐状态被普遍破坏，呈现出"文明与道德""进步与退步"二律背反的现象。卢梭在这种背景下提出了异化理论，他首先设定一种自由、美好的"自然状态"，同时赋予"社会状态"异化的含义：当人走向社会化、技术化就意味着脱离自己的本性，科技的发展没有相应的价值体系做支撑，最终必然导致生活意义的丧失。卢梭通过两种表现来描述社会状态下的异化：一是社会的异化，也就是人与自然的背离；二是人性的异化，也就是人的存在与人的内在本性的疏离。

无独有偶，一百多年后，美国的梭罗为了摆脱现代异化生活，在马萨诸塞州瓦尔登湖隐居两年多，抛却一切现代物质和技术设施，重新体会原始人的生活方式，并写就了自然生存哲学名著《瓦尔登湖》。梭罗自己在瓦尔登湖的实践和他的作品中有个贯穿始终的主张，那就是回归自然。他认为"大多数的奢侈品，大部分的所谓生活的舒适，非但没有必要，而且对人类进步大有妨碍"[①]。瓦尔登湖的神话代表了一种追求完美的原生态生活方式，瓦尔登湖成为人与自然和谐共存的一个典范。

梭罗生活的19世纪上半叶的美国正处于由农业时代向工业时代转型的初始阶段。伴随着资本主义社会工业化的脚步，美国经济迅猛发展，社会不断进步；然而，蓬勃发展的工业和商业造成了社

---

① [美]梭罗：《瓦尔登湖·经济篇》，徐迟译，上海译文出版社1982年版。

会大众当时普遍流行的拜金主义思想和享乐主义时尚,人们都在为了获取更多的物质财富、过上更好的物质生活而整日忙碌着。人们无限制地向大自然索取,最后也遭到了大自然的严厉惩罚,整个自然生态受到了前所未有的破坏与污染,人类自身的生存环境变得岌岌可危。梭罗在自己作品中不断地指出,我们大多数现代人都被家庭、工作和各种物质需求所困,过度追求物质效应,只关心物质生活和感官享受,精神体验缺失,而用他的话来说,这样的生活不能称为"真正的生活"。

卢梭和梭罗异曲同工的宗旨是:追究人究竟需要怎样的生活方式,科学技术及物质发展对人类合理生存的意义究竟是正面的,是负面的,还是双重的?人类究竟需要本真的自然,还是异化的存在?他们的结论是:崇尚自然,复归原始,享受本真。

诚然,卢梭和梭罗的理念带有原始自然主义的情结,对工业化、商业化、科技化、现代化所造成的负面效应看得过于沉重和绝对。我们认为科学技术及商业文明对于人类进步带来的福音是不容置疑的,人类并不愿意始终过茹毛饮血的原始生活。但卢梭和梭罗给我们的启示是:科学技术和商业文明的进步,并非一味地给人类带来福音,它们的负面影响也不容忽视。历史总是走着"进步与异化"的二律背反的进程,诸如,"技术改变人类生活",蒸汽机解放了人类的体力,但同时也降低了人类的体能;电子和数字技术协助了人类的智能,但同时也使人类失去了许多本能。

当前,人类已经进入了休闲时代,休闲成为人们一种新的普遍的生活方式。"微时代"的到来,又给人们的休闲生活一种全新的方式。科学技术又一次全面地改变了人类的生活方式。"微时代"的到来,不仅使得传播的速度提升,传播的内容丰富,传播的参与性与互动性加强,同时也使得人类接收的信息按几何级数上升。与此同时,人类的休闲方式逐渐改变,休闲活动更加丰富,从微电影、微小说到网上购物，等等，无一不象征着人类休闲途径的日益拓宽，人类休闲结构的逐步改善。然而，技术并不一味地带来进步，"微时代"给休闲活动和方式带来积极变革的同时，其产生的负面影响也不容忽视。

二 "微时代"的休闲方式变革

1. "微时代"的到来

2006年，埃文·威廉姆斯（Evan Williams）在美国推出微博服务，取名为推特（Twitter）。2007年，苹果公司推出了融合多种革命性功能设计的iPhone手机，智能手机迎来崭新的发展阶段。2010年，新浪微博开始在中国大陆提供服务，迅速获得一亿多用户的注册使用。2011年，由腾讯公司推出的跨平台通信工具微信（WeChat），得到广大手机用户的青睐。无论在中国，还是在世界其他地区，"微时代"伴随着智能手机的广泛使用和移动互联网技术的快速发展而悄然到来。人们的日常生活，因微时代的到来，发生着日益深刻的变化。

所谓"微时代"，"是以信息的数字化技术为基础，使用数字通信技术，运用音频、视频、文字、图像等多种方式，通过新型的、移动便捷的显示终端，进行以实时、互动、高效为主要特征的传播活动的新的传播时代"[①]。"微时代"的到来，离不开移动终端以及互联网技术的快速发展，正因为智能手机的普及和3G、4G乃至5G、6G网络技术的广泛或开始应用，人类的传播方式获得了革命性的发展。

工业时代，交通运输是促进经济发展的关键因素，从火车，汽车到飞机，每一次交通运输方式的变革都会促进经济的繁荣发展，

---

① 林群：《理性面对传播的"微时代"》，《青年记者》2010年第2期。

同时给人们的日常生活带来极大的改变。信息时代，每一次信息传播方式的变革也将带动经济向前发展，同时，人们的日常生活也将因为信息传播方式的改变获得崭新的面貌。

在"微时代"，每一位智能手机用户，既是信息的接收者，也是信息的发布者。通过手机终端，他们既可以获得来自他人的，以文字、图片、视频等多种方式传递的信息，也可以编辑自己想要传达的信息，通过网络发送给其他手机用户。同时，由于物联网技术的进步，通过手机终端的扫码功能，人与物，甚至物与物之间，也可以实现信息的广泛交流。信息交流方式的升级，信息内容的极大丰富，信息载体的日益广泛，不仅促进了经济的快速发展与转型，而且给人们的精神和文化生活提供了更加广阔的空间和平台。通过网络技术，人与人，人与物之间搭起了新型的沟通桥梁，而通过新型的、移动便捷的显示终端，信息传递将更加便捷，更加高效，不仅人们的经济生活得到极大便利，生产效率不断提高，人们的精神生活也变得更加丰富，人类整体生活水平得到提升。

2. "微时代"的休闲方式变革

微博和微信等微媒体具有"流动性""瞬时性""移动化""社交化"和"扁平化"等特征，借助于这些特征，新的传播时代得以出现，新的休闲方式也应运而生。

传统的休闲，是以"人—世界"二元结构为基础的。通过自己的身体感官，每个人直接与他人或世界进行交流，亲身参与到各种休闲娱乐活动的过程中。每一项休闲活动都需要参与者在场，休闲活动围绕着活动中的人展开。参与其中的人，他的感性体验，情感体验乃至审美体验都与周围的环境，从事的休闲活动以及他人的各种反应息息相关。所有的休闲活动，都需要人在场，通过参与者的感性体验和情感融入，休闲的过程得以逐步展开，最后达到审美的境界。亲身参与（在场）是传统休闲的必要属性，没有人的参与，休闲只是一个名称和一种理想,正因为人的在场,休闲得以成为一种过程,一种状态和一种生活。

传统的休闲受制于亲身在场,因此,在同一时间,每个人只能在所处的空间条件下展开休闲活动,休闲活动的选择是单一的,只能在同一时间从事一种休闲活动,每个人只能受限于某种休闲活动,不能将休闲活动叠加在其他活动之上,休闲活动只能是单情景性的,无法实现多种情景的同时参与。单一性并不是单调性,当人们充分投入到某种休闲活动,休闲的整个过程将是充满乐趣和意蕴的,单一性只是标示了一定时间内的休闲活动的数量特征,与休闲活动的深度和意义无关。

"微时代"的休闲,是以"人—移动终端—世界"三元结构为基础的。

"微时代"大大解放了人的休闲活动,能够保证休闲活动的参与度,同时使很多休闲活动不受空间条件的限制,在更大范围内吸引人们加入到休闲活动中,促进各种休闲活动的发展。有了移动终端的加入,许多休闲活动不再具有直接性的特点,因为不需人的亲身在场,休闲活动的展开,很大层面上不是人的休闲活动,而是移动终端的休闲活动,人不再通过自身直接接受活动中的感官体验,情感体验和审美体验,而是先由移动终端进行信息处理,再将处理好的信息反馈给移动终端的使用者,许多休闲体验不再具有直接性,而要以移动终端为中介,间接获得。然而,也正是因为消解了传统休闲的直接性,"微时代"的休闲往往缺乏本真的体验和韵味。还是以下棋为例,"微时代"解除了人的空间限制,对弈双方可以通过移动终端进行对弈,但这样的对弈,缺少亲身在场的紧张感,也难以从棋局中获得古人讲的气韵和棋风,因为这些感性乃至审美的体验,需要亲身在场才可以感受到,而移动终端已经将这些信息过滤掉,只保留了棋盘上的布局,反倒使得整盘棋局索然无味。

"微时代"的到来，使休闲活动实现了叠加，也就是说，移动终端的拥有，可以允许人们在从事一种休闲活动的同时，从事其他休闲活动。例如，参加聚会的同时，还可以通过手机进行其他休闲娱乐活动，这是"微时代"给予休闲的极大改变，休闲从同一时间，同一地点的单一活动，升级为同一时间，同一地点的多项活动。所谓"叠加性"，也就是雪莉·特克尔（Sherry Turkle）所说的，网络时代带来的"多任务处理"，在《群体性孤独》一书中，她提到，"网络设备允许我们在上面同时叠加更多的任务，因而促成了一种全新的时间概念。因为你在做别的事情时也可以发短信，发短信不仅没有占用你的时间反而给了你时间。这不仅是令人愉快的，简直是不可思议的"[1]。

由于移动终端的便利性，移动终端甚至成为某种虚拟的人体器官，人们随时随地都可以使用新型的移动终端，也就使得人们可以随时随地参与到休闲娱乐活动中，这就打破了传统休闲的时间和空间的限制，只要有移动终端，人们就可以休闲与娱乐。移动终端已经成为"微时代"人们虚拟休闲娱乐的物质基础，虽然人依然是休闲的主体，但人已经将某种权利赋予了随身携带的移动终端，移动终端在某些场合已经执行了凡·勃伦（Thorstein B Veblen）所说的"代理休闲"的功能。

休闲在本质上是人的休闲，而个人的休闲信息，休闲资源以及对休闲的认知毕竟是有限的。通过互联网，个人掌握的休闲信息得以传播，每个人都将获得他人共享的休闲信息，休闲资源得以被广泛开发，每个人获得休闲资源的成本也会随之下降。通过用户间的广泛交流和休闲知识的广泛传播，人们对休闲的认知也将提升到一个新的高度。"微时代"不仅改变了传播的方式和内容，也将休闲

---

[1] [美] 雪莉·特克尔：《群体性孤独》，周逵、刘菁荆译，浙江人民出版社 2014 年版，第 415 页。

带入到一个崭新的阶段。

"微时代"使机器在休闲活动中扮演的角色发生了重要改变。休闲活动领域已经像生产实践领域一样,在人与世界的沟通交流方面,机器成了最重要的媒介。

"微时代"的人类有了两种选择,他既可以选择直接面对世界,也可以选择直接面对移动终端,通过移动终端去面对世界。而人机互动就成为一种新型的休闲方式,人将自己的思想和情感输入移动终端,将自己的思想和情感在移动终端中进行编辑,进而与他人(世界)进行交流。

有了移动终端作为中介,人可以更有所准备地面对世界。在人与世界的交流中,人机互动是前半程,机器与世界的互动是后半程。当今时代,整个世界通过互联网而相互连接起来,连接的既是一个个的人,同时也是一个个的移动终端,移动终端成了人类的代言人,看似是人在世界中休闲,却展现出一幅人在机器中休闲,机器在世界中狂欢的场面。因此,一方面,因为机器的参与,休闲的对象不仅有世界,还有机器,也有在机器中表现出的世界,人的休闲活动得到极大丰富,人的休闲方式有了多重选择,人的休闲效率出现快速提升。另一方面,人也因机器的参与,与世界有了隔阂,"在场"的休闲逐渐被"非在场"的休闲所侵蚀,情感与审美的体验也无法像以前那样刻骨铭心,感官的刺激反倒逐渐占据主导地位。

三 "微时代"休闲发展的机遇和挑战

人的生命具有有限性,在短暂的生命过程中,每个人都希望尽可能多地完成一些事情。如果生命是无限的,任何事情都可以被完成,那就没有所谓意义和价值问题,唯一的问题只是时间的长短。因此,在生命的展开过程中,每个人都会衡量每件事对自己的意义和价值,每个人都优先选择去做对自己意义更大的事情,与此同时,人也希望,在同一段时间可以完成更多的事情。这就是一种生存的效率逻辑,每个人或多或少都具有这样的效率逻辑。

"微时代"在迎来发展机遇的同时,休闲活动也出现了"异化"的危险,给休闲带来了极大的挑战。"休闲异化表现为追求自由却被强制、被安排而丧失主体自由和个性;追求喜乐却导致心灵的扰乱,情绪的厌恶、空虚、疲惫、痛苦;追求轻松简洁却遇到程序的复杂和节奏的匆忙。"[①] 在"微时代"的休闲中,我们或多或少可以发现休闲活动异化的踪迹。虽然,社会、政治、经济等客观因素,以及个人价值判断、心理状态等多种因素共同造成了休闲异化现象的出现,但在"微时代",由于网络技术广泛参与到休闲活动中,休闲活动异化更多是"科学技术异化"在休闲活动领域的延伸和表现。

1. "微时代"休闲的机遇

自从人类进入"互联网"时代,"它对人类社会和生活所产生影响的深度和广度,都是前所未有的。互联网正在改变着我们的生活,影响着我们当中越来越多人的思维方式、交往模式和行为特征,从而在不知不觉间逐渐影响、改变着我们的社会。"[②] 休闲活动,作为与人类生活须臾不离的一部分,更是在"微时代",获得了快速发展的件。

人的生命既然有限,人的闲暇时间自然有限,在闲暇时间进行娱乐和休闲的时间更是少得可怜。现代社会几乎没有几个人总是可以找出专门的休闲娱乐的时间,因此充分利用碎片化时间进行休闲娱乐就是必然的途径之一。"微时代"的到来,既可以让人们充分

---

① 章辉:《论休闲异化》,《兰州学刊》2014 年第 5 期。
② 苏涛、彭兰:《技术载动社会:中国互联网接入二十年》,《南京邮电大学学报》(社会科学版) 2014 年第 3 期。

利用碎片化时间进行休闲娱乐，也可以让人在同一段闲暇时间，从事更多的休闲娱乐活动，产生休闲娱乐的叠加效果，满足人类的效率逻辑。

举例来说，"微时代"以前在坐公交上班的途中，人们打发途中的无聊时间，只能是闭目养神或是望向窗外又或是翻几页小说。而在"微时代"人们通过手机终端，既可以看书，也可以看电影，还可以聊天、购物，等等，在碎片化的时间中，既可以有多种休闲选择，又可以同时从事多种休闲活动，这恰好符合了生存的效率逻辑。因为"微时代"的到来，不仅在经济领域，生产效率得到大幅提高，而且在休闲领域，人们也实现了休闲效率的极大提升。

因为生命的有限性，我们同样追求完成事情的速度，"微时代"的到来可以使我们的休闲以更快的速度完成。"微电影"和"微小说"就是显著的例子。为了适应"微时代"的发展要求，传统的休闲娱乐活动也需要进行变革。以前一部电影的片长至少在一个小时以上，一本小说至少也有一百多页的篇幅，而在"微时代"，一部电影几十分钟即可播完，一部小说也许只有几百个字，这大大提高了人们看电影和读小说的速度，并且，通过移动终端，我们在手机上就可以完成这些休闲娱乐活动。正是因为"微时代"的到来，我们的休闲娱乐不仅可以是养生与喝茶般的"慢"，也可以是"速度与激情"般的"快"。

农历春节既是中国人一年中最重要的节日，也是中国人一年中最为欢庆的时刻。吃团圆饭，放鞭炮，赏花灯，甚至看春晚几乎都是普通中国人在春节期间必须要进行的休闲娱乐活动，而"微时代"的到来，又给普通中国人增添了许多新的休闲娱乐方式。例如，微信中的抢红包功能近年来在人们中间广泛流行，许多人将微信抢红包当成了一种在春节期间的休闲娱乐方式，这充分说明，"微时代"的到来给普通人的休闲方式带来了更多的选择。

逛街购物是许多女性在闲暇时间的休闲选择，购物不单单是经济行为，也是一种放松和娱乐活动，这已是现代商业社会不可争辩的事实。而"微时代"的到来，给传统的逛街购物注入了新的要素，使得逛街购物有了新的方式，那就是手机购物。在中国，许多人通过手机上的购物平台进行购物，人们只需要翻动手机页面，就可以看到琳琅满目的商品，这就是一种对传统休闲方式的变异，在保留传统逛街购物的同时，实现了网络化的逛街购物。

"微时代"虽说被定义为一个传播的时代，但借助于信息的传播，传统的休闲方式得到变革，新的休闲方式得以产生，人们在"微时代"中交流，也在"微时代"中休闲与娱乐。

2. "微时代"休闲的挑战

"微时代"的休闲效率大大提升，通过移动终端，人们可以选择多种休闲方式，充分利用碎片化的时间进行休闲。但是这往往造成一种效率提升、质量不足的休闲状况。虽然移动终端可以让人充分利用碎片化的时间，但碎片化时间中的休闲往往是一种浅层休闲，在碎片化的时间中，人们无法充分理解所接收到的休闲信息，只是感官在短时间内受到一定的娱乐刺激，但人本身仍无法摆脱深层次的心理焦虑。这就造成一种情况，休闲的效率在不断提高，休闲的质量却无法保证。休闲毕竟不同于经济生产，如果只是按照效率逻辑进行休闲，人们并不会从休闲效率的提高中获得多少真正高质量的休闲体验。

休闲本身就是一种生活态度，也是一种生活过程，更是一种人生追求。休闲是人性的一种展现，因此休闲更要从定性的角度进行品味，而不能一味以定量的效率进行考量。"微时代"的休闲，依靠移动互联网和手机终端的快速发展，速度在不断提升，与此同时休闲的深度却略显不足。休闲本质上是需要付出时间的，节省时间也许符合经济的规律，却不一定符合休闲的逻辑。休闲是一种人参与其中的过程，也是人性在闲暇时间的展现与美感收获的过程，如果一味地提高休闲速度，缩短休闲时间，也许就无法获得深层次的休闲体验。休闲深度对于人的本质利益，远远比休闲速度重要。

生活就是时间的延展，也是人性在时间延展中的逐渐显现。休闲是生活的一部分，休闲也是闲暇时间的延展和人性在闲暇时间的展开，休闲的深度取决于人性展开的程度，过分强调休闲的速度，就是远离人性的表现，就是一种用工具理性代替人文理性的表现。人并不仅仅是经济动物，经济效率是人生存的必要条件之一，但并不是人休闲的充分条件。"微时代"的休闲，不能仅仅一味强调速度与多样性，更需要看重深度与层次性。

另外，"微时代"休闲的虚拟性，也大大削弱或者消解了休闲体验的本真性。休闲作为完善人性、实现自我的一种生存方式和生活态度，最需要的是本真的生活体验。当世界本然呈露，我以本然之心，真正所爱之意去与其接触，才会真切地感受到我真正需要的是什么，然后才会"以欣然之态做所爱之事"。

笔者曾说过："休闲与审美之间有内在的必然关系。从根本上说，所谓休闲，就是人的自在生命及其自由体验状态，自在、自由、自得是其最基本的特征。休闲的这种基本特征也正是审美活动最本质的规定性，可以说，审美是休闲的最高层次和最主要方式。"[①] 这就表明，休闲是一个渐进的过程，而审美就是这一过程的最高层次。休闲过程的展开也就是休闲时间的经历，而休闲过程的最高阶段就是审美阶段，休闲时间经历到最后，就进入了审美的时刻。这一切都不是一蹴而就的，需要人在休闲过程中充分展开自己的一切，将自己的感官、理解以及过去所经历的一切都投入到当下的休闲过程，才可以有机会获得最终的审美体验。"微时代"虽然

---

① 潘立勇：《休闲与审美：自在生命的自由体验》，《浙江大学学报》（人文社会科学版）2005年第6期。

赋予休闲以多样化的方式和途径，却没有帮助人更好地理解休闲的本质，"微时代"更多地体现了技术上的进步，却并没有给人带来关于休闲本质的深层次思考，很多人看似比以前有了更多的休闲方式和休闲途径，但却极少有人真正从休闲中获得教育，更不用说获得审美的体验。技术的进步，带来了休闲的某种繁荣，但却往往使得休闲的本质离人越来越远。

"微时代"休闲所面临的挑战，其实是当代"科学技术异化"在休闲领域的表现，以移动互联网和智能终端为代表的现代科学技术，逐渐开始在某些人的休闲活动中占据主要地位，成为支配人的异己力量，所谓"科学技术的异化"，"主要是指作为人的创造物的科学技术，超出人类所能控制、支配的范畴，而成为压抑、奴役和统治人与社会的'异己'力量，以至于形成了对人的自由和个性的扼杀、导致了人的精神的空虚和人格的分裂，完全失去了对人类生存意义上的终极关怀"①。正是因为这种科学技术逐渐异化的趋势，使得有机器参与的"微时代"的休闲活动也有了异化的趋势，休闲活动逐渐脱离自身的本质，变成一种"机器操作—感官刺激"的简单模式。人类通过休闲活动，本质目的是寻找人在世界生存的本质价值，是获得身心的和谐愉悦，也是寻求自身的精神归宿，而"微时代"的休闲，由于过度注重网络、智能终端等现代技术的使用而忽略了休闲的人文本质，这就必然出现休闲质量下降、休闲深度不足等多方面的问题。

当今中国，虽然越来越多的人具备了休闲的意识，但这种休闲意识的深度仍显不足，休闲意识的普及程度也还没有达到理想的目标，休闲活动的种类仍然有待拓展，等等，在这些背景下，休闲发展还要尽力避免因为机器的过分参与而导致的"休闲异化"，休闲

---

① 王维：《哲学视角中的科学技术、经济与社会发展》，东方出版中心2010年版，第62—63页。

面临着巨大的挑战。

四 反思和结语

杰弗瑞·戈比教授在其著作中曾对休闲下过一个经典的定义，他说："休闲是从文化环境和物质环境的外在压力中解脱出来的一种相对自由的生活，它使个体能够以自己所喜爱的、本能地感到有价值的方式，在内心之爱的驱动下行动，并为信仰提供一个基础。"① 从其定义中可以看出，休闲本质上是一种生活，这种生活摆脱了文化环境和物质环境的外在压力，而"微时代"的到来，正好提供了这样一个机会，通过移动终端和互联网，人们可以随时了解到其他文化，也可以更有效率地获得物质资源，这都为人们摆脱文化和物质的外在压力提供了便利的条件。并且"微时代"是一个传播扁平化的时代，每一个人都可以用移动终端记录自己的生活与感悟，同时与他人分享，通过这一过程，人们就可以打破自我的限制，更有机会了解别人的生活方式和态度，从中找到自己所喜爱的，认为有价值的生活方式，而这更可以帮助人们实现真正的休闲，使得人们更有机会用休闲的态度度过闲暇的时间，从而过上一种真正休闲的生活。

通过技术的广泛应用，"微时代"的休闲迎来了发展的良好机遇，与此同时也带来了深刻的问题，这些问题是对技术本质的追问，更是对人性的拷问。"微时代"的休闲不仅要带给人便利与快乐，也需要让人有深刻思考和审美体验，最终还要帮助人类找到命运的归宿和人之为人的本质。这是一条漫长的道路，技术的铺垫是必需的，在此之上，更需要人文情怀和审美精神的发扬。恩斯特·卡西尔（Ernst Cassirer）认为："在人这里，我们所看到的不仅是

---

① Godbey, G., *Leisure in your life*, Philadelphia: Saunders College Pub, 1999: 12.

像动物中的那种行动的社会,而且有一个思想和情感的社会。语言、神话、艺术、宗教、科学就是这种更高级的社会形式的组成部分和构成条件。"① 这充分说明,在"微时代",网络技术的广泛运用,在很大程度上,只是加强了人的行动力,只是让人更有效率地休闲,但人之为人,还有思想和情感,通过休闲,人也是在追求思想的升华和情感的体验,这是技术本身不能充分给予的。因此,在利用移动网络及终端技术进行休闲的同时,我们应该时刻保持使用技术的限度,加强与世界和他人的直接沟通,不断学习和思考休闲本身的情感和人文意义,并且不断反思自身,在休闲中增强"建设一个人自己的世界、一个'理性'世界的力量"②。

"微时代"给予人们的,是一种更加便利和更加快速的休闲,这是完全符合生存的效率逻辑的,但休闲并不是一个要处理的对象,而是闲暇时间的展开,一种生活的态度,生存的高级状态以及一种人性和审美的生活。在已有的物质条件的基础上,我们不能将休闲对象化,更不能将其异化,休闲本质上是一种自我的伸张,是一种个性的表现和审美的过程,每一个人都有机会从休闲中发现人之为人的本质。正如马惠娣所说:"现代文明的内涵越来越意味着,人类需要和渴求有意义的生活。那么,作为人类文化基础的休闲必将成为创造和充分展示人性的新的生活舞台。"③ 在"微时代"借助于发达的网络技术,我们既要在物质和技术层面不断促进休闲的开展,更要充分重视休闲的精神和情感层面,在休闲中促进技术和人文的协调一致与动态平衡。技术作为发动机,人文作为方向盘,休闲才能在正确的道路上不断前进。

"微时代"的到来,给予了人们更广泛的自我表达的手段,更

---

① [德] 恩斯特·卡西尔:《人论》,甘阳译,上海译文出版社 2004 版,第 306 页。
② [德] 恩斯特·卡西尔:《人论》,第 313 页。
③ 马惠娣:《休闲:文化哲学层面的透视》,《自然辩证法研究》2000 年第 1 期。

迅捷的信息接收的能力，更自由的自我发展的机遇；然而我们需要怀揣着人文的情怀，秉持着审美的态度，才能最大限度地避免"微时代"技术便利造成的休闲品质异化，回归真正的休闲，从而真正实现其丰富和完善人性的功能。

第 五 章

当代中国休闲审美的思维张力

"张力"一词在物理学上的含义为：物体受到拉力作用时，存在于其内部而垂直于两相邻部分接触面的相互牵引力。美国著名心理学家、美学家鲁道夫·阿恩海姆（Rudolf Arnheim）在《艺术与视知觉》中以独特的视角解读了"张力"理论，将其定义为人类视知觉捕捉到的作品中的两种力相互较量之后产生的结果，并强调具有倾向性的运动最具张力①。在思维领域，爱因斯坦考察了从亚里士多德的演绎推理到培根的归纳推理，再到牛顿的归纳和演绎、分析与综合相统一的思维方法后，提出了一种新的思维方法。他认为从特殊到一般的道路是没有逻辑的，是直觉的方法，从一般到特殊的道路是逻辑的方法；爱因斯坦在逻辑方法与非逻辑方法之间保持了必要的张力思维，即"直觉—演绎思维方法"。其本人提出相对论的两条基本原理及其创立的相对论，正是现代科学中想象力发挥作用的突出表现。由于理论思维是思维主体认识和改造世界的理论和方法的总和，因而张力思维方法对新的理论思维在理论和方法方面都发挥着创造功能，赋予人类无限的启迪和创新的机遇。

按中国有关学者的解释，思维张力是人在创造欲望的驱动下，按照既定目标伸开思维的触角，全方位探求解决问题的答案的创新

---

① ［美］鲁道夫·阿恩海姆：《艺术与视知觉》，滕守尧译，四川人民出版社1998年版。

思维活动能力，它表现出自主性、多维性、指向性、创造性和批判性等特质。[①] 在此，我们姑且将休闲审美精神体验及其思维活动对于人类相关精神活动及其创造的引领和影响力称为其思维张力。休闲和审美精神状态和活动体验，对于人类教育、文化创造等精神活动具有重要的引领、催动和影响力。

第一节　休闲与美育

休闲与美育具有共通的本质、特征与功能，自由是其共同的本质，自由的愉悦是其共同的特征，在自由愉悦中"成人"则是其共通的功能。两者亦有差异：美育重"育"，休闲重"休"；美育重"学"，休闲重"玩"；美育正向，休闲双向。两者关系：休闲为美育的现实生动载体，美育为休闲的价值尺度导向。现代教育和社会生活应当在美育与休闲的互动中"成人"。

休闲文化的发展在我国已经有很悠久的历史，至少在宋代休闲文化已经相当繁荣，无论是皇室、士大夫还是普通百姓，从"宫廷奢雅"到"壶中天地"至"瓦肆风韵"，休闲情趣已蔚然成风。当今中国，休闲社会已普遍呈现。随着我国国民经济的发展、国民收入的提高、国人自由支配时间的日益充裕，休闲已愈益成为人们的日常理想生存状态与方式。

美育思想在中国古代也是源远流长，孔子提出"游于艺"，就是儒家对美育思想的最早阐释。五四时期，蔡元培大力提倡"以美育代宗教说"更是开启了中国现代美育的全面发展时代，民国时期成为休闲和审美教育达到深入探讨、广泛传播的"黄金时代"。美育在当代国民教育和日常生活中的作用日益重要。

[①] 张平增、梁庆辉：《思维张力及其健康拓展的环境核心模块辨析》，《学术论坛》2010年第4期。

我们需要进一步厘清的是：休闲与美育究竟是何种关系？两者有何种共同的本质和特征？两者之间又有何种区别？休闲与美育对社会人生具有何种重要的意义？在现代教育和社会生活中，两者应以何种方式互动发展？

一 两者的同异

休闲与美育之间有内在的必然关系。从根本上说，所谓休闲，就是人的自在生命及其自由体验状态，自在、自由、自得是其最基本的特征。休闲的这种基本特征也正是审美活动最本质的规定性，可以说，美育是休闲的最高层次和境界。我们要深入把握休闲生活的本质特点，揭示休闲的内在境界，就必须从美育的角度进行思考；而要让美育活动更深层次地切入人的实际生存，充分显示美育的人本价值和现实价值，也必须从休闲的境界内在地把握。前者是生存境界的美育化，后者是美育境界的生活化。休闲与美育作为人的理想生存状态，其本质正在于自在生命的自由体验。

1. 休闲与美育的共同本质，就在于它们都是一种自由的活动

美育的本质，按现代美育创始人席勒的说法是源于人的"游戏冲动"，席勒从人性的先验设定出发，认为人本能地具有两种冲动，当人处于"感性冲动"（感性存在）或"形式冲动"（理性存在）时，都还是片面的、不自由的，只有解脱了两者的压力从而趋于自由和谐的"游戏冲动"（审美存在）才能导致人性的完美。在"游戏冲动"中，人摆脱了来自感性和理性的双重压迫，普遍与特殊、"类"自由与个体感性需要、能动性与感受性，全部和谐渗透，于此，人的对象世界及自身都成了"活的形象"，人就获得了充分的自由。这种充分的自由也就是人的本质的完美实现；而这"活的形象"就是指"一切对象的审美性特质"，其内涵即为自由地对待对象，使对象形象地成为自己自由本质力量的显现，因此，"人性的

完美实现"就是美的"自由的显现"①。按他的理念：审美=自由=完美的人性，美育的本质正在于通过自由的"活的形象"完善人性。

中国现代美育的奠基者蔡元培同样强调美育的自由属性。当年他之所以强调"以美育代宗教"，就因为在他看来，宗教还有种种狭隘与压迫，国人更需要一种"普遍"（无人我差别）和"超越"（无利害计较）的精神载体，那就是以更为自由的美育来造就国人高尚的人格。

休闲的本质，也就是自由自在的活动。马克思"自由时间"的概念在人类活动的意义上就是"休闲"，这是"不被生产劳动所吸收"的时间，是"娱乐和休息""发展智力，在精神上掌握自由"的时间，是摆脱了异化状态"自由运用体力和智力"的时间。在这种"自由时间"里，人的活动是自由的创造而不是奴役状态下的被动的劳作，人对产品的享受是自由的欣赏而不是私有欲中狭隘的占有；在此，人的"自由""自觉"的本性充分体现，人不仅按其类的固有尺度生存，也按"美的规律"生活。

当代国际知名休闲学家杰弗瑞·戈比则给休闲下了这样一个普遍为人们接受的定义："休闲是从文化环境和物质环境的外在压力中解脱出来的一种相对自由的生活，它使个体能够以自己所喜爱的、本能地感到有价值的方式，在内心之爱的驱动下行动，并为信仰提供一个基础。"② 他的休闲定义，与席勒对美育的理解不约而同，"从文化环境和物质环境是外在压力中解脱出来"正是对"形式冲动"和"感性冲动"的双重超越从而获得精神的自由。休闲必须有自由的时间、自在的状态和自主的选择，自在、自由和自得

---

① ［德］席勒：《美育书简》，徐恒醇译，中国文联出版社1984年版，第74—87页。
② ［美］托马斯·古德尔、杰弗瑞·戈比：《人类思想中的休闲》，成素梅等译，云南人民出版社2000版，第11页。

是其根本特性。相类似,葛拉齐亚将休闲理解为"对要履行的必然性的一种摆脱",美国哲学家查尔斯·K. 布赖特比尔(Charles Kestner Brightbill)则将焦点从"摆脱"转向"自由地去做"。①

2. 休闲与美育的共同特征,就在于它们必然能通过自由而获得愉悦的体验

孔子"知之者不如好之者,好之者不如乐之者"的结论最早点明了美育的情感愉悦特征,朱熹对孔子"游于艺"的"游"做了"玩物适情之谓"的经典解释(《论语章句》释"游于艺"),"游艺"既是美育,也是休闲活动,"玩物适情"是休闲与美育的最基本特征,这也是人的本性使然。王阳明早就认为:"大抵童子之情,乐嬉游而惮拘检,如草木之始萌芽,舒畅之则条达,摧挠之则衰痿。今教童子,必使其趋向鼓舞,中心喜悦,则其进自不能已。"审美教育的功能就在于以人情乐于接受的艺术和审美形式,导志意之正,调性情之和,消习气之鄙,使之"使之渐于礼义而不苦其难,入于中和而不知其故"(《传习录》中)。

这种见解也与现代心理学原理相合。美国人本主义心理学家马斯洛把人的最高需求称为"自我实现"。人是一个创造性的存在,创造的要义在于自由地实现,一旦自由地实现了,就会有一种快感,按马斯洛的说法叫作"高峰体验"。美国学者伊所-阿霍拉(S. E. Iso-Ahola)在《休闲与娱乐的社会心理学》中,认为休闲就是人们自由选择的、实现自我、获得"畅"或"心醉神秘"的心灵体验。美国心理学家奇克森特米哈伊在《畅:最佳体验的心理学》中,更将"畅"作为休闲活动的心理学本质和标准,认为只要能够获得"畅"的内在心理体验,有益于个人健康发展,就是休闲。查尔斯·K. 布赖特比尔在

---

① [美]托马斯·古德尔、杰弗瑞·戈比:《人类思想中的休闲》,成素梅等译,第8页。

《挑战休闲》和《以休闲为中心的教育》中，将休闲形象地描述为"以欣然之态做心爱之事"。

"玩物适情"是休闲与美育的共同特征。"玩物"强调了休闲活动是首先是"玩"的活动，"玩"或"游戏"对于人类具有本体性意义，于光远先生在20世纪90年代提出"玩是人类基本需要之一"；"适情"则强调了休闲与美育是"乐"的活动或教育；在"玩物适情"的过程中，合规律与合目的、科学性与艺术性、创造性与娱乐性得到了有机的内在统一，"育"也就在其中了。"玩物适情"不是"玩物丧志"，更不是"玩物丧身"。"适"表示恰如其分、恰到好处，活动或施教的方式，都要适合主体生理和心理的内在需求；"适情"表示这种活动或教育会给人带来愉悦与快感，而且这种愉悦与快感是适度的，"从心所欲不逾矩"的。只有这样，"玩物"才能"适身""适情"又"适心"。所谓"适身"是符合健身、养身的原则；所谓"适情"是符合愉悦、快乐的原则；所谓"适心"是符合自我创造、自我实现的原则。休闲与美育正是在"玩物适情"的过程中使人愉快地"成人"。

3. 休闲与美育的共同功能，就是在自由与愉悦的过程中"成人"

"成为人"是人由"自然""自在"向"自觉""自为"的生成，是人由必然向自由过渡的过程。休闲和审美都以自由为本质前提，是在一定程度上摆脱了来自物质和文化的压力，从而释放较为全面的本真人性，因此是"成为人"的重要途径和崇高境界。相对而言，作为更着重现实活动体验的休闲，以身心的自由"践履"来丰富人性；审美教育则以"非功利的审美愉悦"来完善人性。

真正审美不仅表现在纯粹鉴赏、无利害的审美愉快，最终将会走向道德意志，体现道德上的审美崇高，人们由此可以通过审美从

"感性的人上升为理性的人,自然的人上升为自由的,亦即道德的人"①。审美是使人从感性的欲望和理性的束缚中解放出来,充分体现人的创造性,同时也是人性改造和自我完善的发展过程。审美对人生和社会的意义,不仅仅在于欣赏,还在于介入,在于内在的人性塑造。中国古代的审美教育思想在这方面有非常深厚的资源。朱熹认为,"艺则礼乐之文,射御书数之法,皆至理所寓,而日用之不可阙者也。朝夕游焉,……则小物不遗而动息有养。……则本末兼该,内外交养,日用之间,无少间隙,而涵泳从容,忽而不知其入圣贤之域矣"(《四书集注》"论语卷之四")。也就是说,"游艺"可以使人在愉悦的活动中涵养身心,不知不觉领悟至理,进入圣贤境界。王阳明"知行合一"的主张在美育上同样符合"成人"旨趣,"知之真切笃实处,即是行;行之明觉精察处,即是知,知行工夫本不可离。"(《传习录》中)"闻恶臭属知,恶恶臭属行。"(《传习录》上)"然世之学者有二:有讲之以身心者,有讲之以口耳者。讲之以口耳者,揣摸测度,求之影响者也;讲之以身心,行著习察,实有诸己者也。"(《传习录》中)在审美教育上也是如此,知美即行美,审美并非"揣摸测度,求之影响者",而是"行著习察,实有诸己者",美学不应该只是"观听之学",而应该是有助于"成人"的"身心之学"。

真正的休闲同样具有"成为人"的功能。贝克(E. Baker)认为,"休闲"是自由自觉地创造自我的一种活动;杜马哲迪尔(Dumazedier)则认为,"休闲"不仅是个人从工作、家务劳动、社会义务中解脱出来的时间占有,其目的是更好地发展人的个性;在约翰·凯利看来,休闲意味着摆脱必需的自由生活的创造,它不仅是一个完成个人与社会发展任务的主要存在空间,更是以存在与

---

① 王元骧:《"需要"和"欲望":正确理解"审美无利害性"必须分清的两个概念》,《杭州师范大学学报》(社会科学版)2014年第6期。

"成为"为目标的自由,是一种"成为人"的过程[①]。在休闲中培养人的主体自由性,就意味着通过休闲行为促进一个人作为一个行为主体的觉醒,对影响和制约它的存在、发展的主客观念因素有了独立、自由、自决和自控的权利与可能。

马克思指出人的需要包括生存、享受和发展三个层次。生存是基础,发展是取向,享受则是人生自在生命的自由体验。没有享受的生存不是理想的生存,甚至不是真正意义上的生存。休闲的一个重要方面,就是把生活从被动的劳作状态与外在责任中分离出来,实现自由的创造和自得的体验;这是"享受"的基础,也是人的生存整体的本质部分和理想状态。休闲的要义是通过充分释放精神世界中人的创造力和鉴赏力,使人对自在自为的生存意义进行自由的思索与体验,从而促进人的全面发展和个性的成熟,使人真正地走向自由。休闲的价值不在于提供物质财富或实用工具与技术,而是为人类构建意义的世界和精神的家园,使人类的心灵不为政治、经济、科技或物质的力量绝对地左右,使现实世界摆脱异化的扭曲而呈现其真实的意义,使人真正地为自在生命而生存,使心真实地由"本心"自由地体验。

4. 休闲与美育也存在着一定的区别

首先,美育重"育",休闲重"休"。美育既然称为"育",它具有更直接的动机和目标指向性。美育具有教育的使命和特性,无论是"作为结果的教育"还是"作为过程的教育",目标指向性是明确的,过程也是具体有序的。朱熹在其著名的《学校贡举私议》中指出:"以其得之于心,故谓之德;以其行之于身,故谓之行,非固有所作为增益而欲谓观听之美也。……故古人教者莫不以是为先。若舜之命司徒以敷五教,名典乐以教胄子,皆此意也。"阳明

[①] [美]约翰·凯利:《走向自由——休闲社会学新论》,赵冉译,云南人民出版2000年版,第34页。

所谓使之"使之渐于礼义而不苦其难,入于中和而不知其故"都是直接强调了"游于艺"的目的性,"游于艺"不是纯粹地消遣,而是有着为"志于道,据于德,依于仁"的使命。现代美育同样直接强调其目的使命。

休闲则是一种更为自由自在的活动,尽管它同样具有"成人"的功能,但这种功能是在自在、自由、自得的状态随性地完成或实现的,是在"休"中自然地完成。这是因为"休闲是以其自身为目的的",正如赫伊津哈对游戏的观点:"我们不可能从游戏之外认识游戏,游戏并非一种理性行为。"并且,游戏的乐趣"根本就是非理性的体验,所以"游戏的目的就是游戏本身"①,而休闲亦复如是。休闲的指向与目的,就在于休闲本身,在于休闲之人的存在本身和感受本身。如果说美育的"美"是为了"育",其自由愉悦是"育"的手段,那么休闲的"休"只在自身的愉悦,其"成人"是在"休"的本真状态下的自然效应;前者可称为"寓教于乐",后者更是"玩物适情"。

其次,美育重"育",休闲重"玩"。正因为美育属于教育的范畴,所以它强调"知",需要有目的地去"学",朱熹的美育的方式可概括为三个字,即"学""践""养",其美育情态则概括为一个字,即"化"。"学"即"学文",侧重于知;"践"即"践履",侧重于行;"养"即"涵养","内外交养""涵育熏陶",是身心俱用,知行合一。"化"则是"习与智长,化与心成"(《小学书题》),是内外融通,自然流成之谓。在此,"学"是领先的,他认为"惟学为能变化气质",(《答王子合》,《晦庵先生朱文公文集》卷49)如果"力行而不学文,则无以考圣贤之成法,识事理之当然,而所行或出于私意,非但失于野而已"(《论语集注》卷

---

① [美]托马斯·古德尔、杰弗瑞·戈比:《人类思想中的休闲》,成素梅等译,云南人民出版社 2000 版,第 260 页。

1)。孔子在《论语》中有"君子博学于文"的见解，朱熹美育中所谓"学"，也正是"博学于文"："熹闻之学者，博学乎先王六艺之文，诵焉以识其辞，讲焉以通其意。"(《讲〈礼记〉序说》，《晦庵先生朱文公文集》卷74)

而休闲属于自在的活动，它重在让人"以欣然之态做心爱之事"，其侧重点在于自由地"玩物适情"。休闲可以分为"严肃的休闲"与"随性的休闲"，如果说前者还要强调"学"，后者就只是"玩"。休闲较之美育（尤其是狭义的学校美育）更随意随性，它不但本身不具直接刻意的目的动机，过程也相当随意随性，只要适情尽兴就好。

最后，相对而言，美育是正向的，它具有明确的价值导向，一意引人向美向善，或者说"以美立善"；休闲在一定程度上具有双向性，积极的休闲（雅闲、适闲）可以引人向善，消极的休闲（所谓"俗闲"乃至"恶闲"）则可能只是纯粹的消遣手段，把握不当，甚至可能导致人性的堕落。纳什（Nash，J. B.）就将休闲分为反社会、自我伤害、娱乐消遣、情感投入、积极参与和创造性参与六个层次。因而，休闲活动需要道德与审美的规范与引导。

二 两者的关系

1. 休闲为美育生动载体

休闲与美育同为"成人"的过程，具有共通的特点与功能，于此，休闲可以成为美育的生动载体，而且，休闲活动及其"玩物适情"的人性化育比之狭义的美育（尤其是以艺术教育为主的学校美育），内容更为丰富，形式更加生动，载体更为落地。狭义的学校艺术美育虽然较为系统、细致、有条理，但是最大的缺陷就是囿于集中在艺术领域而缺乏情感内容与形式的丰富性与多样性，过于专注视听感官的作用而忽视了人的全身心的活动与体验；相反，休闲审美教育则以更为丰富多样、自由活泼、轻松愉快的方式进行，它让人获得的不仅仅是视听感官的享受与体味，更是全身心的体验与践履。休闲中人们会被舞蹈的形体动态之美所震撼，会陶醉于音乐旋律而浑然忘我，会在游戏把玩中找到自由与自我的存在感，在旅行中重新认识世界认识自我，这些都并非缘于美的形式观照，而是"内入真有"的全身心体验。

最迟在宋代，"游艺"一词已经具有玩物消遣、游戏取乐、活动中休闲的含义。古人对于玩乐与消遣，有着异乎寻常的热情。也正是因为这种热情，才使得有关玩乐的发明层出不穷，如节日游艺、儿童游戏、博弈、博戏、益智游艺、文字游戏、酒令、茶道、禽戏等。中国古代哲人可以在鸟语水声中养耳，在青禾绿草中养目，在登山临水中养足，在骑马奔驰中养筋骨，在凝神射箭中养心，在弹琴学字中养脑，在静坐调息中养性，真是"与天地精神相往来"，"无入而不自得"，"无往而非乐"也！

可以说，休闲过程中的人性化育弥补了美育对象与时空的局限性，在艺术审美系统之外，补充与延伸了民众社会生活的美育功能，也是美育真正融入民众日常社会生活的重要途径与方式，是美育从形而上走向形而下的载体与有效存在形式。休闲是审美的落地，休闲中的审美教育就可能超越外在的形式观赏与体味而进入身心的践履。如阳明经常带学生登游于山水之间，让学生在登山游水的过程中磨炼身心，陶冶性情。"坐起咏歌俱实学，毫厘须遭认教真。"（《春日花间偶集示门生》）"夜弄溪上月，晓陟林间丘。……讲习有真乐，谈笑无俗流。缅怀风沂兴，千载相为谋。"（《诸生夜坐》）山水自然审美，不仅仅是满足于地秀天籁之观听感受，而是融入身心的人格陶冶，以至于使他"只把山游作课程。"（《龙蟠山中用韵》）

因此，美育的许多功能可以在工作余暇的休闲活动中实现，休闲活动不仅不会使审美变味，而且将成为美育之"成人"最具体、生动、宜人的实践方式。休闲活动无疑是将美育之"成人"回归生活、回归人生体验之路的重要载体，是帮助美学走出象牙塔的重要路径。将美育融于休闲生活中的形式，让图书馆、博物馆、文化展览、旅行、娱乐、健身等休闲生活充满审美因素，使人们在休闲活动中无形地提升审美情趣，获得情感的陶冶和道德提升。

2. 美育为休闲价值导向

如前所述，美育更明确地具有价值导向和价值尺度，而休闲则可能是中性的随意活动，所以，休闲非常需要以美育作为价值导向。

从人的本能与本性上来看，休闲源于人的放松和释放需求，人在其中能感受到放松、惬意以及畅爽的体验，它反映了人们本真地对回归自然状态的渴望，是对文化与物质环境束缚的逃脱。休闲以其自由的方式使人由外部世界的谋求转向内在世界的关注与体验，但是由于"道心惟微，人心惟危"，人总是处于实然向本真过渡的不完全阶段，如果在"自由—限制"这个连续体上出现过度的偏向，就可能导致人性欲求的不合理释放，导致人走向消费享乐、沉迷放纵等低级休闲活动，乃至走向危害自我和社会且背离休闲本质的休闲异端。

当下中国休闲文化的蓬勃发展，极大地提升和丰富了社会和国民的精神生活，然而也存在着休闲方式不当、休闲消费异化等负面现象。物质化、货币化、技术化、数字化以及虚拟化的"现代化"进程，加之全球化带来的西方文化中的消极因素与传统中的某些不良休闲方式共同造成了休闲生活中的负面影响。它在社会生活丰富多彩的同时，又使得人们陷入休闲时代的某种精神困境之中，即导致人的某种"异化"——物欲化、平面化、单面化、虚拟化。其突出表现是将休闲当作单纯的感官享受甚或炫耀符号，因而沉沦于感性的物化世界，一味追逐和贪图感性享乐，失去对艺术和人生的理性思考与深刻把握。人们在感官快感的极度满足乃至虚荣中，心甘情愿地做了感性或物质符号的奴隶，不知不觉地丧失了判断能力、思考能力和批判能力，休闲真实意义就被物欲横流的环境雾霾遮蔽掉了。因此，如何聪明地休闲便成了社会学者与人们普遍关注的话题，需对休闲活动加以美育的价值引导。对休闲文化做美学提升，对休闲活动做美育引导就显得十分必要而迫切。①

美育以美的尺度作为价值标准和境界，从而呈现自律性与他律性、功利性与超功利性、合规律性与合目的性的高度统一，是人的一种自由活动和生命状态的一种从容自得的境界。在现实中把握恰如其分的尺度，使休闲真正回归人的本质与本性，消解休闲消费中的异化现象，使休闲真正成为"成人"的过程。

三 在互动中"成人"

休闲与美育在本质特征和社会功能上都具有共通性，休闲和审美作为人生的理想状态，都以自在生命的自由体验为本质前提，以回归本真自我、促进"成为人"为价值与使命，休闲是审美的日常生活情境，审美是休闲的价值尺度和最高境界。现代教育和社会生活需要休闲与美育在互动中更好地发挥"成人"的作用。

现代美育应积极地利用和运用现实生活中的休闲活动，更加主动地走向日常生活。美育应该关注的是生活着的人，是活生生的人的生存和发展。美育不能高高在上，脱离人们的日常生活，不能仅局限于艺术的象牙塔从事鉴赏或欣赏的教育，而应当开拓领域，扩大视野，把大众日常生活中诸如休闲旅游、文化娱乐、运动保健之类关乎生活品质和愉悦指数的活动纳入关注的视野。美育的主要性

---

① 潘立勇：《当代中国休闲文化的美学研究与理论建构》，《社会科学辑刊》2015年第2期。

能也是陶养感情、创造美好，通过美或艺术的审美实践活动来达到感情的陶冶、美的再生与创造，实现完满的人性的发展目标；而休闲活动中所释放的主体性自由、创造与人的自我完善正是美育之"美"的核心内容。

闲暇是人们培养审美思维、开展审美教育的最为理想与自由的时间，而这一时空中审美与休闲是交互重叠的，休闲活动及其"玩物适情"的人性化育是审美教育在"种种社会现状"中的另一存在形式。休闲活动能培养参与者参加各种正常休闲活动的兴趣及娱乐事宜所必需的知识技能；它能使人在工作之余，"玩物适情"，"小物不遗而动息有养。……则本末兼该，内外交养，日用之间，无少间隙，而涵泳从容，忽而不知其入圣贤之域矣"。

休闲的根基是文化，休闲的灵魂是审美。亚里士多德曾说，闲暇愈多，愈需要智慧、节制和正义。现代休闲活动更需践行美的规律，加强美育导向。自觉地把握道德与审美尺度，使人们能更加聪明地用闲，消除休闲消费中的异化现象，避免休闲活动中的过度物欲化和功利化。休闲活动实际上是一种体验生活的活动，在这个活动过程中，要求休闲者对事物的感知体验具备健康的心理和审美的意识与尺度。美育所把握的价值尺度和精神导向可以让休闲生活从无目的的形式渗透到合目的的生命体验中去，使其体现出高尚的、积极的审美价值，激扬人类生命活动的更高层次的价值和意义。把休闲置于审美的层面进行探讨是基于人类审美活动的无目的的合目的性及其具有的解放自我、释放自我的性质。

在现代教育和社会生活中，美育让人们的休闲活动更加富有美感和价值尺度，引导和培育人性中的真善美；而休闲活动则让人们尽情享受生活的快乐，身心放松和精神愉悦，从而更有利于美育活动的丰富、多样和可持续开展；美育为休闲活动提供发展和创造的价值导向和精神境界，休闲活动为美育提供现实和存在的空间和舞台，两者的良性互动为人性的造就和社会的发展提供精神动力和创造空间。

总之，休闲与美育各得其真，各得其分，互动"成人"。

第二节　休闲教育与创意思维

创意思维具有"境"和"术"两个层次，前者是透显事物本真的澄明境界，后者是有效创意的思维方式。创意思维的形成需要休闲的心态和境域，休闲教育则可以帮助人们善用休闲，发挥休闲对创意的积极作用，弥补现实教育的弊端，从而更有效地培养创意思维。休闲教育的目标是实现创意思维之"境"，休闲教育的内容和方法可以启发创意思维之"术"。适应创意时代的发展要求，培养富有创意思维的人才，需大力发展休闲教育。

我们正在进入创意提升产业、改变世界的时代，如何培养创意思维已成为当代需要思考和研究的重要课题。休闲教育对于培养创意思维有着积极的作用。休闲的特点在于"自在、自由、自得"，休闲教育有助于引导学生自在、自由地进入创意境域，并通过新颖独特的思维方式，自得创意之见。

一　创意思维的"境"与"术"

创意思维是指创造或创立内蕴特定思想、文化和价值的新意象、新形象或新表象的思维和意识活动。[①] 在漫长的历史进程中，正是创意思维的运用，才使得人类能够创造自己、发展自己，促成个体成长与社会进步。马克思说是否会制造工具，是人和动物的区别所在；卡西尔说是否会使用符号，是人和动物的区别所在。无论

[①] 胡敏中：《论创意思维》，《江汉论坛》2008年第3期。

制造工具还是使用符号，都需要"创意思维"。正是它，才使得人区别于动物，成为宇宙间的创造性存在。创意思维作为发现问题、解决问题的思维过程，是"人类进步的阶梯"。一方面，创意思维促进个体成长，使人成为一个超越于物的存在，促进人成为"人"；另一方面，创意思维的运用，促进人类精神和物质文明不断发展进步。

创意思维之"境"指一种澄明境界，类似于通过"顿悟"或"灵感"，去除本真世界的遮蔽，使万物的本然及最佳状态得以敞开、彰显。宋代诗人陆游曾说："文章本天成，妙手偶得之"，"天成""妙得"即指进入创意思维之"境"，并非处心积虑所就，而是不经意之间借助一种通透体悟的大智慧，便使所求自然灵妙地呈现。创意思维之"境"具有三个特征：自在、自由、自得[①]，从而引发人的创造与自我实现。由于来自物质和文化的压力，人生来并不自由，但创意思维却给予我们相对的自由，让我们可以在想象的世界里，在文学艺术或科学技术的创意思维活动中，自由地驰骋，让精神得到解放，思维的自由与创造互融并发。正是处于自由的创意思维才激发了惊人的创造，许多创新成果及优秀作品都是在这种状态下产生的。据说，爱因斯坦（Albert Einstein）的许多想法，是在推着童车散步、雨天在桥上等候朋友时忽然冒出来的；艾伦·格林斯潘（Alan Greenspan）的许多经济发展的最佳构想常常是在泡澡的时候产生的；中国文人和艺术家的很多优秀作品都是在酒后自由状态下产生的，留下了诸如李白斗酒诗百篇，王羲之酒后作《兰亭序》等佳话。

创意思维之"术"指解决问题的具体思维方式、途径。历史上有许多这样的例子，比如曹冲称象、司马光砸缸；现代社会也有许

[①] 潘立勇：《审美与休闲——自在生命的自由体验》，《浙江大学学报》2005 年第 6 期。

多具体的思维方法，比如头脑风暴思维法、见微知著思维法、费米思维法、借力用力思维、穷则生变思维、超脱思维法、系统思维法等①。创意思维之"术"具有三个特征：新、多样性、赢。创意思维一定是不同于传统定见的、打破常规的、新颖独到的思维方式。发挥创意思维的结果，是能在一个问题中看到无数的答案——因为事物的属性是无穷多的，创意思维能揭示事物的多样属性，找出无数的解决方法，为解决问题提供无限可能；运用创意思维的结果，则是从找到的解决方法中选出最好的方法，更好地解决问题，当一个方向寻找答案不可能时，不妨换一个方向，去探索想要的答案，从而解决问题，实现最好的效果。

二 休闲教育之于创意思维的价值

1. 创意思维离不开休闲境地

其一，休闲为激发创意思维提供超越时空基础。超越性是人类思维基本的属性，也是思维能够产生创意的根本原因。创意思维是对现实和陈规的超越，在这个过程中人可以超越来自内外的束缚，让自身的思维能力得到有效的激发和很好的发挥，从而将自我对象化为创意作品。创意思维能够超越具体的时间和空间，不受时空的限制，构想现实时空之外的事物和情境，所谓"思与境偕""物与神游"都反映了思维的这一属性；同时，思维能够超越具体的客观事物，在野外听到鸟儿欢快的鸣叫声，头脑中可能出现的是一首音调优美的乐曲，或者听着一首音调优美的乐曲，头脑中可能出现的是一个美丽动人的故事。爱因斯坦能够在思维中追随光线进入太空，发现新的时空性质，正是由于思维超越了具体事物。

这种超越的实现，离不开休闲的时空基础。试想，一个为了工

---

① 杨培明主编：《创思八讲：创意、创新与创造性思维》，北京师范大学出版社2014年版，第63—168页。

作或其他琐事忙得焦头烂额的人，只会关注当前时间、当前空间下的具体事物，怎么会有超越的眼光，超越眼前的羁绊，而产生创意思维呢？休闲是一种自由的体验和表达，是自由时间与自由心灵空间的结合，可以让人超越一切有形和无形的束缚与遮蔽，以最本真、自然的方式，自在地体验，自由地想象，超越眼前的时间、空间、具体事物，从而激发创意思维。在休闲提供的自由时间中，人们可以摆脱必要事务的规定和要求，不受他人的干涉与打扰，按照自己的心意，自在地进行活动，主宰自己的思维和行为；在休闲提供的自由心灵空间中，人们可以悠然自得的心态，自然、喜悦、自信地欣赏、发现、创造，尽情地发挥想象力，让思维超越现实的局限和束缚，这就为激发创意思维提供了时空基础。

其二，休闲为创意思维提供精神内涵和境界。"创意这种特殊的思维和意识活动是指创造新意象、新表象和新形象，而这种新意象、新表象和新形象又是包含丰富思想、文化和价值的。如果创造了一种新意象、新表象和新形象，但它们没有思想、文化和价值的内涵，则不属于真正的创意。"[1] 真正的创意必然包含新颖、丰富的思想、文化、价值，而休闲可以帮助将人的才华、智慧、想法、情感、愿望等主体精神要素注入创意思维，赋予创意思维以新颖独特的精神内涵，提升其思维境界。约瑟夫·皮珀认为休闲的核心在于追求沉静的生活，哲学思想即由此而来。"缺乏闲暇，人类永远会是工作的奴隶，被束缚于狭隘的世界中而脱身不得，没有闲暇，人就不可能有思想活动，文化就无从产生。"[2] 沉浸于休闲之中，人才可能成为自由自在的生灵，可以自由、愉悦地汲取文化精华，进行文化创造。

---

[1] 胡敏中：《论创意思维》，《江汉论坛》2008年第3期。
[2] [德] 约瑟夫·皮普尔：《闲暇：文化的基础》，刘森尧译，新星出版社2005年版，第7页。

诚如约翰·赫伊津哈所言：游戏中的人最自由、最本真、最具有创造力，他所谓游戏中的人即指休闲状态下的人。休闲中的人是最具创造力的人，休闲中的主体消解了一切遮蔽与束缚，以最本真的应然方式存在，能够最大限度地吸收、学习文化精髓，最大限度地展现自己真正的才华和智慧。同时，最大限度地促进主体发挥自己的本质力量与主观能动性，最大限度地切入世界的本真，发现真理的内涵，并且以独特的方式而实现主体目的，展示自我的风格、格调与境界。"闲来无事不从容，睡觉东窗日已红。万物静观皆自得，四时佳兴与人同。"（程颢《秋日偶成》）"半亩方塘一鉴开，天光云影共徘徊。问渠那得清如许？为有源头活水来。"（朱熹《观书有感》）两诗正是休闲提供创意自得境界和源头活水的生动写照。

2. 现实教育的弊端压抑创意思维的发展

人的大脑中有无数个神经元，每个神经元之间的连接路径充满着无限的可能性，随着世界在我们意识中的显现不断扩大，大脑中也建立起一个反应的世界，收集到的信息会沿着每条通路汇集到大脑中枢，形成一幅幅生动的"思路"图。相似信息经常会选择熟悉的道路，达到熟悉的目的地，与此同时，那些信息不常走的路慢慢荒芜，我们的思维模式也就形成了。随着思维模式的形成，我们发现，在试图寻找新思路的时候，我们总是感到似乎有一些强大的阻力挡在我们面前。是什么阻碍了我们进行创意思维？王文革指出，"我们的创意是对知识、经验的开发利用，没有一定的知识、经验就谈不上任何创意；另一方面，已有的知识、经验又会对创意产生一定的压抑，让人不能脱离知识的轨道和经验的窠臼"[①]。知识、经验是中性的，本无压迫性，也许，需要对此负责任的应当是学习知

[①] 王文革主编：《文化创意十五讲》，中国传媒大学出版社2013年版，第24页。

识、经验的模式，所以，阻碍创意思维最大的问题可能出在了教育模式上。

美国密歇根大学教育学院赵勇教授曾说："一个由创新驱动的社会一定是由创新型社会成员组成的。而创新型的人才，绝不会是来自那些强迫学生们背诵考试标准答案，或是看学生能否反刍那些以填鸭的方式教给他们的知识，来作为奖惩方式的学校。"[①] 教育本应是一个去蔽的过程，让人们在教化过程中，找到自我，完善自我，实现无遮蔽的应然状态，得以自由地发挥思维的力量，进而去创造，去实现。而现实教育的方向却出现了偏差，不利于启发人们的想象力和创造力，阻碍了创意思维的发挥。现实的教育总是习惯向我们灌输"唯一"正确的、有用的知识、经验，然后用诸如考试之类的强迫方法让我们记住这些知识、经验，按照一样的标准，把我们培养成同一面目的人，而不是鼓励我们自己探索、主动思考，发挥思维的想象力，发现世界的多样精彩，发掘自我的无限潜能，做独特而本真的自己。比如，家庭教育中，父母对孩子依据自己的兴趣做选择的阻碍，以及学校教育中，以成绩和升学为目的的统一标准的考试，都压抑着一个人的创意思维。教育的目的被外在的工具性价值所裹挟，偏离了以人为本的根本目的，使得那些工具性价值之外的东西完全被遮蔽了，也就没有了发现、发明的可能。

3. 休闲教育的创造性价值

如何认识休闲、利用休闲，更好地发挥休闲对创意思维的积极作用？如何弥补现实教育的弊端，破除思维的压抑和束缚？休闲教育可能提供新的途径。美国休闲教育学者查尔斯·K. 布赖特比尔将休闲教育定义为"针对工作及其他维持生计的活动之外的目的的

---

① 赵勇：《迎头赶上，还是领跑全球：全球化时代的美国教育》，解乃祎译，华东师范大学出版社2010年版，第2页。

教育",认为休闲教育可以"让人们正式或非正式地学习利用自由支配时间以获得自我满足,并将个人才能发挥到极致,从而使自由支配时间有助于提升人整体的生活质量"[1]。一方面,休闲教育给人们提供休闲生活中需要的基本知识、技能,帮助人们发挥才能,提升生活、生命质量;另一方面,也是更为重要的方面,休闲教育将引导人们认识、理解休闲以及生存的意义和价值,认识自我以及自我与世界的关系,让人们"获得生存的价值向度,建立起人所特有的'意义世界'和精神家园"[2]。

  休闲教育让人们更好地利用休闲,发挥休闲对创意思维的积极作用。休闲无疑是人们自由放松、愉悦精神、享受并发展的精神家园。但休闲却不是一个纯依自然便能适中的状态,并不是每个人都会聪明地休闲,许多人有"闲"但不懂得"休",许多人想"休"但没有机会"闲",这些状态都会极大地遏制休闲的积极作用和价值,不利于创意思维的激发。健康、合适、聪明的休闲是需要教育的,休闲教育以"让人们认识休闲与自我,利用休闲,展开休闲生活,建立自我人生意义"为目标,以"培养人们的休闲观念、休闲选择能力、休闲知识和技能"为主要内容,帮助人们明确而有价值地认识休闲、利用休闲,让生命本体在休闲中扩张和张扬,实现本真应然的自我。这样才能充分利用休闲的时空基础,激发创意思维,提升创意思维的精神内涵。

  休闲教育的自我旨归性与自由探索性可以弥补现实教育的弊端,破除成规教育思维的压抑和束缚。"生命的本真和意义都在自我之中。"[3] 本真的自我是存在的最基本的、最真实的样态,存在的

---

[1] [美]查尔斯·K.布赖特比尔:《休闲教育的当代价值》,陈发兵、刘耳、蒋书婉译,中国经济出版社2009年版,第61页。

[2] 刘海春:《生命与休闲教育》,人民出版社2008年版,第148页。

[3] [德]约瑟夫·皮普尔:《闲暇:文化的基础》,刘森尧译,新星出版社2005年版,第3页。

一切意义和价值都应当，也必然通过自我真实的生存来实现。然而自我又常处于被遮蔽的状态，面对纷繁复杂的社会，许多人不得不戴上掩藏内心的"面具"，屈从于现实而遮蔽自我，成为"他在"和"被在"①。只有在休闲中，才能卸下伪装，解除自身束缚和遮蔽，回归真实的自我。因此，休闲是自我存在的应然状态。"休闲提供的不是一条愤世嫉俗的现代意义上的逃避之路，而是一条回归之路……在这种状态中，每个人都会真正地成为自我并因此而变得'更好'和更幸福。"② 休闲教育就是要使每个人认识休闲中的自我，即认识真正的自我，使人不断超越必然的限制，按照应然的尺度去突破发展，去不断追求人自身的解放、回归自我本体这一最高目标。所以说，休闲教育是真正旨归自我的教育，在这一过程中，人们可以从自我本身出发，打破思维的外在束缚和遮蔽，解放思想，让思维自由发挥。

休闲教育鼓励真正的自由探索。休闲的本质是自由，走向休闲就是走向自我本体的自由，超越一切依赖与束缚。"只要一种行为是自由的，无拘无束的，不受压抑的，那它就是休闲的。去休闲，意味着作为一个自由的主体，由自己的选择，投身于某一项活动之中。"③ 休闲是自我存在的应然状态，而这种应然状态是自由的，由此，休闲的人，就是占有自我自由本质的应然状态下的完整意义上的人。清人张潮曾言"人莫乐于闲，非无所事事之谓也。闲则能读书，闲则能游名胜，闲则能交益友，闲则能饮酒，闲则能著书。天下之乐，孰大于是？"④ 在休闲中，人们可以自由尝试自己感兴趣的事情，探索未知的领域，获得愉悦，得到全面发展。这种探索是真正自由的探索发展，是以自我本质力量决定和推动的探索、发展，

---

① 潘立勇：《休闲、审美与文化创意》，《湖南社会科学》2017 年第 6 期。
② ［美］托马斯·古德尔、杰弗瑞·戈比：《人类思想史中的休闲》，第 199 页。
③ ［美］杰弗瑞·戈比：《你生命中的休闲》，康筝译，第 5 页。
④ 张潮：《幽梦影全鉴》（典藏版），中国纺织出版社 2016 年版，第 144 页。

是致力于人性发展完善的探索发展。休闲教育帮助人们实现真正的休闲，体会真正的自由，鼓励人们进行自由探索，尝试由自我本质力量决定的真正喜爱的事物，促使人们的思维和生活得到解放，走向自我本体的自由，发挥自由思维的作用，去感知、探索世界，进而创造世界。

在休闲教育中，人们可以树立这样的价值观：以认识自我与完善自我为目的，从自我出发选择、学习自己感兴趣的东西；怀着欣喜、好奇之心去自由地探索未知的世界，享受休闲、利用休闲，解放思想、破除束缚，让思维自由，超越当下的时间、空间、具体事物，充分发挥自己的本质力量与主观能动性，充分发挥自己的才华、智慧，运用自己的想法、情感、愿望，激发创意思维，去创造、去实现，从而丰富自己的人生，找到自己的人生意义。

三 休闲教育的培养理想

1. 休闲教育的目标是实现创意思维之"境"

从教育目标来看，休闲教育旨在帮助人们"在休闲中感到满足并活得有意义"[1]，认识自我，占有自我自由本质，利用且享受自由，引导人们在自由中提高各种能力，激发才能，实现创造，促进自我实现，建立自我生存的意义世界，从而充分呈现创意思维之"境"。

其一，休闲教育帮助人们认识自我，摆脱束缚，真正占有自我自由本质，指向创意思维之"境"的自由。自由是人的基本生存价值之一，是人的本质的实现，休闲为自由的实现提供了广阔天地，走向休闲就是走向自我本体的自由。然而，休闲给人们提供的选择自由，既提供了潜在机会，也带来了一些隐患。人们所做出的选择

---

[1] ［美］查尔斯·K. 布赖特比尔：《休闲教育的当代价值》，第61页。

会影响人们的休闲质量,进而影响人们的生活、生命质量。只有做出正确的选择,才能真正占有自我的自由本质,充分利用、享受自由。因此,休闲教育必不可少。休闲教育是真正旨归自我、鼓励自由探索的教育,在休闲教育中,人们可以充分认识到真实的自我,即休闲中的自我,占有自我的自由本质,成为完整意义上的人。同时,休闲教育引导人们正确认识自由的本质,帮助人们做出正确的选择,即自由、自主地选择符合自己当时内心感受和需要的、有意义的行为,避免滥用自由给自己带来负面伤害,避免沦为"自由"的奴隶而丧失本性。经过休闲教育,就可以理解什么是自由,如何利用、享受自由,做出正确的选择,而这种自由,就是创意思维之"境"的自由,是创意思维的本质特征。

其二,休闲教育引导人们在休闲中激发活力,提高创造能力,指向创意思维之"境"的创造。《休闲宪章》指出:"休闲为弥补当代生活方式中人们的许多要求创造了条件,更为重要的是,它通过身体放松、欣赏艺术、科学和大自然,为丰富生活提供了可能性……它为人们提供了激发基本才能的变化:意志、知识、责任感和创造能力的自由发展。"休闲为人们提供了多样可能,人们可以依据兴趣尝试多种活动,在此过程中激发自己的基本才能,如"意志、知识、责任感和创造能力"。休闲教育"将休闲视为学习的机会,可以培养我们的品味、兴趣、技能和价值观,对我们的行为产生良好的影响……使我们能拥有创造性的、令人振奋的、富于冒险的完满的人生"[1]。通过休闲教育,可以了解科学的休闲观念,提高休闲选择能力,掌握丰富的休闲知识和技能,这都会促使人们在休闲中实践所学,拓宽尝试范围,更好地激发自己的基本能力。

其三,休闲教育促进人们认识自我,释放自我,指向创意思维

---

[1] [美]查尔斯·K. 布赖特比尔:《休闲教育的当代价值》,第68页。

之"境"的自我实现。休闲不仅是自在、自由的本然状态，而且是自为、自得的应然状态，正缘于休闲，人们才能卸下伪装，解除束缚，回归自我的本性、实现自我的潜能。但自我实现能力不是生而就有的，这离不开教育的作用。"教育最伟大的目标之一就是培养人的自我实现的能力。"[1] 而休闲教育是真正旨归自我的教育，休闲教育"让人们能有意识地选择自己的休闲活动，而非仅是顺随环境。它帮助个人发现自我，培育人们深刻的洞察力"[2]。它使每个人认识休闲中的自我，即认识真正的自我，使人不断超越必然的限制，按照应然的尺度去突破发展，去不断追求人自身的解放、回归自我本体这一最高目标。正是这样的过程，才激励人们从自我本身出发，打破思维的外在束缚和遮蔽，启发创意思维，不断激励自己，将自我对象化为创意思维的作品，完成自我实现。

2. 休闲教育的内容是启发创意思维之"术"

从教育内容和方法来看，休闲教育引导人们有价值地、明确地、聪明地利用休闲，培养人们的休闲观念、休闲选择能力、休闲知识和技能，帮助人们从新的角度看休闲、发现休闲方式的多样性并做出合适选择、更好地展开休闲生活，实现更好的效果，如此就能很好地启发创意思维之"术"。

其一，休闲教育培养大众科学的休闲观念，用新的角度看休闲，启发创意思维之"术"的新视角。长久以来，人们对休闲的理解有各种各样的误区。休闲教育培养大众科学的休闲观念，就是走出原有的理解误区，用新的角度看休闲，正确认识休闲的本质。休闲绝不是简单的放松、无意义的放纵或影响工作的洪水猛兽，它是一个美好的时空，让人们从外在压力中解脱出来，享受愉悦、自由并获得自我发展。只有用这种科学态度看待休闲，才能聪明地使

---

[1] ［美］查尔斯·K. 布赖特比尔：《休闲教育的当代价值》，第30页。
[2] ［美］查尔斯·K. 布赖特比尔：《休闲教育的当代价值》，第62页。

用、支配和开发休闲这一财富，从而为创意思维营造新的精神家园和观照角度。传统常谓"天道酬勤"，"铁棒磨成针"，于今可谓：天道未必酬勤，游戏无妨人生，自在洒落、良知独照，也许创意就在其中。①

其二，休闲教育促进提高大众的休闲选择能力，帮助大众发现休闲方式的多样性，选择最适合的休闲方式，由此启发创意思维之"术"的多样性。休闲选择能力就是个体从自己的兴趣、期望和特长出发，自主、自由地选择符合道德伦理、促进自我发展的休闲方式的能力，包括时间利用能力、审美能力、自主选择能力等。休闲方式是多样的，不同的排列组合会创造多种可能，休闲教育帮助大众发现多样的休闲方式，选择创造性的休闲方式来表达自己的追求和理念。"自由的真正意义是一个人利用机会去行使自己的选择权利，对闲暇活动过程中的全部细节做出决定和选择。"② 因此，最重要的是认识自我，了解自己最深层的需求，从自己的兴趣、期望和特长出发，自主选择自己真正想要的休闲方式，真正的兴趣是创造的最大动力，由此才能可能产生创意的多样乃至无穷。

其三，休闲教育培养大众良好的休闲知识和技能，提升休闲效果，并借此实现创意思维之"术"之赢。在某些休闲活动中，如果没有一定的休闲知识和技能，就不能充分享受其中的乐趣。"任何一种令人满意的活动都和知识技能的增长分不开。不管是烹调、划船、打高尔夫球、写诗、收藏古玩、做木工活还是打桥牌，所有这些活动都是通过知识和技能的逐步增长而不断得到丰富的。"③ 奇克森特米哈伊提出了"畅"概念，指在工作或休闲时产生的一种最佳体验，即人在进入自我实现时所感受到的一种极度兴奋的喜悦之

---

① 潘立勇：《休闲、审美与文化创意》，《湖南社会科学》2017年第6期。
② ［美］J. 曼蒂、L. 奥杜姆：《闲暇教育的理论与实践》，叶京等译，春秋出版社1989年版，第5页。
③ ［美］托马斯古·德尔、杰弗瑞·戈比：《人类思想史中的休闲》，第238页。

情。它要求活动的难度和个体自身技能水平是一致的，这样才能获得这种极度喜悦的精神体验，而这种"畅"的体验正是创意创造的最佳心理状态。创意是一种"知行合一"的过程，缺乏必要的技能，有可能眼高手低，欲创而无术，因此，通过休闲教育掌握良好的休闲知识和技能，这样才能充分利用自由，获得并实现更好的创意。

总之，从教育目标来看，休闲教育旨在帮助人们在休闲中认识自我，占有自我自由本质，利用且享受自由，引导人们在自由中提高各种能力，激发才能，实现创造，促进自我实现，建立自我生存的意义世界，由此充分呈现创意思维之"境"；从教育内容和方法来看，休闲教育培养人们的休闲观念、休闲选择能力、休闲知识和技能，帮助人们从新的角度看休闲、发现休闲方式的多样性并做出合适选择，更好地展开休闲生活，实现更好的效果，由此充分地启发创意思维之"术"。休闲教育是培养创意思维的新路径，在创意时代，更需大力发展休闲教育。

第三节 休闲、审美与文化创意

休闲是文化创生和造化的时空基础，也是创意的人本心理基础，审美则是文化创意的心理动力机制。劳动和勤奋只是提供文明物品的制造和积累，休闲和审美才能提供文化发展的创意。不是"劳动创造了美"，劳动只是制造物品，或是进化了能创造美的主体；而是"休闲创生了美"，形成了审美思维，审美思维又化生了创意。休闲为文化创意之境，审美为文化创意之灵；反过来，创意又成为休闲与审美生生不息之易。

当代中国社会发展和产业转型升级的重要关键在于创意，文化产业的前景也取决于创意。这个问题已被国人和学界普遍关注，这项研究对于促进当代文化创意产业的发展，具有重要的理论和现实意义。

文化创意离不开休闲的环境和心境；审美思维是文化创意的心理动力机制。休闲与审美有着共同的本质，即人的"自在生命的自由体验"[①]。自在、自由、自得是其最基本的特征，这也正是文化创意的人本基础。从本体上说，一切创造均是发现，创意之"意"，本体就在，唯主体自在，方能切近"意"之本在；唯主体自由，方能充分释放信心和灵心，进而选择万物存在与呈现之无限可能；从工夫上说，创意之新，取决于主体灵心透彻敏感，本心明觉，良知独照，方能撇开成见俗见的遮蔽，澄明万事万物多样之新，自得创意之见。

一 休闲与文化创意之境

大凡与文化、与精神有关的发现、发明、创造的活动，都可以称之为文化创意，这是对文化创意所作的一个广义性的描述。文化创意是难以进行严格的定义的，因为文化创意本身就是拒绝各种制约和束缚而追求自由和超越的活动。[②] 王文革认为，文化创意是一种"发现"。世界万物都以一种自然的、自在的方式存在，只有我们人才能探究世界万物的奥秘，发现世界万物的关系，同时赋予世界万物以存在的意义。文化创意可以是一种"发明"。……就是依据各种文化材料创造出本来没有的文化产品、文化成果。[③]

其实，从本体论上说，任何"发明"都是"发现"，都是本然之在的澄明与呈现。如万有引力是本然就在的，只是牛顿把它发现了；相对论也是本来就在的，只是爱因斯坦把它发现了。但作为创

[①] 潘立勇：《审美与休闲——自在生命的自由体验》，《浙江大学学报》（人文社会科学版）2005 年第 6 期。

[②] 王文革主编：《文化创意十五讲》，第一讲。

[③] 王文革主编：《文化创意十五讲》，第二讲。

造好像是人凭空地先创后造出来的。其实从哲学本体上来讲，任何创造都是发现，不但任何被造者都有可造的本体先在，而且任何被创者也都是它自身本真而独特的呈现。按朱熹的说法，椅子的理在椅子造出来以前就已经存在。同理，乔布斯（Steve Jobs）的苹果在创造以前，这个苹果的所创之理也早就在了。我们要创造的意，是本然就存在的，我们要做的是如何发现它，或者说如何让它本真而又独特地呈现出来。

休闲是文化创意之境。从哲学上说，这个境，既是本体之境，闲为本真，"物态本自闲"（元好问《颖亭留别》），万事万物本然闲适自在，其最闲之态即最佳之境，我们要做的只是去发现这个最佳之境，也是工夫之境，休闲通过"心闲"和"自适"解除主体自身束缚和遮蔽，使主体最大可能地、无限地接近事物最佳的本然之境，并使之"各得其分"地湛然呈露。

从本体论上言，人之闲与万物之闲同体，"天地与我并生，而万物与我齐一"（《庄子·齐物论》），"万物皆备于我"（《孟子·尽心上》）；从工夫论上言，万物之闲亦依心适而现，"勿我""勿必"，本心呈露，万物毕照；创意要做的就是本心明觉，良知独照，使"物各付物"。从现实上说，这个境，既是创造主体自身的心境，也是创造主体所生存和工作的环境。创意主体的心境的三要素本人认为是"自在""自由""自得"，创意环境的三要素如加拿大多伦多大学佛罗里达（Richard Florida）教授佛罗里达教授提出是"3T"，即技术（Technology）、人的才能（Talent）和宽松愉悦的环境（Tolerance）。

在西方，约翰·赫伊津哈认为游戏状态使人更本真、更自由，从而具有创造力；奇克森特米哈伊认为"畅"是一种在工作或者休闲时产生的一种最佳体验，和马斯洛提出的"高峰体验"有类似之处，都是人在进入自我实现状态时体验到的一种极度兴奋而喜悦的心情，这种心理体验状态最容易出创造性成果；马克思断论艺术、科学和其他公共生活都是在自由时间创造和展开的；凯利认为，休闲是人类谋求和创造"未然"的开放空间，为人们提供了以自身为目的，进行创造、发展和"调整认同"的机会。这些观念都表达了西方哲人对休闲与创意之间的关系的思考。

在东方，老庄提出"虚静""无为"，由此达到"无不为"。虚是"离形去知"，消解主体的任何感性和理性的前在，还主体一个婴儿般的本真；静是"无为不作"（《庄子·知北游》："至人无为，大圣不作"），消解主体的任何刻意和做作，还主体一个混沌般的自然；正是因为"无为"，方能"道法自然""万物并生"而"无不为"。按这种智慧，创意正在虚静自然的休闲境域不经意之间产生。苏轼《送参寥师》曰："欲令诗语妙，无厌空且静。静故了群动，空故纳万境。"空者，心虚而无欲也；静者，心定而不乱也。有此二心境，即可化腐朽为神奇，平凡中见大美。李渔《闲情偶寄》认为"若能实具一段闲情，一双慧眼，则过目之物尽在画图，入耳之声，无非诗料"。这些观念均体现了中国哲人和文士对休闲与创意之间关系的智慧。

休闲是创造的最佳境域。创造是两个含义的叠加，一个是创意，一个是制造，是创意地制造。劳动（尤其是惯常的体力劳动）及其努力或勤奋（惯常的工作状态），主要参与和提供制造及其成果，"天道酬勤"，酬的是成果的累积，并非创造的飞跃。我们以前接受了太多的正面偏见，思维被限制在里面。励志童话借托李白的故事告诉我们"只要功夫深，铁棒磨成针"。其实，铁棒是永远磨不成针的，再磨下去也是一根铁棒，它没有改变物质的形态，没有改变物质的属性，不会也不可能产生质和态的飞跃。我们常说"劳动创造了美"，其实，劳动至多是制作了物品，美意和美态是在休闲情境中创造的。

历史往往很不公平，劳动人民辛辛苦苦制作了很多物品，但文化和知识恰恰如凡勃伦在《有闲阶级论》中说的，是那些有闲阶级在有闲状态创造的。当原始人与动物在生存竞争中疲于奔命的时候，当劳苦者整日忙忙碌碌谋于生计的时候，甚至当不愁温饱的富人满心思工于算计的时候，他们都不可能创造文化，至少不可能有文化创意。"人倚木而休"，这是一个非常伟大的创史时刻！这是一个非常动人的创意境域。在这一刻，人可以思考，可以体验，可以表达；也正是在这一刻，思想产生了，哲学产生了，文学产生了，艺术产生了，科学也产生了；创意也产生在这种时刻。当你能休闲下来"玩物适情"（朱熹注"游于艺"语）的时候，你就可能"思接千载，视通万里"（刘勰《文心雕龙》），意如泉涌，就可能"无入而不自得"（阳明《传习录》），创意万化。诚然，从人类历史的进化而言，"人"能"倚木而休"本身是劳动发展了生产力，为人提供了自由时间的成果；原初是劳动的进步为人提供了可在满足基本生存之外自由自配的时间，这种时间正是最初的休闲，而这种休闲正是文化产生和发展的契机和源生、化生之境。文化产生和发展离不开休闲，文化的创意和飞跃，更离不开休闲的情境。坦言之，财富也是如此，劳动可以制造和积累财富，不可能创造财富。

笔者给休闲的基本定义是"自在生命的自由体验"，这点是与审美相通的。审美与休闲有几个相通点，一个是自在，一个是自由，一个是自得，而且都伴随着愉悦，然后有所创造。

第一是自在。自在不是他在，也不是被在。我们"他在"的状态太多了，我们习以为常地活着的并非真正的自己。相反，旅游作为国民休闲的最基本方式，具有"遁世"效应，能给人"遁世体验"，能还你本真的自己。在旅游的境域中，你没了熟悉的面孔，没了熟悉的环境，没了常规的束缚，甚至没了身份！那时的你会感到特别地自在，其实，恰恰是哪个时候，你才是本真的你！我们经常"被在"，被几千年的文明在，被政治的规矩在，被道德的教育在，被先验在，被习惯在，被得我们自己不在了。以至于"五色令人目盲，五音令人耳聋"（《道德经》第十二章），这是很悲哀的事情。人最痛苦的是自觉不自觉地"被在"，人的存在被工具化，人的活动被功利化，人的思维被片面化；如此，人的创意本能就会被严重压抑，从而丧失文化创意的自信与自觉。人自身都不自在本真，何来与物无隔，率性创意！

中国文人和艺术家历来喜欢喝点酒，酒能解除人为或自为的束缚，使人回到自在的状态，使人回到：你就是你，你是本真的你，你是纯粹的你，你不是作为社会符号的你，你不是思维和成见规定的你。于是，李白斗酒诗百篇，张旭酒后向壁写千张，王羲之酒后挥毫成《兰亭序》杰作。这就是自在的重要！你不自在你就不可能创新，你于自在状态才可能与创新的本在之意无限地接近，并使之鲜明而独特地呈露。"洒落为吾心之体，敬畏为洒落之功"（阳明语），吾心洒落，本体朗呈；游戏中无善无恶，心物一体；心无外役，只眼别具；创意之境，尽在对酒当歌，挥洒自如中！

这里借用两段引文，一是美国创意集团主席奇科·汤普森（Chic Thompson）说的："在我的创意研讨会上，我曾经对最有利于激发创意的时段进行了非正式的调查。从后往前数，排列最靠前的10个时段如下：（10）进行体力劳动的时候；（9）在听别人说教的时候；（8）半夜突然醒来的时候；（7）运动的时候；（6）读闲书的时候；（5）参加无聊至极的会议的时候；（4）入睡或醒来的时候；（3）坐在马桶上的时候；（2）上下班的时候；（1）洗澡或冲凉的时候。"[①] 二是美联储主席艾伦·格林斯潘说的："我对经济发展的最佳构想常常是在我泡澡的时候产生的。"[②] 两位不约而同

[①] ［美］奇科·汤普森：《真是一个好创意：创造卓越创意的思维方法》，电子工业出版社2010年版，第11页。

[②] ［美］奇科·汤普森：《真是一个好创意：创造卓越创意的思维方法》，第26页。

地提到，他们的最佳创意时刻是"洗澡或冲凉的时候"，这正是人最放松、最自在的时候！

　　人需要一份闲心，"闲"，让心灵获得一种放松、解放。"忙"一方面让我们的生活枯燥乏味，另一方面阻碍了我们心灵的释放和明觉；更重要的是，忙和焦虑会使人失去创意和决策所需的心力，这种心力被研究的主导者哈佛大学终身教授穆来纳森（Sendhil Mullainathan）称为"带宽（Bandwidth）"。而立之年就几乎拥有一切的穆来纳森觉得自己唯一缺少的就是时间。最终，他竟发现自己面临的问题和穷人的焦虑惊人地类似。穷人们缺少金钱，而他缺少时间。两者内在的一致性在于，即便给穷人一笔钱，给忙得焦头烂额的人一些时间，他们也无法很好地利用这些资源。一个穷人，为了满足生活所需，不得不精打细算，最终没有任何"带宽"来考虑投资和发展等事；一个过度忙碌的人，为了赶任务截止期限，不得不被看上去最紧急的任务拖累，而没有"带宽"去思考更长远的发展，两者殊途而同归地因缺乏休闲而不可能创意。其实，马克思早就说过，忧心忡忡的穷人和满眼是厉害计较的珠宝商都不能发现珠宝的美。他们的生存是无法或不会休闲地"活着"，他们的境域和心态都不可能发现或创造真正的美。

　　老庄很早提出"无用之用"，休闲就在于"无用之用"。创立普林斯顿高等研究院的亚伯拉罕·弗莱克斯纳（Abraham Flexner）以他的实践证明了"无用知识的用处"及休闲对于创意的重要。在他创立的普林斯顿研究院，没有各种行政委员会，没有例行公事，教授们甚至没有任何教学任务。据说，爱因斯坦和同事们——那其中包括20世纪最优秀的一批科学家：维布伦（O. Veblen）、亚历山大（J. Alexander）、冯·诺依曼（J. von Neumann），等等——经常做的事，就是端着咖啡到处找人海阔天空的"闲聊"。在1939年那篇著名的文章《无用知识的用处》中，弗莱克斯纳这样写道："在我看来，任何机构的存在，无须任何明确或暗含的'实用性'的评判，只要解放了一代代人的灵魂，这所机构就足以获得肯定，无论从这里走出的毕业生是否为人类知识做出过所谓'有用'的贡献。一首诗、一部交响乐、一幅画、一条数学公理、一个崭新的科学事实，这些成就本身就是大学、学院和研究机构存在的意义。"弗莱克斯纳强调，"我希望爱因斯坦先生能做的，就是把咖啡转化成数学定理。未来会证明，这些定理将拓展着人类认知的疆界，促进着一代代人灵魂与精神的解放。""把咖啡转化成数学定理"，就是在休闲中创造发现。

第二是自由。社会能保证个体的自在状态，这是社会的自由；个体能自信并保持自己的自在状态，这就是个体的自由。按深层心理学的"冰山理论"，我们的潜能被冰山压在下面，能意识到，或者能呈现的只是一个小点，就是这一小点又被许多压抑阻碍了。如王文革所述，有"已有知识、经验的压抑""心理的压抑""功利性的压抑""文化传统、文化氛围的压抑""语言的压抑""信息的压抑"等等。[①] 在社会、在生活中，也许你自己都没有意识到，好多东西我们自己没法体会到，我们被套住了，我们成了"套中人"。《庄子·达生》云："以瓦注者巧，以钩注者惮，以黄金注者殙。其巧一也，而有所矜，则重外也。凡外重者内拙。"这表明，对成功的刻意和对失败的恐惧担忧以及对得失的计较，均是构成自我压抑的重要因素，更何况来自政治、道德、文化、理念的压抑。

一个健康、文明、合理的社会应该做的事情是让我们每个人都能自在地生存，自由地表达。这是非常重要的！就社会来说，我们需要自由宽松的创意氛围；就个体来说，我们需要自在的创意心态。自在、自由状态下，才能自得。只有在自由状态下，人的潜

---

① 王文革主编：《文化创意十五讲》，第二讲。

能，包括思维的潜能、情感的潜能、创意的潜能，才能无限地发挥出来。有了自由，人才能本真地选择，挥洒地创造。

微信热传的另一则信息引起我极大的关注。"一群奴才和奴隶是建造不出金字塔的！"这是 2003 年埃及最高文物委员会通过对吉萨附近 600 处墓葬的发掘考证，认定 400 多年前，即 1560 年，瑞士钟表匠布克（Ta Booker）在游览金字塔时，做出的这一石破天惊的推断。他的推断是：金字塔是由当地具有自由身份的农民和手工业者建造的，而非希罗多德（Herodotus）在《历史》中所记载——由 30 万奴隶所建造。布克 1536 年因反对罗马教廷的刻板教规入狱，由于他是一位钟表制作大师，囚禁期间，被安排制作钟表。在那个失去自由的地方，布克发现无论狱方采取什么高压手段，自己无论如何都不能制作出日误差低于 1/10 秒的钟表；而在入狱之前，在自家的作坊里，布克能轻松制造出误差低于 1/100 秒的钟表。布克越狱逃跑，又过上了自由的生活后，在更艰苦的环境里，布克制造钟表的水准，竟然奇迹般地恢复了。此时，布克才发现真正影响钟表准确度的不是环境，而是制作钟表时的心境。正因为如此，布克才大胆推断："金字塔这么浩大的工程，被建造得那么精细，各个环节被衔接得那么天衣无缝，建造者必定是一批怀有虔诚之心的自由人。可以想象，一群有懈怠行为和对抗思想的奴隶，绝不可能让金字塔的巨石之间连一片小小的刀片都插不进去。"也就是说：在过分规导和严格监管的地方，别指望有奇迹发生，因为人的能力，唯有在身心自在和谐的情况下，才能发挥到最佳水平。唯有自由的人，才有感悟的闲暇、创造的动力和快乐。

同理，弗莱克斯纳认为，正是凭借这份自由，卢瑟福（Ernest Rutherford）和爱因斯坦才能披荆斩棘、向着宇宙最深处不断探寻，同时将紧锁在原子内部无穷无尽的能量释放了出来。也正是凭借这份自由，玻尔（Niels Henrik David Bohr）和密立根（Robert Andrews Millikan）了解了原子构造，并从中释放出足以改造人类生活的力量。因此，人类真正的敌人并非无畏且不可靠的思想家，无论他的思想是对还是错。真正的敌人是那些试图为人类精神套上桎梏让它不敢展翅飞翔的人。

第三是自得。自得是自在之得，也是自信之得，是顺其自然、水到渠成，又卓尔不群的灵光乍现。光凭努力和勤奋不足以发现和创意，需要杂念俱息，良知独照，才能不经意之间自得天地别出之意，自得发现、发明和创意之机。牛顿（Isaac Newton）坐在苹果树下，由一颗苹果的下坠顿悟万有引力。凯库勒（August Kekulé）喝了咖啡在休息，朦朦胧胧中看到一条蛇形在眼前转起来了，他发现了"苯"分子结构。魏格纳（Alfred Wegener）斜靠沙发，在睡意蒙眬中看地图，突然发现大西洋两岸的非洲和南美洲凹凸线非常吻合，便联想到了大陆漂移，并进而证明了"大陆漂移说"。好多学科发现就是在自在的状态自得的，当然，这种"自得"需要基础，牛顿是个伟大的物理学家，像我这样的凡人，一箩筐苹果掉下来也不可能发现，不可能悟到。但是，这个自得之境非常重要，就是非常自在、非常自由的状态；这个自得之心也非常重要，就是敢于、善于并坚定于独到的发现。

世界和事物如何本真而独照地呈现？王阳明与朱熹的思路不一样。朱熹认知世界的方式是格物，一件件去格。王阳明起初笃信朱学，按照朱熹的路子做实验，在自家庭院格毛竹之理，结果是格了七天败了，因为竹子上根本没有理。然后他转到心，他认为格物是"正物"，让物依其所在，依其本真呈现出来。他要做的事情就是"本心明觉"，本心照亮世界。天地没有灵明，天地的灵明就是我的灵明；草木没有灵明，草木的灵明就是我的灵明；所有的物都没有灵明，都是我的本心灵明照亮的。这个世界就是向我本心呈现的。每个人都有本心，本心是世界的本体，每个人都是一个独自的世界，这就是阳明的"存在"。这与海德格尔的理念是相通的，后者认为世界是向人无遮蔽的、本真的、独特的呈现。说到创意，这个"意"本来就在的，这种理想的状态本然是在的，我们要做的是把自己太多的遮蔽去掉，保持本真的心态，保持独特的目光，无限地接近或进入世界、宇宙和事物的本真而独特的状态。

创意自得需要"独知"。在阳明看来，良知既是天理，又是个体内在真切的"独知"："人虽不知而己独知者，此正是吾心良知处。"（《传习录》下）"良知即是独知时，此知之外更无知。"（《答人问良知二首》，《王阳明全集》卷2）在这一点上，良知作为"独知"的心体正与文化创意的自得"独觉"相通，或者说，正是良知的"独知"在具体而独特的境域中通过"尔心一念""尔心一觉"呈现为个体"独觉"自得的文化创意。

创意自得需要直觉。本心良知正是一种"虚明照鉴"的直觉，良知照物，无思无虑。按阳明的说法"良知之发见流行，光明圆莹，更无挂碍遮隔处，此所以谓之大知"（《传习录》中）。"从目所视，妍丑自别，不作一念，谓之明。从耳所听，清浊自别，不作一念，谓之聪。从心所思，是非自别，不作一念，谓之睿。"[①] 所谓"不作一念"，"光明圆莹，更无罣碍遮隔处"的"大知"或"明觉"，正是破除了"理障"和"相缚"，无思无虑、莹明透彻、应物见心的直觉自得。

创意自得需要自信。阳明所谓"狂者胸次"就是一种自信境界，它的基本特征就是顶天立地、自然洒落、无须假借、"吾性自足"。弟子王畿曾这样引述阳明的"狂者胸次"："就论立言，亦须一一从园明心中流出，盖天盖地始是大丈夫所为，傍人门户，比量揣拟，皆小伎也。"（《王学质疑·原序》）阳明自己有诗云："影响

[①] 王阳明：《旧本未刊语录诗文汇辑》，载《王阳明全集》卷32。

尚疑朱仲晦,支离羞作郑康成;铿然舍瑟春风里,点也虽狂得我情。"(《月夜二首》,《王阳明全集》卷20)"人人自有定盘针,万化根缘总在心;却笑从前颠倒见,枝枝叶叶外头寻。"(《咏良知四首示诸生》之3,《王阳明全集》卷20)"无声无臭独知时,此是乾坤万有基;抛却自家无尽藏,沿门持钵效贫儿。"(《咏良知四首示诸生》之4,《王阳明全集》卷20)正因为阳明"自有定盘针",心中有"独知",方能顶天立地"无入而不自得",才能在历史上卓绝不群,留下独特的理论与智慧。"沿门持钵""傍人门户"的庸人绝不可能有文化创意的出息。阳明所谓良知"独知""自得"的思想和智慧,对于我们当代文化创意,还有着直接的启示意义。

乔布斯有名言,"活着就是为了改变世界",他是不从众、不随俗,追求个人的风格的典范,这是文化创新所需要的自信。他于2005年在斯坦福大学的演讲中说道:"你们的时间有限,所以不要浪费时间在别人的生活里,不要被教条所局限,盲从教条就是活在别人思考结果里……最重要的,是要拥有追逐自己内心自觉的勇气,你的内心与自觉多少已知道你自己想成为什么样的人。"我们可能做不到乔布斯那样的成就,但我们可以有乔布斯那样的自信与自得,这是文化创意的心理和人格基础。

在我看来,这个世界对于我的意义取决于我对世界的感受或明觉,真正有本体意义和生存价值的感受是基于本心的、个性的、独特的;创意是个体对世界的自由的、独特的超越感受和表达,这种感受和表达不从众,不随俗,甚至不寻求众人或权威的认同,正是独特的感受和表达,构成了丰富多彩的文化创意世界。

二 审美与文化创意之灵

叶朗先生提出"文化创意产业是大审美经济"[①]。我们也可以

[①] 《北京商报》2008年1月8日。

说，文化创意是审美思维，或者至少说，审美思维是文化创意的灵感或灵心机制。王文革认为：作为一种创造性的思维活动，文化创意也是意味着对现实的一种超越。……文化创意不仅是一种思维活动，也是一种审美的创作活动。所以说，文化创意通向审美之境。①

前面强调，任何所创之"意"从本体上说是本在的，但从工夫上说，需要通过"心上工夫"（阳明语）使之呈现或澄明。因此，"意"还是需是要创的过程。休闲提供了一个创造的境域，审美提供了创造和创意的思维机制。形象思维或审美思维对于创造的重要，历来为中外学人关注，古往今来，创造灵感的激发均源于休闲和审美的情境。可以说，审美就是文化创意之灵。这个"灵"，既是灵魂之"灵"，又是灵感之"灵"，更是灵心之"灵"。

审美对于文化创意的意义，可以从两方面来考察。

首先，创意的动力，往往来自对美的本然追求。法国著名数学家彭加勒（Henri Poincaré）有这样一段脍炙人口的名言："科学家并不是因为大自然有用才去研究它，他研究大自然是因为他感到乐趣，而他对大自然感到乐趣是因为它的美丽。如果大自然不美，那它就不值得认识，如果大自然不值得认识，就不值得活下去……理性的美对自身来说就是充分。与其说是为了人类美好的未来，倒不如说，或许是为了理解，为了理性美本身，科学家才献身于漫长和艰苦的劳动。"② 无论是自然界现象的奇丽多彩，还是自然界结构的和谐有序，都能激发科学家们探索的欲望，形成其持久的创造动力，激活其天才的创造性思维，终至获得科学的成就。德国天文学家开普勒（Johannes Kepler）因欣赏哥白尼（Nicolaus Copernicus）体系之美，迷醉于天体运行的简单和谐而发现著名的行星运动三大定律，德国物理学家海森堡（Werner Heisenberg）因震惊于自然界

---

① 王文革主编：《文化创意十五讲》，第二讲。
② 方励之：《物理学和美》，《文艺评论》1988年第5期。

内部数学结构之美创立量子力学矩阵理论,这种例子不胜枚举。他们的共同特征是出于对科学研究的对象美的追求而终至发现真的规律。

苏联科学家亚历山大德罗夫(Pavel Sergeevich Aleksandrov)曾说道:"大概所有认真从事科学,尤其是从事数学的人的经验说明,认识标准离不开审美标准,离不开在那些最终被认识的新规律性所突然表现出来的美的面前流露出来的狂喜。"[①] 审美标准在科学认识中具有积极意义。一项科学理论能否成立或能否为人们所接受,不但要看它是否满足真的要求,而且要看它是否拥有美的形式,符合美的规律。在许多科学家看来,后者甚至比前者更加重要。于是,追求科学理论的美的表达,也就成为科学创造的重要动机,而且事实上对科学理论美的追求,导致了许多科学真理的发现。这就是科学研究中的"臻美"原理。

门捷列夫(Dmitri Mendeleev)本着科学研究应在多样性中寻求统一性,并实现完美性表达的科学美学信仰,制定了著名的元素周期表,当实验测定的个别元素如铍的原子量的"真"与元素周期表的完美性发生冲突时,他从维护周期表的完美性出发,大胆地对铍元素的原子量作了修正,后来更精确的实验证明他的修正是对的,而且这个美妙的周期表的建立启发后来的化学科学家发现了许多新元素。狄拉克(Paul Dirac)在提出相对性电子波动方程时同样遇到了"真"的挑战,当时物理学界所知正负电荷粒子之间并不符合狄拉克方程要求的对称性,但狄拉克本人和不少物理学家不愿意因此而放弃这个方程,因为它太美了。几年后美国物理学家安德森(Carl David Anderson)在宇宙线中发现了正电子,使得狄拉克方程的数学形式美成了物理世界的真。回顾研究动机时狄拉克表示"这

---

① [苏]米·贝京:《艺术与科学》,任光宣译,文化艺术出版社1987年版,第220页。

个工作完全得自于对美妙数学的探索",他认为:"一个方程的美比之它能拟合实验更加重要……因为(对实验的)偏离可能是由于一些未被注意到的次要因素造成的……似乎可以这样说,谁只要依照追求方程美的观点去工作,谁只要具有良好的直觉,谁就确定地走在了前进的路上。"[1]

其次,创意需要想象和审美思维。物质波动说的创造人布洛伊(Louis de Broglie)这样说:"想象力让我们立刻以能显示出某些细节的直观图象的形式想象到物理世界的一部分,直觉以某种与艰难的三段论法毫无共同之处的、没有现实深度的内在顿悟的形式暴露给我们。想象力和直觉是智力本身固有的条件;它们过去和现在每天都在科学创造中起着重要作用。"他还指出:"就其方法来看,当那些摆脱了旧式推理的沉重枷锁的能力(人们把它们叫想象、直觉和灵感)表现出来的时候,科学只有危险的、突然的智力跳跃的方法才能取得比较重大的成果。"[2]

凯库勒发现"苯"分子结构是借助想象,魏格纳证实"大陆漂移说"也是借助想象,乔布斯创造苹果更是借助想象。没有想象,苹果的出现不可想象!与前人不同,乔布斯颠倒了工程师和设计师的工作程序。以往一般情况是工程师制作中遇到问题让设计师去设计解决,而乔布斯的做法是让设计师先去尽情地想象,设计师想象出美丽的图景后由工程师去制作执行。他的想象非常大胆,有时简直匪夷所思。然而正是这种匪夷所思的审美灵感,使苹果以既美观,又舒适,更实用的身姿横空出世,彻底地改变了世界和人们的生活方式。这些例子表明,在科学研究和文化创意中艺术想象、美感直觉等是如何激活创造性灵感,启发他们获得划时代的科学发现和文化创意的。

---

[1] 方励之:《物理学和美》,《文学评论》1988 年第 5 期。
[2] [苏] 米·贝京:《艺术与科学》,任光宣译,文化艺术出版社 1987 年版,第 225 页。

80年代，浙江大学潘云鹤主持了一个"985"国家重大项目"形象思维的基础研究"，他研究的结论是，逻辑思维不能提供创造，逻辑思维是线性思维，逻辑思维只能在原有基础上提供推论；创造机制是形象思维提供的，形象思维是团块思维，是云状思维，在碰撞中它会不断变化，产出火花，于是乎，它会提供创意。[①]

海德格尔曾经说艺术思维可以消解物质世界的"座架"性，让世界本真地呈现，因此它可以通向真理。我们毫不怀疑，审美思维可以打破理性和惯性造成的现实存在的唯一性、僵硬性、物理性，用另一种眼光看世界，使世界呈现迥然不同的姿态和色彩。唯有审美思维才是一种灵心，那是一种能够突破常规进行有效合理创造的心理—思维能力。审美思维能发挥个体丰富想象、敏锐感知事物，进而抓住事物的关键和本质从而创造出新的作品。

三　创意与休闲、审美之易

休闲和审美为文化创意提供了时空和心理基础及机制，反过来，创意又激发着休闲和审美内容和方式的不断更新变易，《易经》云"生生之谓易"，创意即休闲和审美"生生之易"。

休闲的资源，无论是自然的还是人文的，都可能被穷尽；审美的形态和感受，都可能让人产生疲劳。唯有创意是无限的，因此，美国人喊出了"资源有限，创意无限"的口号，英国人直接提出并创造了创意产业和创意经济。与此相关，创意农业、创意工业、创意设计、创意景观、创意产品、创意演艺、创意旅游、创意养生、创意体育、创意休闲等概念应运而生。

我们认定，创意之"意"是本然、潜然地在的，但它转化为实然，实现为应然，需要"创"的工夫。按王阳明的说法，本体与工

[①] 潘立勇：《美学在科学领域中的作用》，《文艺研究》1993年第5期。

夫密不可分，本体是工夫的理论悬设，工夫是本体的现实呈现。"创"是不断变易、不断生成的过程。

世界和事物存在多种可能性和多样性，这为人们的创意提供了无限的可能。我们需要的是独特的、创造性的选择和创制。诚然，事物的存在都有它的合理性，事物的状态都有它的可存性。然而，"生生为之易"，人们的需求在变易，人们的感觉在变易，唯有与时俱进，不断创新，方能满足人类的持续生存体验与感受。唯其日创日新，方能生生不息。

人类每一次的发展都离不开创意，休闲与审美也是如此。创意既在内容，也在形式上更新着休闲与审美。审美与艺术上的经典不是一成不变的，经典也在与时俱进。毕加索（Pablo Picasso）的几何体画、凡·高（Vincent van Gogh）的"印象"系列，他们的经典意义首先在于形式上的创新，全面地改变了绘画的表现角度和手法，给视觉艺术开启了一个全新的时代。加缪（Albert Camus）、卡夫卡（Franz Kafka）的作品或荒诞或隐喻的作品，其经典意义在于理念上的创新，推翻了人们惯常的思维和理解，揭示了一个颠倒而真实的世界。"微时代"的休闲创意，也全面地颠覆与改变了人类惯常的休闲内容和方式。

因此，在精神领域，创意是传统的叛逆，是常规的打破，是破旧立新的毁灭与创造，是超越自我、超越成规的导引；在经济领域，创意是智能产业神奇组合的魔方，是投资未来、创造未来的过程。"生生之谓易"，对于休闲与审美，创意正是一种能点石成金、化腐朽为神奇的"易"。

综上，我们可以和前人有不同的见解和信念：天道未必酬勤，游戏无妨人生。一味辛辛苦苦未必有创造，终身埋头勤奋未必有创意；自在洒落、对酒当歌，本心明觉、良知独照，也许创意就在其中。

第 六 章

当代中国休闲美学的脉络和需求

当代中国休闲理论的研究较迟,一般认为是于光远在20世纪90年代初开启了这个话题,促发了这项研究,由零散译介到多方位探讨、多领域深入,使"休闲"的理念开始引人注目,并影响、引领国民社会生活。然而,我们通过对民国时期的相关学术思想考察发现,其实早在那个年代,中国现代知识分子已经开始了对于休闲,尤其是休闲教育多方面的介绍、探讨、研究和践行,这份资源非常丰富。另外,由传统中国到现代中国,艺术化人生观念、艺术和审美教育传统不但源远流长,从来未曾中断,而且在现代中国,受过国际化现代教育和学术熏陶的人文学者开始借西鉴古,一方面引进、借用西方的现代学术观念,另一方面更深入地发掘、借鉴传统中国的思想资源和话语,在休闲审美研究领域已经有了重要的理论建树。从现代人生论美学到当代生活美学及相关理论形态发展转化,成为当代中国休闲美学构建的内在传承脉络。当代中国休闲学科的构建则迄今尚未成熟,尚在探索阶段。而当代中国休闲时代的全面到来,休闲需求的全方位凸显,则对当代中国休闲美学建构发出了现实吁求。

第一节　民国时期的休闲教育与
　　　　审美教育理论建构

民国时期，社会生活结构的变化让"如何善用闲暇"成为休闲教育和审美教育的共同课题。休闲教育弥补了美育对象与时空的局限性，是美育从形而上走向形而下，真正融入民众日常生活的载体与有效存在形式。而休闲教育所勾画的理想的生存状态——主体性的自由、创造性与人的自我完善正是美育之"成美"的核心表述。未来的闲暇社会中，美育应该为休闲教育留出更多的休闲空间，将美育之"成美"在休闲时空中以最有效、轻松的方式回归生活，美化人生。

时代变迁，在中国从传统社会向现代社会、从封闭国家向开放国家转型过程中，人们所面临的人本哲学问题却仍然存在：人如何有意义地生活？人生的意义何在？近百年前，正值大转变、大震荡、大迷惑的民国时期，该问题显得异常紧迫与尖锐。当时各种主义、思想的讨论都非常活跃，在激烈的争论中陶养情感的美育被认为是能够"使生活美化"，真正"以人为目的"的教育方式，成为如何有意义生活的一种解答。与此同时，西方的闲暇社会、闲暇文明及闲暇教育（与"休闲教育"通用）等思想也是在这个波谲云诡的特殊时代，被一批"西学东渐"的学者首次引入近代中国，并被频繁地提及。在这一特殊的时代背景下，美育和休闲教育在很多情况下被同时提倡，甚至在很多时候表现出高度一致的价值导向；这不是偶然，而是知识分子和民众在社会大转型中西文化的冲击下，在传统与现代生活方式的反思中对"什么是应该追求的生活与人生价值"觉醒的结果。美育与休闲教育在交互的时间、空间领域中共同承担、引导、实践着"美化生活、美化生命"的历史使命。

以民国时期为例，重新发现美育与休闲教育之间的关系，不仅能为认识二者各自的缘起、功能与发展提供新的启示，也能为当代人思考"人类生存的真正目标，以及如何更好地实现"这一人本哲学问题提供多样性的解法。

一 立于"闲"

民国时期，大批亲身感受过西方现代化生活的留洋学者敏感地意识到：在工业化、机械化带来的时代的转变中，人们的社会生活结构将会发生微妙变化——闲暇时间的增加。"昔日倚仗人手的工作，如今皆被机械夺去了，所以工人闲暇的时间，也逐渐较前增多。"[1] 自社会的生产增加，尤其是产业革命，机器代替手工业登场以后，享受闲暇的人群逐渐扩大了。[2] 当时的有识之士认识到，科学最主要的贡献，不在于满足人类的物质欲望，乃在于能够供给人类以充分的闲暇时间，以培养发挥其高尚的智慧能力；人们获得了更多的自由时间，得到了追求休闲品质生活的时间保障。

然而，闲暇时间的增加是一柄双刃剑，如果运用不当，将成为人类的一种"灾难"。古贤有云："小人闲居为不善。"20世纪初，民国学者们已然认识到了这一问题的严重性。水可以养生，亦可以溺人；火可以利人，亦可以灼人；闲暇亦是这样。"人们有了闲暇，苟能善用它，则它便能使个人生活丰富，使社会进步。反之，苟不善用它，则它便能使个人生活堕落，并使社会退步。"[3] 许多游手好闲之辈因为太空闲了，且又不善利用其空闲的时间，就以赌博、鸦片为消磨闲暇的工具，生活往往一天天堕落，甚至达到难自振拔的地步。"如以不可多得的闲暇消耗于伤财伤身的方面，则一己的志

---

[1] 李宝贵：《你怎样利用闲暇时间》，《时兆月报》1935年第30卷第3期。
[2] 泽炎：《论闲暇》，《华年》1934年第3卷第27期。
[3] 《闲暇与人生》，《新社会半月刊》1933年第1卷第3号，第49—51页。

气、生活力、劳动效能都要渐渐地减少，这不仅是自苦而已，且于社会道德风俗的改进亦大有妨碍。"这一担忧并非杞人忧天，因为当下我们所生活的时代也在不断地再现类似的问题。在一些发达国家，闲暇时间的增多非但没有使人们获得普遍幸福，反倒成为某些人的一种负担，甚至带来了若干具有否定意义的后果。在美国，闲暇导致了某些人的孤独、无聊、自杀和犯罪；在一些视工作为"天职"的国家里，如日本，闲暇则使染上"工作癖"的"工作狂"们有一种失落感、愧疚感，进而导致心理失衡。由此可知，闲暇时间本无道德属性，只是利用方式和内容决定了闲暇是为善为恶，更确切地说是支配人行为方式的社会思想意识所决定的。不能否认，缺乏指导的休闲生活在某种程度上是在培植没有道德标准，及不尊重法律与治安的人群，最终将会伤及家庭健康、国之根本。

　　面对闲暇时间增加所带来的社会问题，教育作为社会文化思想重要的传播渠道，在减少"不善"这一闲暇时间带来的负面问题上是责无旁贷的，避免让闲暇时间成为一种灾难是民国休闲教育的基本立脚点，也是美育一个基础的教育目标。教育是针对生活的，是改造生活的，休闲生活是生活的一部分，休闲教育也是教育中的一个部门，故社会教育机关，对于民众作息时间之调整，工作之分配，娱乐工具与方法之制造与宣传，以及休闲组织与活动之提倡与指导，均负有巨大之责任。[1] 民众休闲教育是调剂民众们劳苦的疲乏的生活最需要的一种教育；它也是使用各种教育的力量和方法，来训练或指导民众，使有利用空暇时间的知识、技能、和道德的教育。[2] 故民众休闲生活之改善，端赖休闲教育。那么休闲教育之实施，绝不容我们以其无关紧要而疏略忽视之！[3] 教育家蔡元培则从

---

[1] 阴景曙：《国民学校休闲教育》，商务印书馆1948年版。
[2] 樊月培：《目前各地实施休闲教育概况》，《山东民众教育月刊》1932年第9期。
[3] 阴景曙：《国民学校休闲教育》，商务印书馆1948年版。

美育的角度提出了如何"善用闲暇时间"的见解。美育审美教育理论最早是由德国古典哲学家席勒提出的，他将审美教育当作达到人性自由的必由的和唯一的途径，他所谓"人性自由"其实是指人在对世界的形式化即艺术化的观照中得到的精神的超脱。而在美育史上第一次真正地将这种寻求纯粹精神自由的美育乌托邦引向旨在获得现实自由的美育的社会实践是马克思，马克思认为，由审美确证的本体目的，即自由，要通过比审美（尤其是比艺术）广阔得多的社会实践（工业与社会革命）的途径才能达到。① 尽管蔡元培在美学观上曾受西方一些美学家（尤其是德国的康德、席勒等人）的影响，但他并没有把审美仅仅看作个人心灵的满足和人生的避风港，而是十分重视美育的社会功能，积极用它来为现实生活服务。他曾严肃批评青年学生中"有麻雀、扑克或阅恶劣小说"等不正当消遣，批评社会上的"烟酒赌"等不正当的娱乐。因为这类"消遣""娱乐"是极其有害的，妨害健康，消磨意志，以致道德堕落。但是如果没有充分的艺术、审美活动以满足人们的精神生活需要，这种有害的活动又是难免的。"所以吾人急应提倡美育，使人生美化，使人的性灵寄托于美，而将忧患忘却。"② 至此，在如何消减闲暇时间的负面效果上休闲教育与美育达成了共识。

民国的学者们曾积极呼吁教育界与舆论界，希望有人能够切实指导一般男女老少善用他们的闲暇。因为，他们相信闲暇与人生及社会的进步都有莫大的关系。古人云："大德不逾闲。"闲暇时间，如果利用得适当的话，在自己可算是莫大的幸福，在社会可算是莫大的德行。而当时民国社会民众的生活有两种普遍情形：一种就是许多人虽然有些休闲生活，可是因为他们的休闲生活没有合理化，

---

① 潘立勇：《审美与人的现实解放》，《外国美学》第12期，商务印书馆1995年版，第236页。

② 《蔡元培选集》，中华书局1959年版，第182—184页。

不但未受其益，反而时蒙其害；一种就是许多人几乎完全没有休闲生活，内忧外患、经济困顿的大环境中，忙于生计，在碎片化的闲暇时间之中消磨。因此，以艺术教育为中心的传统审美教育在这一特殊历史时期的推行范围十分具有局限性。美育的对象与传播范围集中在士大夫、知识分子等具有一定文化水平或教育系统相关人群，这一阶层特点也决定了美育开展的典型时空范围，如学校的教学、聚会的探讨、文字的思辨。对普通大众而言，审美及审美教育是一个极为遥远和触不可及的存在。恰恰迫切的是，相对于知识分子群体而言，后一个群体更需要接受闲暇时间的教育。遵循着"使人生美化"的美育宗旨，人们必须将民众的闲暇时间"武装"起来，寻找一种新的载体，一种能让芸芸民众所易于接近、乐于接纳、喜于参与的新教育形式。蔡元培指出，美育不仅仅是美术、音乐、文学、戏剧、电影等传统艺术范畴，美育的范围要比这大得多，小小园林的布置，繁华的都市，幽静的乡村，等等。[①] 此外如个人的举动，社会的组织，学术的团体，山水的利用以及其他种种的社会现状，都是美化。从内容上看，蔡元培所述的这些"社会现状"在很大程度上是以休闲活动的名义存在于民众的日常生活之中。从时间角度看，具有美育功能的社会活动大都发生在闲暇时间之中，即闲暇是人们培养审美思维，开展审美教育最为理想与自由的时间，而这一时间中审美与休闲是交互重叠的，休闲教育是审美教育在"种种社会现状"中的另一存在形式。于此，休闲教育就弥补了美育对象与时空的局限性，在艺术审美系统之外，补充与延伸了民众社会生活美育功能，也是美育真正融入民众日常社会生活的重要途径与方式，是美育从形而上走向形而下的载体与有效存在形式。

[①] 蔡尚思：《蔡元培学术思想传记》，棠棣出版社1950年版，第330页。

二 成于"美"

"好整以暇","整"是合理的存在状态,"好整以暇"指"合理的休闲生活",就是把休闲的时间,予以整理,使之有计划,合乎人之需要。一般脑筋简单的人,只知道消极地减少应酬,或消除其他不良的生活习惯。殊不知人是好动成性的,仅仅减少或戒除不合理的生活,没有合理的生活来代替,日久还难免故态复萌的。因为人"过劳则思游息",人的精神总是要有寄托,不能空虚,这是情之自然。[①] 所以在积极提倡合理的休闲生活、推行休闲教育中帮助民众重新构建对娱乐、对闲暇时间的利用、对休闲态度的新休闲伦理观,才是治本的办法。

教育学者谢恩皋（1925）在《教育杂志》发表了题为"休闲教育问题",其中认为:休闲教育是作业时间之外,别有所活动,借以完成作业上之教育目的。[②] 此处的"作业"并非指"学业作业",而是从"工作"与"休闲"对立关系出发来为休闲教育下定义,以区别与一般的"职业性"教育。亚里士多德曾经说过:"任何业务,艺术,或学问,如果他使自由的人的身体,灵魂,或智力,不适于美善的练习与实践,都可以称为机械的。"[③] 可见,休闲教育是在"作业教育（职业教育）"的基础之上更为高级的一个层面,是摆脱了生存生产工作之后的非机械的教育类型,是"使人生美化"为教育宗旨,让人获得"美善的练习与实践"的教育活动。美,应是新休闲伦理观所寻找的精神内核。这里所指的"美"既不是纯粹的物理事实,也不是纯粹的精神事实,而是主体的需要与客体的物理之间的关系构成的"价值事实",或者说是一个价值存

---

① 郑璞生:《小学教师合理的休闲生活》,《静安》1937 年第 4 号,第 17—21 页。
② 谢恩皋:《休闲教育问题》,《教育杂志》1925 年第 17 卷第 12 号,第 1—9 页。
③ 杜威:《民本主义与教育》,邹恩润译,商务印书馆 1928 年版,第 470 页。

在。① 在休闲中这一"价值事实"表现为人在自我发展、完善,成为人的过程中寻找一种理想的生存状态。

休闲教育所勾画的理想的生存状态——以"成美"为精神内核的休闲观,首先应是表现为主体的自由性。阴景曙认为,休闲教育能培养被教育者参加各种正常休闲活动的兴趣及娱乐事宜所必需的知识技能;它能使人在工作之余,从事于各种高尚活动以调剂身心的一种教育,简言之,它是解放精神调剂生活的一种教育。② 此处所言的"高尚的活动",并非休闲活动机会的稀缺、费用的昂贵或是参与的规格层次,而是在休闲的具体活动载体之上体会到了"精神的解放",更确切地说就是人的主体自由性。林语堂这样认为,"中国文化的最高理想人物,是一个对人生有一种建于明慧悟性上的达观者……这种达观也产生了自由意识,放荡不羁的爱好,傲骨和漠然的态度"。在他看来,一个人有了这种自由的意识及淡漠的态度,才能深切热烈地享受快乐的人生。③ 在休闲中培养人的主体自由性,就意味着通过休闲行为促进一个人作为一个行为主体的觉醒,对影响和制约它的存在、发展的主客观念因素有了独立、自由、自决和自控的权利与可能。恩格斯(Friedrich Engels)说过,随着社会的进步"人终于成为与自己的社会结合的主人,从而也就成为自然界的主人,成为自身本身的主人——自由的人"④。自由的人所散发的创造性、自由、好奇、梦想、个性等无法测度、无以机械化的特性才是人类应有的生活灵性。也只有在追求个性、自由的智慧状态下,才能有足够的空间让思想放飞,激发人生的志趣和活力,增长人的道德、智性,由此创造并繁荣科学、艺术、文学、诗歌、音乐等灿烂的人类文明。可见,人的主体的自由行的发挥其实

---

① 潘立勇:《审美人文精神论》,浙江大学出版社1996年版,第47页。
② 参见阴景曙《国民学校休闲教育》,商务印书馆1948年版。
③ 林语堂:《生活的艺术》,中国戏剧出版社1991年版,第8页。
④ 《马克思恩格斯文集》第3卷,人民出版社2009年版,第566页。

又是人的创造性的前提。

创造性是休闲教育追求"美"的另一重要价值表现。民国时期，现代意义上的公园得到初步发展，公园作为典型的休闲空间，是开展休闲教育的良好场所。1925年开放的北海公园，引入茶座、图书馆、公共体育场、溜冰与划船等一系列设施，梁启超当时执教于清华国学院，每到暑假前夕，他都会邀集清华学生同游北海，并延请名师在松坡图书馆讲学。这为五四新文化运动下成长起来的一代新青年提供了辅助与补充学校教育的现代美育的空间，延伸了一代青年自我成长的美好记忆。[①] 毋庸置疑，休闲教育就是一种创造美的教育，而休闲其本身就是一个创造美的实践。与此同时，休闲教育与美育在这一时空下达到了价值的一致性——为人的全面发展服务。事实上，休闲教育思想自其萌发之始就带有一种古典哲学的意味，休闲及休闲教育与人的自由、幸福、全面发展和生活审美息息相关。对于古希腊人来说，休闲是人们通往幸福的必经之路，而休闲教育则是实现其人生价值、达到幸福彼岸的桥梁。

然而，休闲教育与美育之间联系远比同是为"人的全面发展服务"更为密切和深切。马克思在《1844年经济学哲学手稿》中论证了人的生产与动物的生产的根本区别，提出了"人是按照美的规律来构造"的著名论断。美育就是为了传播美、解释美、培养美、创造美，是"美"进行社会传播的一种教育形式。美育是"美感之教育"，而"美感"是自由的，含有无限乐趣。这正是美育的特点，不能离开自由性这一特点而去实施"美育"。美育的主要性能也是陶养感情、创造美好，通过美或艺术的审美实践活动来达到感情的陶冶、美的再生与创造，实现完满的人性的发展目标。而休闲教育所倡导的主体性的自由、创造性与人的自我完善正是美育之

[①] 林峥：《"到北海去"——民国时期新青年的美育乌托邦》，《北京社会科学》2015年第4期。

"美"的核心内容,我们亦可认为美育之"美"是休闲教育的核心价值。休闲教育就是一种利用休闲时间,提倡正当娱乐,充实休闲生活,改善休闲方法,以陶冶情意培养兴趣、解放精神、恢复体力而促进人生整个的向上与社会幸福的增加的教育。[①] 在这一语境下,我们又可将休闲教育视为将美育之"美"融于休闲生活之中的教育,以达到使人生美化、陶养性情的教育宗旨。

三 休闲教育:美育"成美"的现实之路

"在未来的闲暇社会中,一种新的教育结构必须指导人们去寻求幸福的答案。闲暇教育要让人懂得尊严与观念共生,也只有在此时,闲暇社会中的人类才会得到幸福。"[②] 这是美国学者 R. 斯托姆(R. Storm)在 20 世纪 80 年代提出的休闲教育观念。如果说当时只是少部分具有前瞻性的学者预见到其重要性和必要性,而今,进入 21 世纪,工作伦理悄然而不可逆地向休闲伦理转变,休闲时代的来临,让"休闲教育变成幸福人生的必要准备,它关系到人格的健康和人的全面发展",这一观念正在被越来越多的人所认知、接受。

休闲教育是将美育之"成美"回归生活、回归人的重要途径。由于各种各样的原因,当代中国美学的发展相当长的一段时期抛弃了"以人与生活"为内涵的美学传统,占据主流位置的认识论美学、实践论美学热衷于解决"美"的本质的客观性问题,人生的问题被所谓"客观性"或者"社会性"问题所淹没,美学也就成了与中国人的生命和文化活动几乎没有关系的一种"学术"。[③] 很多学者也认识到了这一问题的存在,因为这样的美学根本无法贴近国人的生活,也无法走向美育实践。朱光潜先生就曾批评中国当代的

---

① 阴景曙:《国民学校休闲教育》,商务印书馆 1948 年版。
② [美] R. 斯托姆:《闲暇社会的教育》,见世界未来学会编《教育与未来》1982 年版。
③ 杜卫:《论中国美育研究的当代问题》,《文艺研究》2004 年第 6 期。

某些美学理论是"见物不见人"。美育应该关注的是生活着的人，是活生生的人的生存和发展，而这种美学里是没有具体生活着的人的，只有作为"美的本质"的那个抽象的"物"，或者是作为"人的本质"的那个抽象的人。这种美学内容的教育与注重人生体验和人生境界之创生的中国传统美学和艺术精神也格格不入，所以也不可能对国人的精神生活产生真正深刻的影响。民国时期的美学和美育理论的重要遗产一直影响到今天的中国美学和美育理论，这种理论之所以有如此的生命力，不仅在于它成功地融合了中西美学和美育思想，而且在于它扣住了在中国社会转型中人们所面临的大问题：在这大转变、大震荡、大迷惑的时期，人如何有意义地生活？人生的意义何在？而在将美的理论更好地与国人的生活紧密结合的思考中，休闲教育就是传达、表现美育之"美"一种行之有效的方式。

于此，保守主义者也许会忧心，将美育寄予游戏、娱乐、休闲活动之中，是否引起美学的降格或者是变味呢？其实，蔡元培早就指出，在现代社会，人的工作、职业太专，分工太细，会使人的精神生活感到太单调无聊，而精神生活的主要食粮是艺术（审美活动），衣食温饱之后，劳动、工作之余，艺术（审美）就显得十分重要，必不可少了。在强调了美育的意义之后，他又从社会人生的更为广阔的角度考虑，认为"吾人固不可不有一种普通职业，以应利用厚生的需要；而于工作的余暇，又不可不读文学，听音乐，参观美术馆，以谋知识与感情的调和，这样，才算是认识人生的价值了"[①]。这段话，十分明确地指明了审美的重要实现形式就是在工作余暇的休闲活动中实现。休闲不仅不会使得审美变味，而且休闲教育将成为美育之"成美"最佳的一种实践方式。休闲教育无疑是将

---

① 蔡元培：《美育与人生》，见高平叔编《蔡元培美育论集》，湖南教育出版社1987年版。

美育之"成美"回归生活、回归人生体验之路的重要载体,是帮助美学走出象牙塔的重要路径。如果"美"仅仅是关于美的研究或者是哲学思考,往往会在象牙塔里被束之高阁。只有将"美"通过美育传播给大众,才是"成美"的实现途径。这不是小众孤芳自赏的美,而是大众心灵与生活的美。将美育融于休闲生活中的形式,让图书馆、博物馆、旅行、文化展览等在生活中无处不充满着审美因子,在休闲活动中无形地提升审美情趣,获得情感的陶冶和提升。况且,实践是检验真理的唯一标准,群众是历史的主人,只有经过了群众的认可的美,才是具有普世价值的美,真正的美应该是群众之美。换言之,休闲教育将指导人们如何更好得去获得休闲技能、认知闲暇、选择休闲,并以休闲中的自由感、快乐、幸福和分享来重新阐释"美"为何物。

我国早在先秦时代的儒道学说里就已经有了丰富的休闲思想。而这一休闲思想多是围绕着"游"这一美学概念来论述的。所谓"游",本义是游戏、游玩,宋儒朱熹则把它解释为"玩物适情",它是休闲的一种重要表现形式。"游"在中国先秦时代儒道学说里更多被赋予身心的休息,是无功利的、不计利害、不受束缚、十分自由自在的审美心境的意义。这既是一种对审美心胸的要求,更是一种对审美休闲的追求。游—道—乐,这既是一个审美过程,也是休闲的一种审美心理体验过程。[①] 因此,休闲的实质是一种为人们提供了自由享受、享乐,寻找生活之美的体验。休闲教育则通过教育的方式最大限度地让人们获得休闲的实质价值。美育应该为休闲教育留出更多的休闲空间,将美育之"美"在休闲的时空中以最有效、最轻松的方式被人们接受,悄无声息地融于闲暇生活之中,达到使生活美化的目的。

[①] 李平:《王国维休闲美学思想》,硕士学位论文,暨南大学,2006年,第7页。

第二节　从现代人生论美学到当代生活美学

中国当代生活美学的建构理路可总结为"审美的生活"和"审美地生活"两种。前者指形式之美在日常生活领域的蔓延，后者为以审美的方式立身处世，此两种理路在中国现代美学均已具备。现代美学学者在引介西方美学之时，分别对审美活动的时间性、审美心理的兼容性和审美对象的空间性进行了改造，创构了人生论美学传统；并对传统儒学的心性涵养和礼乐教化进行审美化的诠释，分别在西学转化和中学诠释两方面构成了当代生活美学的历史脉络和现代渊源。

进入21世纪以来，生活美学渐成学界的热点问题。在种种相关论述中，西方思想的生活论转向和中国古典思想的生活特征最为研究者所瞩目，而本土现代美学的人生论转换和建构的思想资源则相对遭到了忽视。我们认为，当代生活美学的思想基础和理论脉络早在现代美学"生活的艺术化"指向中已经具备。通过对西方近现代思想的创造性诠释，中国现代美学达到了当代生活美学所吸收的西方当代思想的理论效果，而其关于儒家思想的诠释模式亦为当代生活美学所承继。对于生活美学历史脉络和现代渊源的揭橥，将有利于我们对于20世纪以来中国美学传统的理解，也是当代中国休闲美学建构可以借鉴、应当把握的理论资源和脉络。

一　西方理论的本土化

中国现代美学的人生论特征早已成为学术界的普遍共识，而一旦某种观点成为不言自明的真理，便会缺乏对其的惊奇式反思。也正是因此，虽然人生论美学的讨论者甚众，但多是对其特征的描述与揭示，少有对其内在理论机制及本土历史传承脉络的深入分析。

在此一个易被忽略的问题是："美学"并非中国固有之"学"，而是一种现代舶来品。此舶来活动以王国维、蔡元培等为先行者，以德国古典美学为主要理论资源。而德国古典美学无论是在思想的风格还是内涵方面，都与现实人生相去甚远，以至于有学者称之为"艺术否定生活"①。那么这一"否定生活"的美学是怎样走向人生的呢？它在被引入到中国语境之际，发生了怎样的视域融合与理论形变？这些问题尚有待于我们的思考和解答。

在西方现代性的经典叙事中，认知、道德与审美领域的分化被视为现代化进程的标志，审美的自律亦被视作审美现代性的基础。大成于康德的"审美无功利"观念成为西方现代美学一以贯之的线索，并由王国维引入汉语语境中来。也正是因此，王氏被广泛地称为中国现代美学的开创者和奠基者。在《孔子之美育主义》中王国维道："美之为物，不关于吾人之功利者也。吾人观美时，亦不知有一己之功利。德意志之大哲人汗德，以美之快乐为不关功利之快乐。至叔本华而分析观美之状态为二原质：一是被观之对象，非特别之物，而此物之种类之形式；二是观者之意识，非特别之我，而纯粹无欲之我也。何则？由叔氏之说，人之根本在生活之欲，而欲常起于空乏。既偿此欲，则此欲以终；然欲之被偿者一，而不偿者十百；一欲既终，他欲随之：故究竟之慰藉终不可得。苟吾人之意识而充以嗜欲乎？吾人而为嗜欲之，我乎？则亦长此辗转于空乏、希望与恐怖之中而已，欲求福祉与宁静，岂可得哉！然吾人一旦因他故，而脱此嗜欲之网，则吾人之知识已不为嗜欲之奴隶，于是得所谓无欲之我。"②在此显示，王国维对于康德、叔本华（Arthur Schopenhauer）理论的关注主要在于"审美无功利"以及由"审美

---

① 刘悦笛：《生活美学：现代性批判与重构审美精神》，安徽教育出版社2005年版，第28页。

② 王国维：《孔子之美育主义》，姚淦铭、王燕编：《王国维文集》下卷，国文史出版社2007年版，第93页。

无功利"所延伸的道德意义——审美去除功利之念的功能性。在康德那里,"无功利"是作为审美判断的"契机"而存在的。契机（Moment）是审美活动发生时的条件与要素,其性质是客观的。而叔本华则认为审美可以让人沉浸于纯粹的观照而达到主客统一的"自失"状态,从而把人从对意志的服役中解脱出来,由此也就将康德描述性的"无功利"观变为功能性的"去功利"观。王国维在康德之后转引叔本华的原因也正在于此——在审美"无功利"的基础上发挥其"去功利"的功能性,从而对现实人生产生道德影响。但问题在于,叔本华式的审美静观仅仅在审美活动发生时有效,审美只是"生命中一时的安慰",而"不是意志的清醒剂,不是把他永远解脱了"[①],所以也就与整体人生存在着时间上的差异。对此,王国维以苏轼的"寓意于物"和邵雍的"以物观物"来会解叔本华的审美静观,从而将后者在时间维度上延长。他又说道:"然吾人一旦因他故,而脱此嗜欲之网,则吾人之知识已不为嗜欲之奴隶,于是得所谓无欲之我。无欲故无空乏,无希望,无恐怖;其视外物也,不以为与我有利害之关系,而但视为纯粹之外物。此境界唯观美时有之。苏子瞻所谓'寓意于物'（《宝绘堂记》）；邵子曰：'圣人所以能一万物之情者,谓其能反观也。所以谓之反观者,不以我观物也。不以我观物者,以物观物之谓也。既能以物观物,又安有我于其间哉？'（《皇极经世·观物内篇》七）此之谓也。"[②] 邵雍的观物说作为一种化入日常行为中的境界理论,其与叔本华审美静观的一大差异正在于前者是长久的、稳定的,而后者是暂存的、易逝的。王国维以前者解释后者,也就在不知不觉中扩展了叔本华审美静观的时间效应,使其在时间维度上与人生对等,具有了走向整体人生的能力。

---

① 叔本华：《作为意志和表象的世界》,石冲白译,商务印书馆1982年版,第370页。
② 王国维：《孔子之美育主义》,《王国维文集》下卷,第93页。

由此可见,"审美无功利"在进入汉语语境之初即遭到了基于中国传统的创造性"误读",且这一"误读"模式在后来的蔡元培那里得到延续。蔡元培执掌教育部之时,曾分教育为"隶属于政治者"和"超轶乎政治者"。① 前者之目的在富国强兵,后者之目的在实体世界之实现。其在《对于新教育之意见》中道:"教育者,则立于现象世界,而有事于实体世界者也。故以实体世界之观念为其究竟之大目的,而以现象世界之幸福为其达于实体观念之作用。"② 在蔡氏看来,实体世界之所以不能实现,原因在于"人我之差别"与"幸福之营求"③,而康德意义上的审美"既有普遍性以打破人我的成见,又有超脱性以透出利害的关系"④,所以可以美感为现象界与实体界之间的津梁。这里的"打破""透出"均为动词,是对于审美之功能的描述。因此同王国维一样,蔡元培也在无意间对康德的"审美无功利"做了功能性的改造,从而更接近于叔本华的审美静观论。但同样的问题是,无论就康德还是叔本华而言,审美均是有着明确时间起点和终点的心理活动,那么蔡氏何以能够实现现象界和实体界相交状态的稳定呢?关于此点,蔡氏进一步改造了康德的学说:"吾人欲认识优美之感之特性,莫便于举一切快感而舍其有关实利者。夫有关实利之快感,不外夫满意、利用、善良三者,然则快感之贯于此三种者,惟优美之感而已。"⑤ 在蔡氏看来,凡是能够舍弃实利判断的快感都可称为美感。"无功利"由审美判断的必要条件转换为充分条件,美感并非一种完全独立的心理活动,而是可与认知、伦理等行为共生并存。蔡氏不仅吸取叔

---

① 蔡元培:《对于新教育之意见》,中国蔡元培研究会编:《蔡元培全集》第 2 卷,浙江教育出版社 1997 年版,第 9 页。
② 蔡元培:《对于新教育之意见》,《蔡元培全集》第 2 卷,第 12 页。
③ 蔡元培:《对于新教育之意见》,《蔡元培全集》第 2 卷,第 13 页。
④ 蔡元培:《美育与人生》,《蔡元培全集》第 7 卷,第 291 页。
⑤ 蔡元培:《康德美学述》,《蔡元培全集》第 2 卷,第 508 页。

本华的理论使审美功能化，同时也以康德理论的改造使审美在时间维度上泛化，从而最大程度上扩展了美育的价值。

通过对王国维、蔡元培美学思想的分析，我们可以看出"审美无功利"的中国语境中的遭遇。在康德和叔本华那里，审美原是一种短暂而易逝的心理活动，是人生的某些片段与时刻。且就叔本华美学而言，审美是一种消解了根据律的纯粹直观，在此过程中，认识和欲求均无任何藏身之所。而在王、蔡二氏那里，审美被转化为一种贯穿于日用常行中的人生境界。该诠释模式在此后的宗白华、朱光潜那里得以进一步发展，形成了明确的"人生艺术化"思想。

针对"后五四"时期青年流行的烦闷问题，宗白华曾提出"唯美的眼光"的解救法："我们观览一个艺术品的时候，小己的哀乐烦闷都已停止了，心中就得着一种安慰，一种宁静，一种精神界的愉悦。我们若把社会上可恶的事件当作一个艺术品观，我们的厌恶心就淡了，我们对于一种烦闷的事件作艺术的观察，我们的烦闷也就消了。"[①] 在此，审美判断已不再囿于康德所说的艺术美和自然美，而是扩至整体人生、世间百态。概言之，审美被人生境界化了。

相比于宗白华，朱光潜的"人生艺术化"思想更为系统。早在《文艺心理学》中朱氏就认为，生命是有机体，我们无法将美感经验完全割裂地看待，"美感的人"同时也还是"科学的人"和"伦理的人"。[②] 而康德·克罗齐（Benedetto; Croce）一派的错误正在于机械地看待人生，将"美感的人"与"科学的人"和"伦理的人"割裂。在此论断的基础之上，审美也就不再是孤立绝缘的心理活动，而是可贯穿于日用常行中的生存状态。

在《谈美》中朱氏曾道："艺术的活动是'无所为而为'的。

[①] 宗白华:《青年烦闷的解救法》，林同华编:《宗白华全集》第 1 卷，安徽教育出版社 2008 年版，第 179 页。

[②] 朱光潜:《文艺心理学》，《朱光潜全集》第 1 卷，安徽教育出版社 1987 年版，第 316 页。

我以为无论是讲学问或是做事业的人都要抱有一副'无所为而为'的精神，把自己所做的学问事业当作一件艺术品看待，只求满足理想和情趣，不斤斤于利害得失，才可以有一番真正的成就。"①道家历来主张"道常无为而无不为"②，儒家也有"无所为而为"的说法。如"学者潜心孔孟，必得其门而入。愚以为莫先于义利之辨，盖圣学无所为而然也。"③"仁义者，无所为而为之者也。"④由于"无所为而为"和"审美无功利"均排斥功利性动机，所以朱氏也就以前者诠释后者。但值得注意的是，中国传统的"无所为而为"并非审美话语，而是一种修养策略和生活方式。朱氏以之诠释艺术观赏，由此也就超出了审美活动的时间界域，使审美向广泛的社会生活进发。朱光潜进而道：

> 从耶稣教盛行之后，神才是一个大慈大悲的道德家。在希腊哲人以及近代莱布尼兹、尼采、叔本华诸人的心目中，神却是一个大艺术家，他创造这个宇宙出来，全是为着自己要创造，要欣赏。其实这种见解也并不减低神的身份。耶稣教的神只是一班穷叫花子中的一个肯施舍的财主老，而一般哲人心中的神，则是以宇宙为乐曲而要在这种乐曲之中见出和谐的音乐家。这两种观念究竟是哪一个伟大呢？在西方哲人想，神只是一片精灵，他的活动绝对自由而不受限制，至于人则为肉体的需要所限制而不能绝对自由。人愈能脱肉体需求的限制而作自由活动，则离神亦愈近。"无所为而为的玩索"是唯一的自由活动，所以成为最上的理想。⑤

---

① 朱光潜：《谈美》，《朱光潜全集》第2卷，安徽教育出版社1987年版，第6页。
② 王弼注，楼宇烈校：《老子道德经注》，中华书局2011年版，第95页。
③ 张栻：《孟子讲义序》，《张栻集》第3卷，岳麓书社2010年版，第617页。
④ 黄宗羲：《孟子师说》，《黄宗羲全集》第1册，浙江古籍出版社1985年版，第85页。
⑤ 朱光潜：《谈美》，载《朱光潜全集》第2卷，第95页。

朱光潜在此将"无所为而为的玩索"视为"最高的善",并以莱布尼茨、尼采、叔本华的思想为例证进行说明。但实际上,三者的思想不仅相距遥远,而且多互相扞格。莱布尼茨将上帝视为全能的造物主,尼采则是一位激烈的反基督者,叔本华对于基督教的观念亦颇为复杂。朱氏之所以将此三者并列,大概是由于其思想中潜藏的"造物论"内涵。莱布尼茨认为上帝在众多可能世界中选择了"最好的世界",具有先天预定的和谐;尼采以艺术弥补了被其驱逐的上帝所留下的空缺,在酒神精神的支配之下,他将宇宙视为一个艺术品,人类则是这一艺术品的具体构件;而叔本华则认为世界是意志的客体化和"我"的表象。朱光潜将三者思想中的上帝、意志本体等统观为艺术家,将世界视为自由的艺术创造,抹平了三者思想之间的巨大鸿沟,以之作为其"人生艺术化"观念的西学理论根据。

综上所论,中国现代学者在接受以德国古典美学为主体的西方美学思想之时,分别对审美活动的时间性、审美心理的兼容性和审美对象的空间性进行了改造:审美时间被延长至与生活时间相一致,审美心理可与其他活动并存共生,审美对象被扩展为广阔的社会生活,是为中国现代人生论美学的核心理论机制。中国现代美学家之所以在西学的诠释过程中呈现出如此一致的倾向性,其原因正在于传统的影响。在伽达默尔(Hans-Georg Gadamer)看来,传统是构成理解"前结构"的要素之一。其说道:"不管我们是想以革命的方式反对传统还是保留传统,传统仍被视为自由的自我规定的对立面,因为它的有效性不需要任何合理的根据,而是理所当然地制约着我们。"[①] 传统是不可避免地存在着的,一旦试图解释,就必然会受到传统的影响和制约。中国现代美学家生长于同一种源远流

---

① [德]伽达默尔:《诠释学Ⅰ:真理与方法》,洪汉鼎译,商务印书馆2010年版,第398页。

长的传统之中，且去古典社会未远，传统的因素渗透到其思想与意识的深处，从而让其对于西学的诠释呈现出一致的倾向性。众所周知，以儒、道为代表的中国思想和以古希腊为源头的西方哲学的一个鲜明区别在于，前者是境界型的，后者是理智型的；前者在"一个世界"中追求理想人格的实现，后者于"两个世界"里追求绝对的真理。[1] 传统构成了中国现代美学家理解西方理论的"前结构"，在此影响之下，审美从带有认知色彩的心理活动转变为生存境界，并构成了当代生活美学的理论前史。与此同时值得注意的是，中国现代美学不仅在阐释西方美学理论时对其做了本土化的改造，同时亦以其改造、融合后的美学思想诠释古典儒学，从而通过传统思想的诠释进一步推进了美学向生活领域的进发。

二 本土思想的美学化

传统儒家思想以道德人格的养成为核心问题，如"自天子以至于庶人，一是皆以修身为本"[2]。儒家的"修身"之"身"并非仅指物理意义上的"Physical Body"，而是兼具精神的维度——心。[3] 因此在现代语境的反观之下，儒家的修身也就兼顾身与心的修持与涵养。二者之中，心主于内，侧重于内在道德性的扩充；身主于外，侧重于外在行为的约束。无论是心之涵养还是身之修炼，传统儒学都在日常生活的空间中展开，且蕴含着丰富的感性成分、情感

---

[1] 如蒙培元先生曾道："以儒、道为代表的中国哲学，从根本上说都是诗学的、艺术的，而不是纯粹理智型的，这与西方主流哲学形成了鲜明的对比。这里所说的'诗学'，不是狭义的诗学，即不是关于'诗歌'的学说和理论，而是更本质的意义上讲人的存在问题的从更本质的意义上说，这种哲学是讲人的存在问题的，是讲人的情感与人性的，不是讲逻辑、概念等知识系统的。"蒙培元：《情感与理性》，中国人民大学出版社2009年版，第6页。

[2] 杨天宇：《礼记译注》下册，上海古籍出版社2010年版，第801页。

[3] 恰如彭国翔所指出："在当时的语境和语用中，'身'并不像现代汉语中那样指'身体'（physical body），而主要是指身心的整体存在。"见彭国翔《"治气"与"养心"：荀子身心修炼的功夫论》，《学术月刊》2019年第9期。

体验和形式因素，从而构成了传统儒学向儒家美学转化的内在理路和当代生活美学创建的本土资源。

首先就"心"之修养而言。孟子认为人心之中自然内含着道德的端绪，道德人格之养成就是对于"本心""良心""四端之心"的彰明与扩充，即孟子所说的"存心""养心""尽心""求放心"。且在孟子那里，心、性、天是连续统一的，"尽其心者，知其性也。知其性，则知天矣。存其心，养其性，所以事天也"（《孟子·尽心上》）。正是因此，人们在扩充本心的同时可以体验到一种天人合一的快乐。"万物皆备于我矣，反身而诚，乐莫大焉。"（《孟子·尽心上》）在同属思孟学派的郭店楚简《五行》篇中亦有"不乐无德"[①]之句，至后世的王阳明更是提出了"乐是心之本体"的观点，可见乐的情感体验正是思孟学派立身成德过程中的必然伴随体。其次就"身"之修养而言。荀子曾道："礼者，所以正身也；师者，所以正礼也。无礼何以正身？"[②]礼乐为传统儒家对身体进行规划、约束、改造的主要方式。礼乐贯穿于人们的俯仰进退、饮食起居之中，将道、仁、理等抽象的道德观念化入感性的身体知觉和行为中，通过身体的原发性在时间境遇中绽出、形成稳定的道德意识。恰如梅洛-庞蒂所说："知觉的经验使我们重临物、真、善为我们构建的时刻，它为我们提供了一个初生状态的'逻各斯'，它摆脱一切教条主义，教导我们什么是客观性的真正条件，它提醒我们什么是认识和行动的任务。"[③] 虽然传统儒学的心性涵养和礼乐教化中蕴含着丰富的审美因素，但由于缺乏美学学科的自觉，所以并未被清晰地提炼和总结。在西方美学理论的激发之下，中国现代学者对传统思想进行分疏、提炼与总结，诠释出现代

[①] 李零：《郭店楚简校读记》，北京大学出版社2002年版，第79页。
[②] 王先谦撰，沈啸寰、王星贤整理：《荀子集解》，中华书局2012年版，第34页。
[③] ［法］莫里斯·梅洛-庞蒂：《知觉的首要地位及其哲学结论》，王东亮译，生活·读书·新知三联书店2002年版，第31页。

学科意义上的"儒家美学",而心性涵养与礼乐教化正是其诠释的重心。

如上所述,王国维以邵雍的"以物观物"来诠释叔本华的审美静观,从而实现了审美的人生境界化,正是以此为理论前提,王氏将儒家的天人合一境界阐释为审美。"叔本华所谓'无欲之我'、希尔列尔所谓'美丽之心'者非欤?此时之境界:无希望,无恐怖,无内界之争斗,无利无害,无人无我,不随绳墨而自合于道德之法则。一人如此,则优入圣域;社会如此,则成华胥之国。孔子所谓'安而行之',与希尔列尔所谓'乐于守道德之法则'者,舍美育无由矣。"① 从而开启了"儒家美学"的研究历程。在蔡元培看来,儒家的"六艺"之教均因其所包含的审美因素可被视为美育。"吾国古代教育,用礼、乐、射、御、书、数之六艺。乐为纯粹美育;书以记述,亦尚美观;射、御在技术之熟练,而亦态度之娴雅;礼之本义在守规则,而其作用又在远鄙俗。盖自数以外,无不含有美育成分者。"② 并在晚年将孔子精神生活的特点总结为"毫无宗教的迷信"和"利用美术的陶养"。③ 可谓其"以美育代宗教"说在儒学研究领域中的体现。

与王国维、蔡元培片段式的美学诠释相比,朱光潜、宗白华的诠释工作更为系统化。在作于1942年的《乐的精神与礼的精神——儒家思想系统的基础》中,朱光潜对儒家礼乐精神进行了集中研究。在其看来,儒家的伦理学、教育学、政治学以及宇宙哲学、宗教哲学均以礼乐为核心展开。就伦理学言之,儒家对于感性欲望的态度不是压制,而是调节。乐对情感进行疏导与宣泄,礼对情欲的宣泄进行节制。乐与礼相互配合,从而使情欲趋于中庸。就

---

① 王国维:《孔子之美育主义》,《王国维文集》下卷,第94页。
② 蔡元培:《美育》,《蔡元培全集》第6卷,第599页。
③ 蔡元培:《孔子之精神生活》,《蔡元培全集》第8卷,第362页。

教育学与政治学言之，儒家政教本为一事。儒家把社会看成个人的扩充。乐以致和，礼以致序，乐和礼既是个人修养的办法，又是社会教化的方式。与此同时朱氏认为礼乐高于刑政，"礼的精神"大于"法的精神"。① 这一判断恰好与其在《给青年的十二封信》中"问心的道德"与"问理的道德"相对应。就宇宙哲学与宗教哲学言之，礼乐精神流布于儒家宇宙观和宗教观之中，实现了宇宙哲学和宗教哲学的音乐化、艺术化。由此，朱光潜也就以礼乐为核心建构了一幅贯通天地、包容万象的审美图景。

与朱光潜相似，宗白华亦以礼乐为基础构筑了中华审美文化体系。宗氏认为，西方传统的时间观是以数理为基础的空间化时间，这一空间化的时间抹杀了真实时间的存在，造成了生命的机械化与凝滞化。"纯粹空间之几何境、数理境，抹杀了时间，柏格森（Henri Bergson）乃提出'纯粹时间'（排除空间化之纯粹绵延境）以抗之。"② 但在宗白华看来，柏格森在批判传统时间观的同时走向了另一极端，取消了生命冲动的形式与目的，以至造成了意义与价值的失落。于是宗白华借助《周易》中的"鼎""革"二卦的解读，阐释出与空间合一的时间观。"中国则求正位凝命，是即生命之空间化，法则化，典型化。亦为空间之生命化，意义化，表情化。空间与生命打通，亦即与时间打通矣。"③ "正位凝命"为《象》对于"鼎"卦之解释。在宗氏看来，"鼎"卦为中国空间之象，"革"卦为中国时间之象。"鼎""革"二卦相济即空间时间之统一，时间即生命之创造，空间即形式与条理，生命的创造由此而具有了形式与条理，即戴震所说的"生生而条理"。宗氏道："这

---

① 朱光潜：《乐的精神和礼的精神——儒家思想系统的基础》，《朱光潜全集》第9卷，第107页。
② 宗白华：《形上学——中西哲学之比较》，《宗白华全集》第1卷，第611页。
③ 宗白华：《形上学——中西哲学之比较》，《宗白华全集》第1卷，第612页。

'生生而条理'就是天地运行的大道，就是一切现象的体和用。"①"生生而条理"为形上之体，各种文化现象为形下之用。当"生生而条理"灌注于社会生活之中时，就形成了诗书礼乐；当其灌注于日常器物之中时，形成了礼器与乐器。"生生而条理"是生命冲动的形式化，即合规律性与合目的性的统一，宗氏以之为灌注于诗、礼、乐、器物的本体之道，也就顺理成章地实现了中华文化的审美化。宗白华道："在中国文化里，从最低层的物质器皿，穿过礼乐生活，直达天地境界，是一片混然无间，灵肉不二的大和谐，大节奏。"② 日常生活中的器物被提升至审美领域和宗教层面，形上与形下、思想与制度、艺术与器物，社会文化的各个方面均被打成一片，构成了一幅广大、恢宏、壮丽的总体文化图景。

中国现代美学家关于儒家思想的诠释以心性和礼乐为核心展开，延续了传统儒学的生活感和此在性。中国现代美学一方面实现了西方美学的人生境界化，另一方面承续中国儒学传统，创构出不离世间的"儒家美学"形态。无论是西方美学的本土化（西学中用），还是本土思想的美学化（古为今用），生活世界始终是中国现代美学话语展开的空间。由此也就分别从西学引介和传统转化两方面构成了当代生活美学的历史脉络和现代渊源。

三　从人生美学到生活美学

刘悦笛在《当代中国美学研究（1949—2009）》中认为，中国的美学原理从 20 世纪 80 年代后期开始，发生了从"本质论"向"本体论"的切换。前者以"美的本质"为核心问题，后者则以"存在"为主要论域。当代中国的"本体论美学"又经历了从"实践论""生存论"到"生活论"的转向。"实践论"以 80 年代李泽

---

① 宗白华：《艺术与中国社会》，《宗白华全集》第 2 卷，第 410 页。
② 宗白华：《艺术与中国社会》，《宗白华全集》第 2 卷，第 411—412 页。

厚的实践美学为代表,"生存论"则包括90年代之后出现的不同类型的后实践美学和新实践美学。[①] 进入21世纪之后,随着"日常生活的审美化"和"审美的日常生活化",生活美学日益突出,成为中国甚至全球美学理论的新趋向。所谓"日常生活的审美化",即审美在日常生活领域的蔓延,如城市规划、建筑设计、室内装潢、工业设计、身体美化等;所谓"审美的日常生活化",概指抹除艺术与生活边界的前卫艺术,如波普艺术、行为艺术、大地艺术等。刘悦笛所指的生活美学正是以此两者为立论的现实前提。但细查此两种立论前提我们可以发现,其中的"审美"在意涵上其实并不统一:前者为传统美学意义上的形式美,后者则是现代美学意义上的"审美"——有些前卫艺术不仅不具备形式的优美,甚至于是丑陋的,它们更多的是给了人一种陌生而独特的感受。也正由于二者所蕴含的复杂状况,其所面临的理论争议从未停息,这从"日常生活审美化"所引起的激烈讨论即可见出,而前卫艺术也尚未取得完全的合法地位。但争议归争议,日常生活中形式美的蔓延毕竟是事实,前卫艺术也是不可逆的艺术史走向。因此,生活美学的提法具有充分的现实根据和时代色彩,但其中所隐匿的理论问题值得更为深入的探索与研究。

在此值得注意的是,虽然刘悦笛将"实践论美学"、"生存论美学"和"生活美学"作为前后相续的三种美学形态,但"生活美学"的因素已在前两者中潜存。"实践论美学"和"生存论美学"的创构以马克思主义为主要的理论资源,马克思批判了传统的形而上学思想,认为"人们的存在就是他们的现实生活过程","全部社会生活在本质上是实践的"[②],从而将西方哲学的视野由超

[①] 刘悦笛、李修建:《当代中国美学研究(1947—2009)》,中国社会科学出版社2011年版,第83—84页。

[②] 《马克思恩格斯选集》第1卷,人民出版社1995年版,第72、56页。

越的本体界拉回到现实世界之中。正是因此,在其影响下的"实践论美学"和"生存论美学"始终立足于现实世界的空间之内。譬如实践生存论美学提倡者朱立元先生认为其思想不仅与"生活论转向"不冲突,且其实践存在论美学的目的就是"希望使美学回归人们的现实生活"。① 张玉能先生则提倡以实践美学丰富生活美学的本体论内涵,并将哲学意义上的生活美学视为新实践美学的分支。② 因此我们认为,"生活美学"并非在"实践论美学"和"生存论美学"之后空降的一种全新美学形态,而是前两者的自然发展与逻辑延伸。不仅如此,其理论脉络早在中国现代美学处就已清晰具备。

统观当代生活美学的理论构建,大致可总结为"审美的生活"和"审美地生活"两种路径。前者为形容词加名词结构,表示形式之美在日常生活领域的蔓延;后者为副词加动词结构,大意为以审美的方式立身处世。③ 曾在美学界引起激烈讨论的"日常生活审美化"概属于前者,其他林林总总的如建筑美学、园艺美学、服饰美学、饮食美学等具体分科美学亦皆属此类;与前者的经验特征相比,后者倾向于纯粹理论的建设,且有着颇为广阔的西学渊源,包括现象学、存在主义、实用主义、身体美学,等等。如刘悦笛根据叶秀山先生对胡塞尔(Edmund Husserl)"生活世界"和"本质直观"的解读总结道:"由胡塞尔的理论推及美学问题,可以说,美的活动或艺术世界所呈现的正是对日常生活的一种'本质直观',这是一种对'本真生活'的把握……在这个意义上,美的活动可以

---

① 朱立元:《关注常青的生活之树》,《文艺争鸣》2013年第13期。
② 张弓、张玉能:《新实践美学与生活美学》,《陕西师范大学学报》(哲学社会科学版)2018年第5期。
③ 刘悦笛曾分"日常生活审美化"为"表层审美化"和"深层审美化",前者为生活中衣食住行的审美化,后者为人的意识的审美化,具体如将古希腊伦理直接视为"生存美学"的福柯,主张"审美化的私人完善伦理"的理查·罗蒂,等等。我们认为,刘先生所说的"表层审美化"和"深层审美化"恰与"审美的生活"和"审美地生活"相对应。刘悦笛:《"生活美学"的兴起与康德美学的黄昏》,《文艺争鸣》2010年第3期。

直接把握到生活现象自身,也就是把握到日常生活的那种活生生的质感。"① 关于杜威(John Dewey)的美学思想,舒斯特曼(Richard Shusterman)曾评论道:"杜威坚持认为审美经验同样能发生在对科学和哲学的探求中,也能发生在体育运动和高级烹饪中,并极大提高了这些实践的魅力。"② 正是因此,杜威的审美经验亦为国内生活美学的提倡者所重视。③ 国内学者所阐释的胡塞尔的"本质直观"和杜威的"审美经验"若以普通的生活语言言说之,即以审美的态度立身处世,因此可归入"审美地生活"的理路之内。比较上文关于中国现代美学的分析,我们可以发现此两种理路早已呈现端倪。

就"审美的生活"言之,朱光潜、宗白华的礼乐诠释将日常生活的行为、器具等均纳入审美的领域之中;就"审美地生活"言之,现代美学的"人生艺术化"的核心恰是以审美态度面对现实生活。虽然现代人生论美学与当代生活美学的西学资源有别、理论内容有异,但建构的趋向却是颇为一致的。恰如上文所论,中国现代美学家在接受"审美无功利"之时,通过审美心理的兼容性、审美活动的时间性和审美客体的空间性的扩展而使审美向生活领域进发。而当代生活美学对西学理论解读与接受又何尝不是如此?胡塞尔的"本质直观"相对于康德意义上的审美而言,其关键区别之一正在于前者是普遍的生活话语,而杜威的审美经验论也是对于审美活动在时空维度的延展。同样是克服审美的时空界域,中国现代美学是通过自身创造性的诠释而获致,当代生活美学则通过吸收西方

---

① 刘悦笛:《"生活美学"建构的中西源泉》,《学术月刊》2009年第5期。

② [美]理查德·舒斯特曼:《生活即审美:审美经验和生活艺术》,彭锋等译,北京大学出版社2007年版,第28页。

③ 如高建平:《美学与艺术向日常生活的回归——兼论杜威与"日常生活审美化"的理论渊源》,《文艺争鸣》2010年第5期;刘悦笛:《杜威的"哥白尼革命"与中国美学鼎新》,《文艺争鸣》2010年第5期。

当代思想对近现代美学的超越而达成，二者可谓殊途同归。与此同时，中国现代美学关于儒家思想的诠释模式亦为当代生活美学的提倡者所承继。儒学的研究范式在现代发生了由伦理经学到人生哲学的改变，中国现代美学在西方美学理论的影响之下，对传统儒学进行了分疏与提炼，诠释出以心性涵养和礼乐教化为核心的儒家美学。而在当代学者的理论建设中，儒家的心性涵养、礼乐教化等成为其在西方思想之外的又一重要理论资源，且以之标示出中国生活美学的民族特色。中国现代人生论美学既来源于传统又进入新的传统之中，成为当代生活美学的理论前史。

陈雪虎曾认为，有三种传统的生活美学为当代中国的人们所执持。其一为以儒家为主导的传统生活美学，其二为基于百年现代中国民众革命斗争的革命生活美学，其三为基于资本主义市场和消费的"经验的生活"及其生活美学。[①] 对于陈雪虎所说的第一者和第三者我们表示赞同，但对于第二者是否可称之为生活美学传统则略有异议。其原因在于革命美学在许多方面是与生活美学相抵牾的，当代生活美学恰恰脱胎于对革命美学的否定。因此我们认为，以现代人生论美学代替革命美学成为生活美学的传统之一更为合适。中国现代美学分别在西学转化和中学诠释两方面构成了当代生活美学的历史脉络和现代渊源。

学界常以"生活论转向"来形容当代美学的发展趋势，在本文讨论的基础上我们认为，这一"转向"可谓一种"回归式的转向"。中国现代美学不离日用常行，切入人生体验的精神在经历了中华人民共和国成立后的数次美学争论，以及实践美学、后实践美学和新实践美学等的淬炼和深化之后，重新在生活美学处得到了全面的复兴。

---

① 陈雪虎：《生活美学：三种传统及其当代会通》，《艺术评论》2010年第10期。

这种回归首先体现在对生命本体认知的回归，由此影响美学本体意识。存在不再被认为是既定的社会关系总和或者外在的政治、伦理符号集成，而是当下亲在的感受和体验。按笔者之一的观点，"这个世界对于我的意义，取决于我对世界的感受"，真正有本体意义和生存价值的感受是基于本心的、个性的、独特的。① 所谓世界就是生之所存，心之所及。每个人都是一个独特的世界，如阳明所说："今看死的人，他这些精灵流散了，他的天地万物尚在何处？"（《传习录》下）人们开始认识到：必须尊重本心的价值，这是每个人的世界的本体。甚至，每个人对应呈现的世界是不同的，有多少人就有多少个世界。人类生命由无数的具体的个体生命组成，就每个实存的个体而言，他自身就是这个世界的价值支点，整个世界对他而言的价值实现完全取决于他对世界的感受或灵觉。一旦这个个体的感受或灵觉不复存在的时候，这个世界对于他的价值也就不复存在。因此，生命的存在，价值的存在，不仅是主体性的，更是个体性的，只有落实在个体性上，生命才不至于被约化为概念性的存在。人的生存本体，需要找到一种最可以切实把握的东西，那就是：人的感受和体验。正缘于此，人们开始真正关注自己的存在及存在的本体，也开始在存在本体意义上探索美学之本。人生之本就是美学之本，人心之体验和明觉就是审美存在之境。因此，日常生活、个体的生命存在体验日益成为美学的建构基础和关注重点。

其次，体现在美学思维和语言的回归，其人本基础是对本真的生命语言、生活方式认知的回归，从而影响当代美学方法论的建构。受中国传统心性哲学尤其是心学及西方现代海德格尔等哲人存在主义和现象学的影响，学界普遍意识到，存在世界没有绝对本体，没有先成的主体和客体，一切均在此在的境域中呈现或生成。

---

① 潘立勇：《阳明心学的美学智慧》，《天津社会科学》2004 年第 4 期。

基本的存在世界是如此，着重于生命体验的审美世界更是如此。在中国当代美学的建构中，不应再老是着眼于照搬异族思维的异种格局，或是着眼于"我注六经"式的经典权威阐释，而应该基于本民族的文化根基和本身的生存体验对世界发表自己的"独知"。哲学、美学这一类人文学科不同于自然科学和社会科学的特殊性正在于，它们研究的是与人自身相关的具有主体性、个体性和独特性的价值，因此，它特别需要个体化、自性化的感受、理解与表达；甚至，它并不追求他人的认同。当代人的生活及生存体验，不再满足于外在的宏大叙事，而是切入内在的、细致入微的生命语言和生活方式，对生命、生活的独特感受与体验及其表达成为美学研究及语言的新常态。

再次，表现在当代美学功能论的回归。以人为本、以身为本、以心为本的价值取向深刻地影响着当代美学功能论的内涵。美学研究不在主要着眼于对传统经典的经学式诠释，或对抽象本质的学理性探究，或对艺术现象的距离性赏析与品品评（尽管这些功能尚在），而是在领域上超越艺术，在感官上超越视听，在功能上超越欣赏，更加全面、深入地关注与切入生命体验、生活方式与生存境界。审美活动的知行合一，审美教育的更加重视，美学从"观听之学"向"身心之学"的转向都体现了这种回归。

最后，也体现当代美学形态论的回归。现代人生美学主要关注"生"，当代生活美学则不但关注生活之"生"，而且关注生存之"境"。社会已经全面地进入休闲时代，更加自由自在、健康全面的生活方式已经成为当代人们普遍的追求，当代美学形态也在自觉不自觉地适应这种追求而呈现众多新形态。传统的美学形态大体是哲学美学（实践论及后实践论主要还是这个格局）、艺术美学（占了传统美学的最大体量）、心理美学（往往超越生活具体体验作纯粹的心理解析）为主，当代美学围绕生命、生活体验及境域这个核心，形成了生命美学、生命美学、身体美学、休闲美学、生态（含环境）美学等诸种内在相关的新形态。按我们的理解，生活美学是个可包容诸相的大形态，生命美学研究的是生命、生活的体验本体及其自由，身体美学研究的是生命与生活主体的器质本体及其完形，休闲美学研究的是生命、生活的体验状态及其理想境界，生态（含环境）美学研究的是作为与自然和谐一体的人类生命、生活的环境及系统。由此，生活美学以研究与成就人的健康全面发展、人的自由幸福体验、人的美好生活追求为核心，全面地切入了人的本真的生命形态、生活方式、存在体验和生存环境。

第三节 走向休闲——中国当代美学不可或缺的现实指向

改革开放 30 年，中国社会发生了翻天覆地的变化，从以政治为本的政治化社会，到以发展经济为本的经济化社会，再到以人为本，追求人的生活品质，构建和谐社会的休闲化时代，社会百姓的实际生存状态得到了极大的关注和改善。中国当代美学也与时俱进，体现着从以政治为本，到以学理为本，再到以人的生存境界及其体验为关注点的深入和演变。只是这种指向还不够切实，离生活对美学学科的要求和呼唤还有很大距离。笔者在此要强调的，正是中国当代美学应有的现实指向。

一 中西方美学的走向

从世界范围看，西方美学的发展大体经历了从"本体论"，到"认识论"，再到"语言学"或"生存论"的演化或转变。"本体论阶段"指的是以本体论研究与思考为核心的阶段，大致从古希腊到 16 世纪，美学思想主要集中于思考一种独立的"美"，将之视为一切审美现象的根源，在一种超验的秩序中寻找美的位置。"认识论阶段"大体指文艺复兴以后，审美哲思的焦点转移到对真理获得的可能性探求上，也转移到对人的认识能力的研讨上，思维模式转为"认识论"的模式，也可称之为"人性论"模式，审美的本质往往与人的主体能力对应而规定。"语言学"或"生存论"阶段始于19世纪末，活跃于现代。"本体论阶段"直接探讨世界的本体，"认识论阶段"讨论人把握世界本体的可能性与能力，"语言学或生存论阶段"则转到对人的活动方式——广义的语言的研讨，在此，人或世界，不再是先在设定的主体或客体，而是对应的呈现，语义哲学与生存哲学成为美学理论的基石，人的生存方式和境地成为美学的重要关注。总体来看，西方美学的发展或关注重心呈现了从对抽象的绝对本质或本体的追寻，到人把握美的能力和方式的探讨，再到现实的生存方式和境地的关注与切入，美学形态由抽象的哲学理念，转向现实的生存智慧。当然，这种划分不是绝对的。而且由于现代西方美学的发展较多依赖于较为精英化、学理化的现代哲学，而对于大众的审美意识和审美文化还不够充分重视，因而对于普通大众的生活品质提升没能提供足够的助益。

　　回顾中国当代美学的走向，大体呈现了这样一条清晰的轨迹：认识论—实践论（积淀说）—后实践论（生命美学、生存美学、超越美学）—日常生活的审美化—生态论等。50年代的美学大讨论奠定了中国当代美学的基本格局。这次大讨论的基点是美学的认识论，"唯物""唯心"的论辩占据了大讨论的核心注意力，美学与人的现实生存的关系问题还无法提到桌面上。改革开放后80年代的第二次"美学热"延续了50年代美学讨论的视角，在解放思想的社会背景下提出了一些新的命题，其中以"人的（实践）的本质力量对象化"为理论核心的"实践论"美学脱颖而出，成为中国当代美学最有影响的学派。然而，"实践论"美学对美及审美活动的感性、个体性、特殊性、精神性、超越性等特征关注或深入不足,在80年代后期及90年代以来引起了一些较为年轻的学者的质疑;后者强调审美是超理性的而且应该是对这种超理性的追求,他们将矛头指向了"实践",用"生命""存在"等范畴否定、取代"实践",以此实现对实践美学的"超越",于是以"超越美学""生命美学""生存美学"为代表的"后实践论"在中国当代美学界异军突起;然而哲学根基的不够深沉或理论的不够圆融,使这些"异军"在不少要点难以自圆其说。值得注意的是,无论是"实践论"美学,还是"后实践论"美学,其关注的重点还是较为抽象、纯粹的学理辨析,注重的主要还是学理的逻辑化、体系化建构,与大众实际生存的境地及美学或审美活动对其的应有功能,还是相当的隔膜和隔离。

世纪之交,一些年轻学者"日常生活审美化"命题的提出,引起了不小的争议,成为后新时期日渐隐落的美学的一道难得的风景线。他们关注"日常生活"的视角迎合了社会的世俗化享受或享乐需求,为大众日益提升的生活品质追求提供了某种合理性论证。然而论者对审美活动或感受的感官化、物质化、消费化的强调招致了过于突出"消费主义和享乐主义"的非议(也许存在某种理解角度的差异或误解)。在笔者看来,这种以当代人现实的审美地生存为旨归,以人的审美活动和审美经验为桥梁,着力于沟通艺术与生活、精神与产业、精英与大众的研究指向,对业已来临的休闲时代是必要的。与相对热闹、相对分歧的"日常生活审美化"论辩不同,"生态论"(含景观、环境美学等)美学的提出显得较为冷静和宽宏,理论的视角从人世关系转向了更为开阔和深远的天人关系,"诗意栖居""四方游戏""家园意识""场所意识"等观念在人与自然共存的基点上,使美学对人的生存境地体现了更多的人文关怀和宇宙意识。然而论者对人与自然共存的原理作了充分强调,对如何共存及在共存中如何现实地提升人们的生活品质的阐述似还不够具体,令人感到意犹未尽。

二 中国当代美学发展的症结与出路

不得不承认,中国当代美学在改革开放的形势下获得了重大的发展,取得了可喜的成就,这是举世瞩目,尤其令西方人羡慕的,西方美学从来没有成为中国当代美学这样的"显学"。但我们也毋庸讳言,中国当代美学离现实生活对美学学科的要求和呼唤还有很大距离,中国当代美学的现实指向和现实功能还有很大的不足。"象牙塔"的怪圈、精英意识的固守、对现实生活的隔膜与忽视仍是中国当代美学的重要症结。如前所述,中国当代美学的发展固然体现了从"政本"到"学本"再到"人本"的轨迹,但对"人本"的理解和融入还较为抽象、游离和隔膜,研究的重心大都还是徜徉或醉心于探讨较为超越现实生存的学理和构建较为学院书卷气的体系。美学作为旨在协调人与对象世界关系的人文学科,审美作为通过情感体验和观照的中介来实现人的"诗意栖居"的身心活动,理应在改善与完善人的感受和体验系统,丰富与提升人的生存方式、生存境界也即生活品质方面发挥独特的重要作用。而中国当代美学界存在的对社会物质技术、经济文化发展及人们生活方式改变的把握和预测能力的缺失,对文化产业和体验经济的陌生,对大众实际精神体验及幸福指数了解的隔膜,对日常生活的审美方式和审美品位的轻视,使中国当代美学在切实发挥其应有的社会文化功能方面还存在非常大的不足。在这方面,美国当代著名休闲学家杰弗瑞·戈比可以给我们很好的启示,他在《人类思想中的休闲》《你生命中的休闲》《21世纪的休闲与休闲服务》等一系列著作中,对未来生活走向的预测和对现实的人文关怀令人信服地结合,使其理论具有重大的现实功能。

就中国的人文传统而言，对人文学问重视的不只是"观听之学"，更要落实于"身心之学"；而中国当代美学即便是对中国传统美学的研究，也更多的是侧重于纯艺术形态的"观听之学"，而忽略了更切近生活的"身心之学"。例如，对"体大精深"的《文心雕龙》的研究是当代中国古典美学研究的"显学"，而前无古人的生活美学百科《闲情偶记》的生存智慧却久久地被学界冷落或低估。诚然，前者在中国文艺美学中非常重要，但后者在中国生活美学中也弥足珍贵。长期对二者的一热一冷，除了人格评介和社会背景的原因，不也透露了中国当代美学对日常生活的审美价值没能给予足够，甚至是基本的重视？

就学科的发展而言，中国当代美学若仍抱着传统象牙塔里的艺术中心论或学理辨析论不放，就会偏离当代社会大众的审美现实和审美需求，失去时代精神。所以，走进当代社会大众丰富活泼的日常生活审美领域，对以往美学有意无意忽视了的重要审美活动形式——现实生活审美（包括体育、医疗、旅游、娱乐、传媒等领域）展开深入系统的研究，也许可以为中国当代美学研究拓展出新领域，可以改变美学界长期以来抽象的观念研究倾向，让美学有更多的现实性品格，使这门人文学科能更切实地发挥其应有的社会文化功能。诚然，这些活动，以往美学亦有所涉及，但是，往往是被抽象地视为一种"审美的"活动而已。现在则不同，它有了一个很具体的支点——休闲活动和体验；而且更有了一个充满活力和前景的产业基础——体验经济与文化产业。走向休闲，是审美切入现实生活的一个极为关键的着眼点。通过休闲活动及其体验，"抽象"的审美转化为人的具体生活态度和生活方式，"纯粹"的艺术转化为人生实践的快感活动和享受，"精神"的境界转化为生存的实在，美学从纯粹的"观听之学"成为实践的"身心之学"，审美的更广泛的现实价值由此可能得到更切实的体现。

三 审美与休闲内在融合并引领休闲的现实使命

从历史和学理上看,审美与休闲本身就有着极为内在的联系。国外自觉的休闲研究已有100多年历史。最早可追溯到席勒《审美教育书简》的"游戏说",其要义是人在游戏中摆脱了物质感性和形式理性的强制而进入自在自由的状态,从而成就人性。进入现代,休闲学理论的创导者或是主张"以休闲求幸福、宁静与美德";或是把休闲作为人之灵魂和理智的一种"静观的、内在安详的和敏锐的沉思状态",指出休闲是从容的纳取,是默默的接受,是淡然处之;或是认为休闲就是人们自由选择的、实现自我、获得"畅"或"心醉神秘"的心灵体验,将休闲形象地描述为"以欣然之态做心爱之事"。所有这些休闲的基本理念,无一例外地将休闲本质指向审美境界,"以欣然之态做心爱之事"就是以审美的态度对待生活,实现生存境界的审美化,用海德格尔的话来说,就是"诗意地栖居"。

归纳国内外定义休闲的角度,无论是"自由时间""自由活动""自在心态"还是"理想存在",都无一例外地与审美本质相通。休闲的价值在于使人从精神的自由中历经审美的、道德的、创造的、超越的生活方式,呈现自律性与他律性、功利性与超功利性、合规律性与合目的性的高度统一,是人的一种自由活动和生命状态一种从容自得的境界。休闲的这种根本特点也正是审美活动最本质的规定性,因此,从本质上说,休闲与审美之间有内在的必然关系,而且可以说,审美是休闲的最高层次和最主要方式。所谓休闲,就是人的自在生命及其自由体验状态,自在、自由、自得是其最基本的特征。我们要深入把握休闲生活的本质特点,揭示休闲的内在境界,就必须从审美的角度进行思考;而要让审美活动更深层次地切入人的实际生存,充分显示审美的人本价值和现实价值,也必须从休闲的境界内在地把握。前者是生存境界的审美化,后者是审美境界的生活化。

时代与社会的发展,更是对审美融入休闲,美学关注休闲提出了迫切的要求。休闲时代已普遍来临,休闲已成为我国居民一种新的追求,一种崭新的生活方式,对社会的全面发展与进步,对人类自身的健康发展,显示出越来越重要的作用。2006年杭州休博会提出"休闲改变人类生活"的口号,十分简明而深刻地指出了休闲对人类生活的意义:它表征社会文明,成就理想人性,推动和谐创业,促进和谐社会的构建。而如何学会聪明地休闲、把握生存的休闲境界,正是建设和谐社会的重要精神基础。人类对社会"进步"的看法正在发生根本的变化。传统意义上的社会进步往往意味着物质生活水平的不断提高;而今,物质财富的满足,促使人们渴望追求充实的精神生活,社会进步越来越意味着人们不断地增加休闲时间,以提高生活境界,即以一种更为健康的方式生存,这就是通过休闲解除身心疲惫,发展爱好、挖掘潜能、充实人生内容、提高人生品位,从中体会自己在自然、社会各种关系中的和谐与畅达。

社会的进步已使社会功能从外在的以物质生产为本转向内在的以生存享受为本。实现"以人为本"的社会目标必须重视人的生活品质问题,生活品质既受外在物质条件和社会环境制约,也与内在的感受系统和体验境界相关,在宗教传统不够深厚的中国,要建设现代性的精神文明,实现真正的社会的和谐,必须把健康的审美感受系统纳入整个社会文化建设的总体设计。如果说,在农耕时代,休闲只是贵族们的特权,审美对于农民来讲还只是一种精神上的奢侈;在蒸汽机时代,休闲只是上层"有闲阶级"的专利,审美对于工人来讲还远远无法融入日常的生活;那么,到了电子化、信息化时代,休闲对于平民已不再是一种遥不可及的奢侈,审美通过休闲进入生活已是生活的普遍现实与必要需求;而到了21世纪,"全民有闲"使休闲在公民的个人生活中占据越来越突出的地位。中国当代美学有什么理由轻视或忽略这个与人们实际生存和社会发展休戚相关的重要领域呢？如何将审美的态度和境界，转化为人们日常生活的休闲方式，已是刻不容缓的世纪课题。因此，美学必须放下传统的精英架子，跳出传统的象牙塔圈子，在保持其哲学品位的基础上切实地融入日常生活。

当然，笔者强调的是将走向休闲作为中国当代美学不可或缺的重要的现实指向，并不是唯一的指向。中国当代美学应该多元发展，只是现实的指向尤为重要和迫切。

第四节 休闲美学构建的社会文化基础与吁求

当代中国已进入休闲时代，休闲已成为人们新的生活方式。对文化史的考察可发现，无论古今中外，休闲文化都关乎人的精神生活。而审美境界与休闲文化内在相关，审美意识融入的程度及审美境界的高下，往往影响乃至决定着休闲文化的品位。当下中国休闲文化的蓬勃发展，极大地提升和丰富了国民的精神生活，然而也存在着休闲方式失当、休闲消费异化等负面现象。学术界日益关注休闲问题，但存在具体研究泛然、理论深入不足的问题。因此，构建休闲美学有着深厚的社会文化基础和迫切的社会现实需求，它是休闲文化发展到一定阶段的必然要求与呼唤。借助休闲美学的构建，可以对休闲文化起到引导、校正、提升的作用，另一方面亦可使美学理论更现实地走向生活。

一 我国当代休闲文化发展态势及研究现状

1. 当代休闲文化发展态势及问题

休闲已经成为我们这个时代最显著的特征之一。按照美国未来学家格雷厄姆·莫利托（Graham T. T. Molitor）的预言，我们人类已经告别了"信息时代"而踏进了"休闲时代"。休闲的最大特点是其文化性，即蕴含着丰富的人文性、社会性和创造性。休闲文化反映了人们在飞速发展的时代面前，在价值观方面所发生的调整和变化。它以其"以人为本"的核心理念，带来一种崭新的生活方式和生活态度，开始为全社会所密切关注。甚至可以说，它不仅是一个国家生产力水平高低的标志，更是衡量整个社会文明的尺度。

有学者认为，休闲文化是"社会整体工作范畴之外的文化现象与文化行为，其核心是对自由时间的支配和休闲生活方式"[①]。通俗的说法，休闲文化就是"玩"的文化，而"玩"是人的本质需求之一。当前，我国休闲文化发展呈现喜人态势的局面，总体表现为民众休闲权益逐步得到保障，政府层面的休闲制度、政策不断出台，休闲设施不断完善，休闲文化产业兴旺发达，旅游、度假、游艺、体育行业持续升温，休闲生活的国际元素的融入日益凸显，休闲个性体验不断强化，网络休闲崭露头角，休闲的城乡联动得到深入，地域休闲文化特色明显等诸多方面。当代休闲文化蓬勃发展的意义在于：对于国家层面来说，有助于社会的和谐、稳定发展，缓解劳资对立，同时也促进了文化艺术的繁荣，拉动了经济的增长。对于城市发展方面，庞学铨认为其意义在于：改变城市形象；让城市更宜居；使城市更具创新活力；提升城市境界。[②] 对于民众个人发展方面，休闲在很大程度上解放了长久以来的各种束缚，使身心得到调适，创造力得到激发，人的自由本性得到释放，马克思所设想的人的全面发展越来越成为现实。

然而，当代休闲文化还存在许多不尽如人意的地方，需要在发

---

① 张鸿雁：《休闲文化：社会发展的新机遇》，《探索与争鸣》1995年第12期。
② 庞学铨：《试论休闲对于城市发展的文化意义》，《浙江大学学报》（人文社会科学版）2010年第1期。

展中不断提高。一些民众的休闲层次、境界不高，或"闲"而不"休"（"休"的本义是"休息""美好"），或休闲方式单一，静态有余而动感不足；有的则耽于身体感官刺激和享受的低俗活动，而缺乏精神层面的高雅休闲体验；文化市场的休闲产品缺乏创意，科技含量低；一些休闲场所存在有悖社会主义道德伦理和法规的活动；休闲消费离开人的本质需求而成为炫耀性的符号；等等。

究其原因，一方面是管理者观念落后，没有充分意识到休闲的文化价值和休闲教育的重要性，另一方面是民众中许多人还不具备健康地、聪明地休闲的文化素质。故而，《光明日报》在20世纪末就载文指出：要"引导大众选择健康高尚注重品质的休闲方式，提升休闲文化品位。……加强休闲教育和休闲文化制度建设，使休闲实现文化本位的回归"①。

2. 当代休闲文化研究现状

随着休闲文化内容的不断丰富，学界对各种休闲方式的具体研究也广泛展开，包括休闲娱乐、休闲旅游、休闲养生、休闲购物、休闲体育、休闲心理、休闲农业、休闲度假等。而且此类研究中不乏高级别项目，近十年来被国家社科基金、教育部人文社科基金立项多达数十项。

与休闲方式的具体现象研究的"热"形成对照的是，休闲理念、深度理论的形上研究显得较"冷"。尽管休闲哲学、休闲美学、休闲伦理等被提上休闲学研究的台面，但国家级项目极为少见，论文数量也不多。例如，截至2022年1月15日，以"休闲农业""休闲体育""休闲旅游"为篇名关键词在中国知网上分别搜索到论文6218篇、4568篇和6750篇，而以"休闲哲学""休闲美学""休闲伦理"为篇名关键词仅能搜索到59篇、53篇和60篇，两者

---

① 曾长秋、张永红：《休闲文化的困境与超越》，《光明日报》2009年6月27日第6版。

的数量相差近百倍。可见，休闲理念、理论的形上研究非常不足。

《光明日报》载文指出："（休闲教育）应包括休闲价值教育、休闲品德教育、休闲审美教育。"[①] 只有加强休闲哲学、休闲伦理、休闲审美等方面的形上理论研究，才能很好地规范、提升当前民众休闲文化生活的层次和境界，尤其是需要加强通过审美意识提升休闲文化的研究。我们有必要对人类休闲文化史做一个纵向的考察，以理解审美意识和审美境界对休闲文化的融入的人文意义和价值。

二 休闲文化之审美因素的历史性考察

1. 西方休闲文化的历史性考察

（1）古希腊休闲思想的德性内涵

西方休闲文化最早可于追溯到古希腊时期。苏格拉底（Socrates）指出休闲的认识论价值，说哲学家"是在自由和闲暇中培养出来的"[②]。柏拉图（Plato）也发出同调："许多伟大真知灼见的获得，往往正是处在闲暇之时。在我们的灵魂静静开放的此时此刻，就在这短暂的片刻之中，我们掌握到了理解'整个世界及其最深邃之本质'的契机。"[③] 古希腊的伦理学还把休闲能力视为一种应当具有的生活方式乃至一种美德。例如柏拉图说："我们应当在和平中度过一生中的大部分时间，而且要过得幸福。那么，我们的正确办法是什么呢？我们要在玩游戏中度过我们的一生"[④]。亚里士多德被西方称为"休闲之父"，他提出休闲或闲暇概念时已经包含着"德行"的内涵。他曾说："这是明显的，个人和城邦都应具备操

---

① 曾长秋、张永红：《休闲文化的困境与超越》，《光明日报》2009年6月27日第6版。
② ［古希腊］柏拉图：《柏拉图全集》（第二卷），王晓朝译，人民出版社2003年版，第698页。
③ ［德］约瑟夫·皮珀：《闲暇：文化的基础》，刘森尧译，新星出版社2005年版，第1页。
④ ［古希腊］柏拉图：《柏拉图全集》（第三卷），王晓朝译，人民出版社2003年版，第561页。

持闲暇的品德。"① 甚至说:"勤劳和闲暇的确都是必需的;这也是确实的,闲暇比勤劳为高尚。"② 他赞赏音乐的价值,就是因为它有益于形成休闲的品德:"音乐的价值就只在操持闲暇的理性活动。"③ 在他看来,我们需要崇高的美德去工作,同样需要崇高的美德去休闲。因此,在人生的手段与目的之关系上,亚里士多德多次明确提出:"闲暇是劳作的目的"④,"幸福存在于闲暇之中,我们是为了闲暇而忙碌"⑤,"闲暇自有其内在的愉悦与快乐和人生的幸福境界;这些内在的快乐只有闲暇的人才能体会;如果一生勤劳,他就永远不能领会这样的快乐。……幸福实为人生的止境;惟有安闲的快乐,才是完全没有痛苦的快乐。"⑥ 由此可见古希腊的休闲思想具有伦理、德育导向性,故而它亦可谓是某种伦理美学和人格美学。

(2)"游戏的人"蕴含审美意识与审美因素

荷兰文化学家赫伊津哈的名著《游戏的人》,被休闲学视为经典。但为众人所忽略的是,它在指出"文明在游戏中成长"这一命题的同时,还明确指出了休闲游戏与审美的关系。

赫伊津哈认为:游戏有"深刻的审美属性"⑦,"游戏可能会上升到美和崇高的境界"⑧,他这样具体描述游戏中的审美因素:

> 游戏往往带有明显的审美特征。欢乐和优雅一开始就和比

---

① [古希腊] 亚里士多德:《政治学》,吴寿彭译,商务印书馆1965年版,第392页。
② [古希腊] 亚里士多德:《政治学》,第410页。
③ [古希腊] 亚里士多德:《政治学》,第411页。
④ 颜一编:《亚里士多德选集》(政治学卷),中国人民大学出版社1999年版,第267页。
⑤ [古希腊] 亚里士多德:《亚里士多德全集》(第八卷),苗力田译,中国人民大学出版社1992年版,227页。
⑥ [古希腊] 亚里士多德:《政治学》,第392页。
⑦ [荷兰] 赫伊津哈:《游戏的人》,何道宽译,花城出版社2007年版,第4页。
⑧ [荷兰] 赫伊津哈:《游戏的人》,第10页。

较原始的游戏形式结合在一起。在游戏的时候，运动中的人体美达到巅峰状态。比较发达的游戏充满着节奏与和谐，这是人的审美体验中最高贵的天分。游戏与审美的纽带众多而紧密。①

我们用来描绘游戏成分的词语，大都属于审美的范畴；我们描绘审美效应的词语有：紧张、均衡、平衡、反差、变易、化解、冲突的解决等等。……游戏具有最崇高的属性，我们能够从事物感受到的属性：节奏与和谐。②

（游戏）使人对节律、和谐、变化、交替、对比、高潮等等固有的需要以非常丰富的形式展现出来。和这个游戏意识共生的精神是为荣誉、尊严、优势和美妙而奋斗的精神。③

他还具体指出面具游戏的审美属性："民族学证明了面具和乔装的极端重要性，它们在有素养的人和热爱艺术的人的身上唤醒了审美的激情，兼有审美、恐惧和神秘感的激情。……戴面具的人给我们全然审美的体验，使我们超越'平常的生活'。"④

至于为什么游戏与审美相通，赫伊津哈的理论解释是："游戏创造秩序，游戏就是秩序。游戏给不完美的世界和混乱的生活带来一种暂时的、有局限的完美。游戏要求一种绝对而至上的秩序。……游戏似乎在很大程度上属于审美的领域，其原因也许就是游戏与秩序的相似性。游戏表现出美的倾向。也许，这个美的因素和创造有序形式的冲动是一回事，秩序井然的形态在各个方面都是游戏的动因。"⑤

由此可见，游戏本身蕴含审美因素，而正是审美因素的融入，

---

① ［荷兰］赫伊津哈：《游戏的人》，第8页。
② ［荷兰］赫伊津哈：《游戏的人》，第12页。
③ ［荷兰］赫伊津哈：《游戏的人》，第75页。
④ ［荷兰］赫伊津哈：《游戏的人》，第26页。
⑤ ［荷兰］赫伊津哈：《游戏的人》，第12页。

才使游戏臻于高雅和完美。

（3）"成为人"理论呼唤审美能力

约翰·凯利是美国当代著名休闲学家，他的"成为人"理论被休闲学奉为经典。"成为人"理论的要点是："休闲可能在一生的'成为'过程中都处于中心地位。生活不仅仅在于知道我们是干什么的（我们的角色），还包括去知道我们是谁（我们的身份）。"[①]"休闲为探索和发展提供了空间，为'成为人'以及为他人创造'成为人'的机会提供了空间。"[②] 以此为出发点，凯利也明确看到了审美在"成为人"之过程中的重要性：

> 审美原则可能会帮助人们引导存在主义达到"成为"，同时，社会制度的结构将被重建并为这种实现人性的活动提供环境。这种环境之一就是休闲，即个人和公众活动的开放空间。[③]
>
> 从审美的角度看，"游戏"可能是创造性的、辩证的活动。……游戏具备自身意义，而这种意义在某种程度上又是根本的。而且，这种游戏之所以成为自我创造的舞台，正是因为它完全与其过程和物质媒介融为一体。[④]
>
> "成为人"意味着：……探索和谐与美的原则，引导行动的能量。……谋求"成为人"，不是按什么精确的样板，而是在行动中发展共同体，树立完整自我，培养美和爱的能力。[⑤]

---

① ［美］约翰·凯利：《走向自由——休闲社会学新论》，赵冉译，云南人民出版社2000年版，第79页。
② ［美］约翰·凯利：《走向自由——休闲社会学新论》，第243—244页。
③ ［美］约翰·凯利：《走向自由——休闲社会学新论》，第265页。
④ ［美］约翰·凯利：《走向自由——休闲社会学新论》，第242页。
⑤ ［美］约翰·凯利：《走向自由——休闲社会学新论》，第265页。

由此可见，休闲是"成为人"的基础，而审美能力是休闲活动中不可或缺的重要方面。

通过对西方休闲文化史的简要考察，我们不难意识到，休闲与人及社会的德性水平密切相关，而审美元素在这种德性水平的提升中起着至关重要的作用。

2. 我国休闲文化的历史性比较

中国的休闲文化在宋代开始繁荣，而在明清之际又走向某种偏颇，我们姑且以这两个时代的休闲文化做一比较。

（1）宋代休闲文化凸显高雅旨趣和审美意识

宋代被普遍认为是一个开始自觉走向休闲的社会，其休闲活动方式已经蔚然成风。上自宫廷、士大夫阶层，下至一般文人和市井民众，其休闲活动与方式之丰富，为历代所不及。宋代休闲文化的特点就是凸显高雅的审美旨趣和伦理意识。宋人普遍将日常休闲活动艺术化、审美化，可谓玩得高雅。宋人的休闲文化尤其是士人的休闲文化，内在地具有追求"天人之际"的审美意识。由于审美是一种高雅的、超越当下功利的活动，所以宋人的休闲层次、境界较高。笔者曾在梳理了南宋休闲文化的工夫和境界之后，提出了"休闲人格美"的概念，指出："对于人格美，历来的美学研究多集中在助人为乐、舍己为人等方面，而忽视了休闲现象中亦存在着丰富而深刻的人格美内涵。在（南宋）文士的休闲中，休闲者往往能抛弃（或至少是减少）功利之心，不像世俗之人那样蝇营狗苟，而是表现出闲雅的风度和超脱的人品。"[1]"南宋人对休闲人格美尤为赞赏，认为这是一种风味独特之美。……而现实生活中，南宋人士常以休闲人格美赞人或自赞。"[2] 同时，高雅的审美境界使得南宋人士

---

[1] 章辉：《南宋休闲文化及其美学意义》，浙江大学，博士学位论文，2013 年，第 249—250 页。

[2] 章辉：《南宋休闲文化及其美学意义》，第 250 页。

在总体上能自觉摒弃休闲中的纵欲倾向,体现了强烈的休闲审美意识。

(2) 明清之际休闲意识的俗化造成人欲淫逸

明代心学的崛起及其对宋代理学的反拨,一方面给明清时期带来了人性解放,同时也给士人与民众的纵情享乐带来了理论依据和借口,尤其是王学后来者,其德行定力和学理根基不如宗师阳明,而狂诞无羁的程度则远远过之,"洒落"的放纵有余,"敬畏"的把持不足,加之明清之际士人天人之际的追求和廓清寰宇的志向一蹶不振,因而一定程度上形成了趣味低下、人欲淫逸的社会风气。将苏轼与李渔的休闲境界做一比较,旨趣高下不难辨别。苏状指出:"心灵德性超越意义的'悬置'和世俗商业逐利意识的驱动,使得明清文人人格开始普遍下落。""从先秦到明清,文人之'闲'是一个由以内在道德超越为主的'心闲'向以感官休享为主的'身闲'逐渐下落的过程。"[1] 明代袁宏道公开宣扬这样的"快活"生活:"真乐有五,不可不知。目极世间之色,耳极世间之声,身极世间之安,口极世间之谭,一快活也。堂前列鼎,堂后度曲,宾客满席,觥盏若飞,烛气熏天,巾簪委地,皓魄入帷,花影流衣,二快活也。……千金买一舟,舟中置鼓吹一部,……四快活也。然人生受用至此,不及十年,家资田地荡尽矣。然后一身狼狈,朝不谋夕,托钵歌妓之院,分餐孤老之盘,往来乡亲,恬不为怪,五快活也。"(《锦帆集之三:尺牍》)[2] 晚明张岱毫无顾忌地自称"极爱繁华,好精舍,好美婢,好娈童,好鲜衣,好美食,好骏马,好华灯,好烟火,好梨园,好鼓吹,……"(《自为墓志铭》)[3] 清代袁

---

[1] 苏状:《"闲"与中国古代文人的审美人生——对"闲"范畴的文化美学研究》,博士学位论文,复旦大学,2008年,第86页。

[2] 袁宏道:《袁宏道集笺校》(上册),上海古籍出版社1981年版,第205—206页。

[3] 张岱:《琅嬛文集》,岳麓书社1985年版,第99页。

枚自称"袁子好味,好色。"(《所好轩记》)[①] 在这样的休闲意识下,明清之际士人和大众的道德境界普遍下滑,以致声色犬马,人欲横流。诸如《金瓶梅》《如意君传》《肉蒲团》《姑妄言》《巫山艳史》等大量色情小说在该时的集中出现,一方面固然是人性解放的某种呈现,另一方面不能不表现着审美与道德境界的失范。

总之,对于宋代而言,"日常生活的休闲情趣和审美享受,已经成为宋代社会的一种不可缺少的生活方式"[②],而这种审美意识和休闲境界,也促进了休闲文化(尤其在文学艺术方面)的健康发展。反之,明清之际由于其审美意识和休闲境界日趋卑下,也使得其休闲文化格调相对低迷,一味沉溺形下精致体验,缺少宋人追求"天人之际"的境界。通过宋代与明清之际休闲文化境界的比较,我们不难发现:审美内在地关联着休闲。审美意识和德行境界的引领,对休闲文化的健康发展至关重要。

因此,休闲境界需要提升,休闲审美意识需要激发,休闲伦理需要引导。正是由于看到了这一点,早在20世纪80年代中期,就有学者提出:"忽视对人民进行良好的审美文化教育,尤其是防止对人们在闲暇时间里的文娱享受活动的引导和组织,那么,必将会逐步导致精神文化的衰落,甚至威胁整个社会生活乃至生产劳动的正常秩序(诸如犯罪率上升、社会风气败坏等)。"[③] 此论可谓颇有前瞻性。

通过对比南宋和明清之际两阶段不同休闲境界,可以为提升与规范大众文化生活提供借鉴,启发当代人如何寻找高雅、健康的休闲方式,这将有利于端正国民的人生态度和道德情操,改善生活习气,建立全面、完整的人格,并在某种程度上正能量地繁荣我们这

---

① 袁枚:《袁枚全集》(第二集),江苏古籍出版社1997年,第504页。
② 潘立勇、章辉:《从传统人文艺术的发展到城市休闲文化的繁荣——宋代文化转型描述》,《中原文化研究》2013年第2期。
③ 庞耀辉:《谈闲暇时间观》,《新疆社会科学》1985年第2期。

个时代的文化艺术。

三 时代呼唤下的休闲美学理论建构

历史的考察和现实的需求都呼唤着当代中国休闲美学的建构。

美国学者瑞格布（M. G. Ragheb）等人的研究表明，一个人具体参与什么休闲活动远不如从活动中所获得的满意度更为重要。① 事实上，他和比尔德（J. G. Beard）最先提出 6 项"休闲满意度指标"（Leisure Satisfaction Scale），其中就有审美满意度。② 在某知名高校的一项社科项目调查中，休闲体验被分为情绪体验、审美体验、健康体验、认知体验、个人价值体验和全体关系体验 6 类。问卷显示，审美体验满意度的单项得分最高。③ 这充分说明，审美体验才是休闲体验中最令人满意的高峰体验，是其最有价值的部分。此时，我们也便不难理解当代美学家所言："可以说，审美是休闲的最高层次和最主要方式。"④ "可以说休闲的最高境界就是一种审美境界。"⑤ 可见，休闲中的审美体验是提高生活品质的重要因素。休闲活动需要有审美因素和艺术品质，才不会沦为简单娱乐，也才能给人们带来真正的心理满足。

休闲美学含有对人文精神的追求与对人生的引领，它是一种对社会发展的进程具有校正、平衡、弥补功能的文化精神力量。例如，面对休闲方式中的日益出现的消费和技术主宰，赖勤芳指出：

---

① Ragheb M., R. Tate, *A behavioral model of leisure participation, based on leisure attitude, motivation and satisfaction* [J]. Leisure Studies, 1993, (12): 61-70.

② Beard J., M. Ragheb, *Measuring leisure satisfaction* [J]. Journal of Leisure Research, 1980, (12): 20-23.

③ 王娟、楼嘉军：《城市居民休闲活动满意度的性别差异研究》，《华东经济管理》2007 年第 11 期。

④ 潘立勇：《休闲与审美：自在生命的自由体验》，《浙江大学学报》（人文社会科学版）2005 年第 6 期。

⑤ 张法：《休闲与美学三题议》，《甘肃社会科学》2011 年第 4 期。

"消费时代的到来，不仅把消费问题凸显出来，而且把休闲美学问题推到了前台。"① "技术与休闲全面结合，这迫切需要我们提升休闲的美学品质。"② 这在实质上指出了休闲美学对休闲文化的校正、提升作用的某些方面。

人文社科理论如何与实践相结合一直是颇费思考的问题。长期以来，美学理论由于其过于高深，令大众望而却步，常常被束之高阁而难以对现实生活起到切实作用。而休闲学界认为：休闲学是一个典型的"上天入地"的学问，既可以成为形而上的理论研究，同时又可以成为指导、提升日常生活品质的"接地气"的学问。这种理念也日益得到了美学界的认可。张玉勤指出："'现实观照于审美建构'旨在使人们超脱世俗而步入诗意休闲的通途；"③ 赖勤芳认为："只有实现了对象化了的日常生活才是有意义的、美的生活。……休闲美学研究应着力于日常休闲生活的审美建构。……作为生活美学的重要部分，休闲美学从美学的角度审视日常生活，……重新定义日常生活，提升日常生活的审美品质。"④ 故而潘立勇期待休闲美学研究能够"现实地分析休闲文化演变过程中的异化现象，分析休闲及消费心态、方式异化形成的历史、社会和心理原因，分析借助审美态度和境界提升休闲方式和休闲文化的可能性和必要性，研究使健康的休闲文化成为具体美育方式的可能性和现实途径，研究通过审美'救赎'消解休闲中的异化现象，让人们认识休闲的理论价值和现实意义"⑤。

---

① 赖勤芳：《消费视域中的休闲美学反思》，《湖北理工学院学报》（人文社会科学版）2014年第5期。
② 赖勤芳：《技术视域中的休闲美学反思》，《美与时代》2012年7月上旬刊。
③ 邹雪：《审美文化：休闲研究新的理论视界——张玉勤教授〈休闲美学〉简评》，《黄海学术论坛》第19辑。
④ 赖勤芳：《休闲美学及其论域》，《甘肃社会科学》2011年第4期。
⑤ 潘立勇：《关于当代中国休闲文化研究和休闲美学建构的几点思考》，《玉溪师范学报》2014年第5期。

总之，构建休闲美学有着深厚的社会文化基础，它是休闲文化发展到一定阶段的必然要求与呼唤，对于美学自身来说，也是一种现实性的拓展。凯利早就指出，"它（休闲）是美学，但不仅限于狭义的艺术"①，它断言了休闲与美学的紧密关系，也强调了其内涵的丰富性。马惠娣也发出过这样的先声：休闲文化的时代特点之一就是"追求内在美和人性美"②。它更是指出了时代呼唤下建构休闲美学的重要性。在休闲文化蓬勃发展而其缺失之处亦较明显的当代，构建休闲美学适逢其时，也是当代中国文化建设的当务之急。

---

① ［美］约翰·凯利：《走向自由——休闲社会学新论》，赵冉译，云南人民出版社2000年版，第265页。

② 马惠娣：《建造人类美丽的精神家园——休闲文化的理论思考》，《未来与发展》1996年第6期。

第七章

当代中国休闲美学的理论构建

当代中国社会的生产方式、生活状态和精神需求都发生了重大的变化，传统的劳动和消费以体力劳动和物质需求为基础和价值支点，到当代则转向以智能劳动和精神体验为基础和价值支点，作为研究人类通过情感体验和对象性观照的方式把握世界的精神哲学，美学的形态也需要适应时代与社会的变化，切入新的人本体验场域，构建更吻合人们精神需求和体验的理论形态，当代中国休闲美学正是在这种时代态势、社会需求和文化语境下应运而生。与传统的哲学、心理、艺术美学不同，休闲美学在观照领域、身体机制、社会功能等方面都需要拓展与超越。

根据维基百科（http：//zh.wikipedia.org）的解释，"建构"是一个借用自建筑学的词语，原指建筑起一种构造，主要应用在文化研究、社会科学和文学批评的分析上。建构是指在已有的文本上，建筑起一个分析、阅读系统，使人们可以运用一个解析的脉络，去拆解那些文本中背后的因由和意识形态。因此，建构既不是无中生有的虚构，亦不是阅读文本的唯一定案，而是一种从文本间找到的系统；与建构相对的是解构，解构着重在对各文本间的剖析、阅读，建构则着重在系统的梳理、建立。"构建"则是全方位、多角度、深层次地创构与建立（多用于抽象事物），是一种新的形态的呈现。建构的重点在"构"，构建的重点在"建"，也就是说建构解决的是 what 的问题，构建解决的是 how 的问题。因此，我们在上章采用"建构"的概念，以梳理历史的脉络及其发展；在本章采用"构建"的概念，以探讨新语境下的美学新形态——休闲美学的创构。

第一节　当代中国休闲美学构建的语境

进入 21 世纪以来，技术革命、信息革命、智能革命有力地推动了社会生产的迅速发展，最大限度地解放了人类劳动，传统的劳动形式逐渐被消解。建立在"劳动—休闲"对立关系基础上的传统美学形态，也面临着消解与重建的挑战。当代中国休闲美学的形成与建构，正是基于休闲审美实践成为普通大众日常生活，"劳动"与"休闲"的关系呈现了从对立到和解、从异化到内化这种新的社会现实语境。当代中国休闲美学的主题研究已成为当前人文学科建设不可忽视的一个热点，但"当代"与"传统"的矛盾如何协调或解决，如何在传统社会劳动消解的基础上，构建当代中国休闲美学的学科，是一个亟待解决的理论问题。

一　当代中国休闲美学构建面临的三大问题

进入 20 世纪 80 年代，中国市场经济迅速发展，在市场经济体制的推动和刺激下，社会生产力迸发出前所未有的活力。社会经济的发展不仅为社会普通居民的休闲活动提供了场所、场景，同时也为普通人休闲活动的开展提供了比较好的经济条件。政府开始重视休闲的政策引导，把休闲提升了产业高度，中国休闲产业和休闲市场，已经发展成支撑国民经济发展的重要经济板块。随着社会生产力和市场经济的发展，旅游、娱乐、体育保健等休闲行业迅速成为社会发展的支柱性行业；与此相应，休闲作为古代社会统治阶级的

"特权",如今已成为一种普适的权益,为更多的普通民众所享有。

休闲是人类进入文明社会后一直追求的社会人生理想。中国古代传统文化,强调和尊重人的精神自由,如道家讲究"道法自然",顺应道体的自然法则,摆脱现实的物役,在现实世界中实现"物我两忘",进入精神的自由与永恒;儒家崇尚"曾点之乐",主张在日常生活中无可无不可,通过"寻乐顺化"的修为途径,进入与万物同体的自由境界。古希腊哲学家则从人性与美德的层次分析休闲,如亚里士多德认为休闲是人类实现美德的路径,美德是一种生活方式,来自对人生和历史的沉思,而未有在休闲的境遇内人才能实现美德。然而,由于传统社会从常态上讲,休闲与劳动(尤其是体力劳动)大体是处于对立状态,因此无论是传统中国还是古典西方,休闲作为一种生存状态大体是有闲阶层、贵族绅士可以享受的社会人生权益,普通劳动大众并未能日常地享受这种社会人生权益。

从词义来说,"休闲"一词相对于"劳动"而言,专指人在轻松、愉悦的环境下所获得的心灵自由及其精神体验。"休闲"在中西方语境,都指向人的主观感受和体验,关系到人的体能放松、精神愉悦和境界提升等诸多纬度。鉴于语言对于词义解释多采用对称方式,西方传统的"休闲"这一概念,往往与"劳动"对称,其本意就是有闲阶级通过工业技术对劳动力的解放、对体力劳动的解放,而获得的一种"休闲"状态,休闲哲学要解决的一个核心问题就是如何在社会生活中实现个体精神性的超越与解脱。按照中西方传统哲学的共同理解,休闲就是在超越强迫性劳动基础上的精神享受,带有自由的特性。

从中西方传统哲学的视角出发,"休闲"与"劳动"是一组矛盾对立关系:休闲生活是相对于劳动生活而言的,休闲体验建立在"不劳动生活"的境遇内,休闲审美也是对劳动审美的否定,或者说休闲审美至少是在摆脱了烦琐的体力劳动之后的精神自由与解放。《周易·系辞》曰:"子曰,乾坤其《易》之门邪!乾阳物也,坤阴物也,阴阳合德而刚柔有体,以体天地之撰,以通神明之德。"如同阴阳是一对矛盾关系,传统的休闲美学往往建立在对劳动实践否定或排斥的基础上。①

社会经济发展到今天,劳动形式划分的方式已经发生改变,体力劳动和脑力劳动的对立关系开始模糊化,同时也出现了新的劳动形式,如创意劳动、休闲劳动等,由此淡化或模糊了劳动者在劳动实践中的被制性体力规定。进入当代社会,由于"劳动"与"休闲"的内在关系出现了基础性的变化,国民休闲状态也发生了根本性变化。"休闲"一词,对于当代人来讲,就是指在必要工作时间主要是必要劳动实践之外,在个人日常闲暇的时间内所从事的身体、心灵或精神上的放松活动,是国民普遍可以享有的基本权益。

休闲已经内嵌到第三产业中,成为刺激第三产业发展的内在增长点,不少城市的发展明确以休闲作为城市经济发展的新动力,如杭州、成都等城市都开始重视打造"休闲都市"的名片。休闲已经成为中国人社会生活的重要领域,乃至一种引领性的生活方式,休闲产业则成为当代及未来中国经济发展的"重头戏",成为绿色中国、生态中国、美丽中国建设的时代语境下,解决社会经济发展突出问题的重要手段。就日常生活而言,城乡居民普遍参与休闲实践,既能充分享受改革开放的社会经济发展成果,也能减缓压力、陶冶情操,提升生命质量、生活质量。面对新时代中国社会经济发展引发的积极文化现象,当代中国美学在新的社会现实基础上逐渐形成休闲美学的研究领域,呼应社会现实,研究热点问题。"当代中国休闲美学"的主题已经呼之而出,在社会需求与人文价值的双

---

① 张耀天:《〈禹贡〉堪舆考》,《船山学刊》2013年第4期。

重导向下，成为当前美学界的热点之一。

哲学是对现实生活的批判与反思，建立在以现实生活为元素的理解体系基础上。当代中国社会群体性休闲生活状态，是中国古代落后的社会生产力基础所不能产生的社会现象，也是中国古代思想体系所不能体认的社会现象，不少当代学者将如此社会现象与美学相关理论结合，作为美学对生活、生命现象研究的切口，探索当代群体性休闲生活现象的社会发展动因、深层精神元素，进而探索当代人不同于传统的生活、生命旨趣，并以中西方美学的学科理论为依托，对当前休闲文化中的审美元素和特性进行观照并发掘其作为新型美学研究的学术价值。因而，当代中国休闲美学的构建，首先需要面对传统劳动定义的转化，传统劳动场景的消解而带来的审美主体、美学形态、审美感受对象场域的转换与变化问题。概言之，当代中国休闲美学的构建面临三大问题，或者说是三大语境。

第一，传统休闲审美主体的变化，或者可以说是传统休闲审美主体的消解。传统中国美学史研究的对象主要是文学史、艺术史及哲学史的美学问题，其审美的主体主要是传统中国知识分子群体或富贵阶层，这个审美主体尽管是"以人为本"，是人在美中行走，美在人生命历史中的呈现，但说到底，传统中国封建社会的哲学审美、艺术审美、生活审美，并没能广泛、全面地涉及劳动大众。早在《诗经·伐檀》中劳作者就哀叹：

坎坎伐檀兮，置之河之干兮。河水清且涟猗。不稼不穑，胡取禾三百廛兮？不狩不猎，胡瞻尔庭有县貆兮？彼君子兮，不素餐兮！

尽管《诗经·伐檀》能够谱曲伴唱，但无论如何歌唱不出劳动人民的喜悦。换言之，传统休闲审美中的体验者，都是"有闲阶层",或是"竹林七贤"侃侃玄风,或是"北宋五子"坐而论道。如沈复在《浮生六记》写到自己日常的休闲生活,同样是富绅闲客的浅吟低唱:

> 时方七月,绿树阴浓,水面风来,蝉鸣聒耳。邻老又为制鱼竿,与芸垂钓于柳阴深处。日落时登土山观晚霞夕照,随意联吟,有"兽云吞落日,弓月弹流星"之句。少焉月印池中,虫声四起,设竹榻于篱下,老妪报酒温饭熟,遂就月光对酌,微醺而饭。浴罢则凉鞋蕉扇,或坐或卧,听邻老谈因果报应事。三鼓归卧,周体清凉,几不知身居城市矣。篱边倩邻老购菊,遍植之。九月花开,又与芸居十日。吾母亦欣然来观,持螯对菊,赏玩竟日。

传统社会体系中,休闲审美是封建社会统治阶级或至少是"有闲阶层"的特权,他们进而把休闲审美作为"辅道"的手段工作。如《礼记·学记》所讲:

> 不兴其艺,不能乐学。故君子之于学也,藏焉,修焉,息焉,游焉。夫然,故安其学而亲其师,乐其友而信其道,是以离师辅而不反也。

与此相对应的则是,劳动人民永远生活于繁重的体力劳动之中,甚至通过辛勤劳动也无法实现温饱。更别谈有雅趣从事所谓休闲娱乐,所以自然被普遍地被排斥在休闲审美主体之外。而当代休闲社会体验经济发展的背景下,普通人已经成为休闲经济的主要消费群体,大众已经普遍地体验休闲审美的生活方式。如今杭州西湖的游客,已经不是如张岱《西湖七月半》所言的文人墨客或官宦富绅，而是由来自全国各地、各个阶层人山人海的劳动者构成了其中的主体。

工业革命之后技术力量的渗透，导致了当代休闲审美主体发生了转换，体力劳动和脑力劳动都从日常生活中被机器、技术等解放出来，有可能普遍地享受休闲和审美。如果说，以往历史上的休闲，是体力劳动者的梦想、脑力劳动者的特权，那么今天的休闲生活不仅是体力劳动解放的明证，也是脑力劳动泛化的呈现，互联网技术最大限度地消解了原有劳动生活发生的场景：一个钓鱼的年轻人，或许正在经营自己的淘宝店；一个远足的中年人，或许正在通过卫星电话遥控股市交易；一个衣着时尚、逛街的小姑娘，或许是正在直播赚钱的"网红"；一个在地铁上摇微信的少年，或许正在创意、创业一个"自媒体"项目。在传统劳动场景被消解的现实生活中，生活场景被最大限度地"化境"，休闲审美的生活场景或者如海德格尔所讲的"诗意地栖居"，也真实地发生在当下、现世。

相对而言，传统休闲审美主体的规定，对人的知识结构、审美能力、经济基础各方面的要求都近乎"苛刻"，休闲方式也主要是"六艺"圈定的"玩物适情"。借用西方休闲学者的"休闲制约"理论，可以认为，传统社会在近乎"苛刻"乃至全面的"休闲制约"下，休闲审美主体大致上只能由少数社会文化精英和闲富阶层构成，普通劳动大众无缘介入这个主体。如今这种传统意义上休闲审美的主体结构已经被社会的普遍休闲现实所消解，转而换之为包含普通劳动者的社会公众，当代中国休闲美学研究必须切实面对、全面观照新时代的休闲审美主体，以此作为立论的基点。

第二，传统休闲审美理论形态的转换。西方带有系统理论意义的休闲学诞生于工业革命之后，工业生产力的发展带来了社会劳动力的解放，形成"工业贵族"资产阶级，这些接受了现代教育、拥有工业资产和自由时间的人成为享受休闲"专利"的主体，也为近代休闲学的构建提供了社会和理论基础。从历史资源上说,最早追溯到古希腊时期,柏拉图就曾提出人类的美德只有通过休闲的生活方式才能体现,亚里士多德则强调休闲才是一切事物环绕的中心,"幸福存在于闲暇之中,我们是为了闲暇而忙碌"①不少同时代的哲学家也认为,休闲和闲适才能实现自身的解放、精神的自由。古希腊人把"休闲"等同于"自由"和"解放",所以工作并不是生活的目的,只能充当实现幸福的手段。古希腊人认为,"休闲"是"接近神性"的重要方式,如通过体育竞技可以感受生命的真谛,所以古希腊举办奥林匹克运动会,构建大规模的神庙,人在神庙中冥思、冥想,实现人与神明的"亲近"。在他们看来,是休闲促使了哲学的诞生,唯有进入到休闲生活的境地中,才能实现"爱智慧"的境界和追求。

由此形成的哲学,是书斋的、沉思的、形而上的哲学,最抽象的本体论成为其元哲学。美学作为哲学的分支,主要思考的是美作为理念的显现或上帝的光辉的本质或终极问题,从古希腊柏拉图到德国黑格尔(Georg Wilhelm Friedrich Hegel),美学的主要形态是"自上而下"的哲学美学。尽管近代心理学、认知论、科学方法论的兴起,使西方美学尤其是英美美学的形态发生了注重审美体验、分析认知格局、走向科学实证的"自下而上"的转化②,形成了心理美学、分析美学、科学美学等现代形态,但与大众普通的生活实际、生存体验还是保持着一定的距离,所谓"超功利"和"视听感官"的审美属性规定,使美学形态还是过于带有贵族品质,保持着对生活世界静观乃至远观的态势。美学是继续留在书斋,作为有闲阶层或有闲阶级的"精神特权",还是成为体验生活、审美生活

---

① [古希腊] 亚里士多德:《亚里士多德全集》(第八卷),苗力田译,中国人民大学出版社1992年版,第227页。

② 参见 [美] 托马斯·门罗《走向科学的美学》,中国文联出版公司1986年版。

的生活哲学，都成为亟待解决的一个问题。直至在现象学和存在主义潮流的兴起，哲学才带动美学开始切实关注生活现象、生命体验、生存状态。在现实和哲学源流导向的双重引力下，传统美学发展趋势也发生了转向，即开始关注生活本身。生活就是美学的主题，也成为美学的主体。

与此对应，当代中国美学形态论也逐步走向对生活的回归。社会已经全面地进入休闲时代，更加自由自在、健康全面的生活方式已经成为当代人们普遍的追求，当代美学形态也在自觉不自觉地适应这种追求而呈现众多新形态。当代中国美学围绕生命、生活体验及境域这个核心，形成了生命美学、生命美学、身体美学、休闲美学、生态（含环境）美学等诸种内在相关的新形态。作为着重乃至直接研究生命、生活的自由愉悦体验状态及其理想境界的休闲美学正是这种转向的必然产物，需要进而研究的是，如何放下美学的"贵族""精英"身份，更切实地融入和回应当代大众的日常生存体验，形成有别于传统美学的新形态。

第三，当代休闲审美感受对象场域的转变。一个突出的表征是，借助于科技革命和互联网的力量，当代人类的生活境遇和生命状态都发生了巨大的变化，在休闲审美感受上也形成了与传统世界非常不同的对象、载体和场域。互联网技术带来了全新的世界，在感受领域，"虚拟世界"冲击了"实体世界"，颠覆了传统世界的基本结构，也冲击了传统美学所构建的"主体—客体"结构。传统世界所构建的休闲审美结构，一方面被虚拟世界冲刺，当代社会的休闲体验和审美呈现被虚拟化、"后现代"化；另一方面，互联网技术带来了新的休闲和审美方式的发展机遇，借助于互联网技术实现了大众传播、大众传媒，促进了休闲审美形式的生活化、多样化，"后美学主义"的倾向已从"潜流"走向"显学"。

互联网时代的休闲审美，打破了传统休闲审美的范畴，消解了传统休闲审美对象场域的"实体化垄断"。然而问题在于，以互联网技术为代表的新时代技术理性带来的并非只是正面的效应，在极大地便利当代人类休闲生活的同时，过于技术化、数字化、效率化也一定程度上限制、吞噬了人的自然情感，消解了本真"在场"，由此促使了人类对生存境遇的美学之思，并重新审视，进而重视海德格尔对当代人类发出的"诗意地栖居"的呼唤，探寻本真而诗意的休闲和审美体验对于人的生存活动、生存环境、生存发展具有的存在意义和价值。如何更切实、更深入、更全面地关注并融入全民日常生活的休闲审美的实际，从而构建相应的、独特的美学理论形态，并彰显其在数字化、后现代社会的"审美救赎"价值，是当代中国休闲美学建构必须要考虑的重要理论节点。

二 传统劳动形式消解基础上的休闲审美内涵和价值取向转化

劳动在传统社会发展中，一直被视为创造人类文明的驱动力。然而每次科技的进步，给人带来巨大解放的同时，也往往包含着人类对劳动的否定或超越。蒸汽机为代表的第一次工业革命，把人类从繁重的工矿劳作中解放乃至很大程度地取代；以电力为代表的第二次工业革命，则把人类从大部分的轻工业和农业劳作中解放乃至很大程度地取代；数字化和人工智能为代表的技术革命则进而解放乃至取代人类智力的劳作。科技的发展和互联网革命，从某种意义上讲，也颠覆了"劳动创造财富"的基本理念，传统意义上的劳动及劳动划分方式，已经淡化出人们的日常生活，人的双手开始逐渐地从工程建筑、工矿开采等繁重的体力劳动中抽离，劳动力密集型的农业生产方式也远离人们的生活，取而代之的是机械化耕作、集约式生产和智能化存储销售等。普通人的家庭生活，如洗衣、煮饭等基本家务，也开始逐渐开始用智能家电、智能机器人服务。

不仅传统意义上的繁重体力劳动和轻便体力劳动的概念开始模

糊和淡化，即使是脑力劳动的定义也开始模糊化，计算机软件可以辅助甚至于替代设计师的创意工作，写作智能机器人已经诞生，诗人、作家、记者等传统意义上的"经典"脑力劳动者也开始面临人工智能的挑战。西方当代马克思主义学者展开了"数字劳动"主题的研究，如 2014 年，英国学术期刊《传播、资本主义和批判》组织刊发了题为"全世界哲学家团结起来，理论化数字劳动和虚拟工作"的论文集，论文集中的不少西方学者认为"数字劳动"形式的出现，是与传统物质劳动有着显著区别的"非物质化劳动"，很难把它定义为传统劳动模式。

在科技革命、信息技术的催化下，传统劳动模式已陷入难以定义、模糊概念的境地。科学技术真正地成为社会发展的根本驱动力，社会现实生活中很难寻找到如体力劳动、脑力劳动完全对立划分的劳动形式。真正意义上的体力劳动，乃至于传统意义上的脑力劳动，也开始远离普通人的生活场景。

传统定义认为，休闲就是非劳动实践，休闲意味着对劳动的否定。在传统美学的架构中，"休闲"和"劳动"是一组反义词，休闲被赋予了更多的"特权"含义。马克思在论述劳动时间创造财富这一主题的时候指出："自由时间，可以支配的时间，就是财富本身：一部分用于消费产品，一部分用于从事自由活动。这种自由活动不像劳动那样是在必须实现的外在目的压力下决定的，而这种外在目的实现是自由的必然性。"[1] 在马克思看来，工业化时代人的生命被"量化"为获取劳动价值的方式，劳动就是工作，而象征着工作的劳动不代表自由，由此也不能实现生命的解放和精神的自由。马克思进而解释了何谓"休闲"时间的问题，在马克思看来："这种时间不被直接生产劳动所吸收，而是用于娱乐和休息，从而为自

---

[1] 《马克思恩格斯全集》第 35 卷，人民出版社 2013 年版，第 230 页。

由活动和发展开辟开阔天地，时间是发展才能等等的广阔天地。"①按此理解，休闲时间应该属于非劳动时间，劳动时间并不能带来休闲的快乐，休闲行为和劳动行为是对立的，休闲审美诞生于"非劳动时间"内，成为有闲阶级的特权。马克思进而认为生产与消费互为中介，他在《政治经济学批判》导言中曾对此作过经典阐述："生产不仅直接是消费，消费不仅直接是生产；生产也不仅是消费的手段，消费也不仅是生产的目的，就是说，每一方都为对方提供对象，生产为消费提供外在的对象，消费为生产提供想象的对象；两者的每一方不仅直接就是对方，不仅中介着对方，而且，两者的每一方由于自己的实现才创造对方；每一方是把自己当作对方创造出来。"② 根据"消费替产品创造了主体"的原理，在传统社会，能够进行休闲消费的只是富裕阶层，因而传统休闲审美的主体只能是贵族阶层，普通大众无缘成为这种主体。

长久以来，休闲和劳动和工作，呈矛盾对立关系，但互联网时代正在颠覆传统社会对劳动、工作、职业的认识。社会发展到今天，劳动本质没有改变，但是劳动形式发生了根本性的改变，体力劳动和脑力劳动的界限不再分明；新的劳动形式层出不穷，虚拟劳动、数字劳动、游戏劳动、休闲劳动等劳动新现象，不断颠覆着人类对劳动的认知；互联网时代的到来，更是消解了传统劳动形式，最大程度上实现了人的自由和解放。借助于技术手段，劳动不再受时空的限制，以创造性为主题的劳动已经"内化"成为生产、生活方式，人不再为劳动形式或职业岗位所"异化"。在这种劳动场景下，人能够最大限度地发挥潜能、成就个体的自由与解放。

进入"后工业"时代，不仅脑力劳动和体力劳动的天然鸿沟消失了，更重要的是，作为工具的"劳动"和作为目的的"休闲"，

---

① 《马克思恩格斯全集》第26卷第3册，人民出版社1974年版，第281页。
② 《马克思恩格斯选集》第2卷，人民出版社1995版年版，第11页。

也开始模糊了原本泾渭分明的区别。20世纪中叶，美国当代著名的社会学家和未来学家丹尼尔·贝尔（Daniel Bell）开始反思未来人类社会的发展问题，提出了"后工业社会"的概念。在贝尔看来，后工业社会一个最明显的特点是大多数劳动力不再从事农业或制造业，而是从事服务业，如贸易、金融、运输、保健、娱乐、研究、教育和管理。也就是说，某种意义上，"休闲"也是一种"劳动"；这种新的产业模式不仅颠覆了传统社会对劳动的定义，而且消解了"休闲"高高在上作为非体力劳动者的特权。比如，当前有许多从事休闲产业的工作人员，或者是某旅游频道的编辑，或者是某旅游公司的导游，他的工作内容就是"休闲"，"休闲"本身就是"劳动"。

所以，互联网时代的到来，在新的"劳动—休闲"体系中，传统休闲审美的基础发生了根本性的变化。首先，休闲审美实践主体的变化。传统社会的休闲审美实践，往往是贵族的特权，是"有闲阶层"的尊严，这种特权和尊严是建立对劳动或者至少是对体力劳动否定的基础上；互联网时代的劳动者，已很难定义他是体力劳动者还是脑力劳动者，甚至于他所从事的"劳动"本身就是"休闲"。其次，休闲审美体验场域的变化。传统休闲审美体验的追求是建立在生产力相对落后的基础上，地域和产业格局分化非常严重，消息交流和传播都非常闭塞，在这种背景下所产生的休闲审美体验，往往是一种残缺生活现状对美好生活体验的向往，如《尚书·洪范·九畴》中说的五福，"一曰寿，二曰富，三曰康宁，四曰攸好德，五曰考终命"。在今天看来，长寿、富足、健康、和平和和谐社会，都不再是遥远的梦想。老庄开创的中国注重自然情感的美学价值，也是建立在"小国寡民"自然经济的基础上。这种审美是个体的、情感型的体验，和今天贸易全球化、生产社会化的世界格局完全不同。当前人的主观审美体验，不可能再是建立离群索居、世外桃源的生活基础上。最后，休闲审美价值取向的变化。传统休闲审美哲学认为，休闲的价值在于人能通过自己的审美视野，突破当下、现实、有限的时空限制，实现人对自由、幸福等永恒性价值的追求，并且在实现审美价值的体验之后，使人的精神世界摆脱现实世界的羁绊，进入到如冯友兰先生所讲的"天地境界"。而当今的许多"休闲劳动"产业中，工作本身就是一种休闲，人可以将自己的兴趣、爱好和自己的工作环境、劳动工种"无障碍"地契合起来。在这种场景下，劳动和休闲融为一体，休闲既是劳动也是目的，劳动既是休闲也是归宿。所谓休闲审美价值，已经无须"外求"，在自己的劳动环境和工作状态下就可以实现。

休闲是人类实现自由的象征，正如恩格斯所说的，人终于成为自己的社会结合的主人，从而也成为自然界的主人，成为自身的主人，自由的人。人在自由的状态下，不仅摆脱了自然生物的界定，并且能实现自由意志更高的价值追求。在传统劳动的语境下，休闲是劳动的目的，而劳动成为休闲的"羁绊"，是人类实现个体自由的障碍，一切休闲及其审美价值的产生，都是建立在对劳动否定的基础上。当前技术革命和信息革命根本性消解传统劳动形式之后，休闲审美的语境内产生了传统美学视域无法解释、不可调和，当代休闲美学需要重新阐释、予以化解的三组矛盾。

第一组是休闲实践和劳动实践的矛盾。传统意义上的休闲是对劳动的解放，简单地来讲，休闲就是人类在生活和生产过程中，从繁重的体力劳动和脑力劳动中解脱出来，进行心灵建设的活动。从这个角度上讲，休闲与劳动特别是体力劳动，是对立的、不兼容的。而互联网时代人借助于技术革命的手段，最大限度地解放了劳动，不仅体力劳动逐渐呈现消失的态势，脑力劳动和体力劳动的界限也逐渐模糊，甚至于劳动与休闲开始在具体工种中实现统一，原本建立在劳动—休闲对立基础上的分工实践模式，逐渐被泛化为劳动—休闲一体化的"无界域"实践模式。如何解释休闲实践与劳动实践的对立统一,是当代休闲美学要面对的第一组矛盾。

第二组是休闲体验和劳动体验的矛盾。无论是中国美学传统中歌颂的休闲境界,还是西方社会中所倡导的休闲精神,都是基本排斥功利性的劳动体验。西方传统哲学对于休闲的定义,基本沿袭的是古希腊时代柏拉图所确定的立场,把休闲与劳动两者之间绝对对立,把劳动作为休闲的"大敌",或者肆意贬低劳动者的地位,如柏拉图的《理想国》把劳动者作为社会层级中最低级,亚里士多德也认为"闲暇比勤劳更为高尚"[1]。传统休闲的本质是人类在生存过程中,从劳动的疲劳、倦怠、压迫感解放出来,补充能源以进行的再生产的手段。传统劳动场景消解之后,休闲和劳动都成为人精神自由与解放的方式,劳动的工具性也随之消解,与休闲一样,都成为人实现自由全面解放的方式。传统的劳动体验是为了实现生存功利而付出的实践活动,传统的休闲体验,则大体是无功利性的精神活动,而其实审美与休闲体验包含着人类自身的最大功利,即实现人的精神解放和自由的终极追求。如何对待两者的异同体验及其新语境中的功利性问题,是当代休闲美学要解决的第二组矛盾。

第三组是休闲审美和劳动审美的矛盾。马克思最早意识到资本主义生产方式对人带来的劳动"异化"现象。在传统劳动的境遇内,人是迫于生存压力从事繁重的体力劳动,劳动者并不享有劳动成果及其幸福,不能主宰自己的命运,甚至于自己的身体自由都无法自主。所以,一方面"劳动创造了美",另一方面"劳动也创造了丑陋"。基于前者,劳动过程及其结果可以某种程度地审美;基于后者,劳动活成及其结果只能异在地审丑,所谓劳动审美具有双重性。基于德国古典哲学的"审美救赎"理想,是将休闲审美作为

---

[1] [古希腊]亚里士多德:《政治学》,第410页。

劳动审美的出路。劳动人民在繁重劳作环境下，可以通过对休闲生活的畅想、对美好生活的向往，把自己从工具性的劳动生活中解放出来，忙中偷闲、累中取乐，把休闲审美作为劳动审美的逆向反映，把现实中劳动的人代入到一个超世俗、超功利的自由自在的精神境界，并由此而获得身心的怡然和升华。然而在当前科学技术的进步和社会劳动智能化的社会大背景下，传统繁重的劳动形式几乎已荡然无存：工业生产的智能化、农业生产的机械化，除部分传统手工业还需要手工劳动以体现某种工匠精神外，技术解放劳动力的现象已渗透到今天社会的各行各业。技术现代化对传统休闲审美语境的消解，不仅使源于传统意义的劳动审美的不复存在，进而也产生了新的问题，即来自技术革命本身遏制了人的全面发展，使人在通过技术解放自我的过程中反而被技术"绑架"，成为马尔库塞（Herbert Marcuse）笔下"单维人"。如何在传统劳动场景消解的基础上，通过在当代生活中注入休闲审美元素，激活人的主动性，恢复人的主体性，完善人的全面性，把脱离了传统繁重劳动的现实生活，作为休闲审美"反身而诚"的"道场"，沟通休闲审美哲学理论和经验世界的关联，在新的现实语境下实现真正的"理论突围"，是当代中国休闲美学必须注重研究的第三组矛盾。

三 传统劳动消解基础上的当代中国休闲美学构建

如上所述，人类历史上的数次科技革命，极大地解放了社会生产力，把人从繁重的劳动生活场景中解放出来。每次科技革命及相应解放，都会带来社会制度的变革、历史场景的重建、人类生活的剧变，这些改变都一一反映、折射在人类对美的感受、价值和拷问上。带领人类进入 21 世纪的信息革命、智能革命，不同于以往历次科技革命，它不仅否定了人类传统的劳动划分方式，更是颠覆了人类对"劳动—休闲"关系的认知。传统休闲审美基于"休闲"

对"劳动"否定的历史语境,而在传统劳动场景消解的新背景下,如何重新寻找"美在何处"或"何处是美",建立新的美学形态,构建新的价值体系,是当代休闲美学亟待解决的理论问题。

休闲学所关涉的学科非常庞杂,诸如哲学、文化学、社会学、经济学、心理学、行为学、人类学等,休闲美学则是休闲学与美学交叉融合而形成的理论形态,是伴随着社会发展中的休闲实践而产生的,其核心是研究休闲活动过程中人的精神体验问题。休闲作为一种精神性的活动,人在休闲的过程中所产生的精神放松、心情愉悦、价值体验、境界提升等状态,都是休闲美学要研究的内容。传统美学理论中并没有休闲美学的专门形态,但包含着休闲美学的思想。当代休闲美学则基于现代学术视野对人在休闲活动中获得的身心合一的审美体验的状态、特点及其规律的专门而系统的研究,着重研究休闲审美作为自由的人本体验的形式、特点和规律。

当代休闲美学本质上讲,与传统美学的本质并无区别,都是现实生活中的人借助审美方式及其理论形态对自在生命的自由体验的超越性问题、永恒性价值的思考。这种超越、永恒,并不是神学的范畴,而是建立在人对现实生活体验、反思、思辨的基础上,通过休闲审美构建起来的个体生命与形上理论的关联。休闲在当代不仅是一种理想、一种境界,也是一种生活方式、一种存在状态,休闲美学的最终目的是要通过对现实中人的存在方式赋予审美的价值,进而发掘休闲蕴含的人本意义,并在这个基础上探索人的生命价值,正如中国古代哲学中有关"极高明而道中庸""道器不离"的传统智慧,把人的日常生活提升到本体论的意义上,由此不仅给人休闲生活的审美意义,并且促进人对现实生活的审美反思和审美化生存。

鉴于此,笔者认为,在传统劳动场景消解背景下,当代中国休闲美学需要审视从对立到和解(技术)、从异化到内化(劳动)、从消解到重建（主体）的三大转变，以作为学科构建的理论准备。

第一，从对立到和解。工业革命之后，西方资产阶级在享有工人阶级劳动成果的基础上，拥有更多闲暇的时间及借助财富实现自由的可能，进而形成了西方传统美学和休闲哲学。人类历史上每一次技术的进步，对休闲审美哲学都是一次颠覆性的革命，信息革命和智能革命则作了"釜底抽薪"式的否定，它不仅把人从体力劳动乃至脑力劳动中解放出来，甚至于直接消解了劳动。由此休闲审美学科被带入到更尴尬的境地：研究的主体是传统劳动状态下人，及人在劳动之后追求休闲所带来的审美感受；然而，现在"劳动"本身都斗转星移，无可觅踪，原本的研究对象成为无本之木，于是休闲美学如基于传统的视域，就可能成为一个与当前信息革命、智能革命"对立"的学科。

当代中国休闲美学应通过淡化技术革命过于强化的"工具理性"，基于审美情怀和人本立场，在充分肯定技术革命对社会和人性解放作用的基础上，适度消解"工具理性"对人性的异化，实现与当前的智能革命、信息革命实现最大程度的"和解"，充分发挥休闲审美对人价值与意义的全面肯定与生成作用。与传统场景下的劳动意义不同，现代科技革命尽管最大限度地解放了人类劳动，但是它却拥有过于强化乃至片面的"工具理性"。人在传统劳动境遇内，还有拥有思索超越性问题的主体性，而在今天的智能劳动境遇内，却更容易成为技术的工具、科技的奴隶，"工具理性"的极端化，反而不利于人的现代化和人性的完善。中国当代休闲美学与技术理性"和解"的主旨就是发挥休闲审美对人本存在的本位优势，实现"工具理性"和"价值理性"充分融合，实现人的真正自由与解放。

第二，从异化到内化。传统休闲审美哲学认为休闲生活是对劳动生活的解脱，现实生活中的劳动者在劳动中根本找不到工作的乐趣，特别是从事体力劳动的工人，在资本主义的生产方式下是一种被奴役的状态，肉体与精神都承受着虐待。与之相对应的是，有闲阶层则通过占有劳动阶层的劳动成果，不仅拥有大量的财富，同时也拥有享有休闲的时间和权利。传统休闲审美在贵族和有闲阶层看来，是一种权力语言，对于普通人来讲则是"异化"于生活之外的遥想生命状态。传统劳动语境内，劳动由于"占有"位势的不同被异化，"劳动—休闲"成为一对无法调和的矛盾。

信息革命、智能革命，给人带来最大的自由不仅消解了人的职业界限，更是消解了人工作的时空限制，借助于网络甚至于可以在休闲中完成工作。工作不再被界定为"劳动"，而成为一种生命需要。从"后工业时代"到"现象学革命"，劳动的内涵和方式发生根本性变化，哲学关注的领域转向生活自身及其存在方式。在现实和哲学源流导向的双重引力下，美学的发展趋势也发生了转向，开始更本体性地关注生活本身。生活既是美学的主题，也成为美学的主体。当代中国休闲美学的建构也应该顺应这种趋势，消解传统意义上的劳动的外在性和异化性，将新型劳动模式中的休闲审美"内化"为一种生活方式以消除"异化劳动"对人性和本真世界的遮蔽，以更好地发挥其"成为人"，完善人性的人文功能。

第三，从消解到重建。在"劳动—休闲"对立关系的格局下，传统休闲审美哲学及美学的主体尽管也是强调"以人为本"，但是这个"人"具体到社会场景中，大体是贵族、知识分子、有闲阶层。传统美学的艺术审美、生活审美，尽管是建立在"劳动"的基础上，但是普通劳动者大体无关；同时，传统审美主体的认定对人的知识结构、认知水平、经济基础、休闲时间等各方面的要求都近乎"苛刻"，休闲审美的方式尽管多彩，但基本立足统一于"非劳动"的生活。社会技术的进步和经济的发展，使普通大众拥有了休闲的权利，较之于传统美学的休闲生活"门槛"来讲，今天的休闲生活更容易实现，比如便利的交通、宜居的城市、发达的传媒等，都使休闲成为一种生活方式，同时更容易体验到精神的放松、生活的惬意。

当代休闲美学需要重新认定休闲审美主体，把休闲审美的价值植入到普通人的日常生活，并视其为人的理想的也是基本的存在方式。由此，需要消解中国传统哲学思想中将休闲视为"玩物丧志"的认知偏差，消解西方传统哲学上赋予休闲的贵族化特性，强调并深化休闲审美"极高明而道中庸"的属性：认可普通人在休闲审美实践中的主体地位，承认普通人对现实生活的追求幸福、追求美的权利；休闲审美既是普通人生存应有的基本方式，也是人类追求的最高生存理想和境界，将美学中永恒、超越的价值推及、提升到普适情怀和终极境界的维度。这种休闲审美主体的重建，为中国未来美学的发展提供了一条新的突破之路：走进普通人的生活。哲学的入世，为中国未来美学的破局，提供了一条可参照的道路。只有从传统的抽象领域和艺术中心论走出来，走到当代社会生活中，走到日常审美中，积极主动地结合社会发展的现实、人民需求的现实、理论研究的现实，才能让传统美学更富有活力和生命力。[①]

传统劳动场景下构建的"劳动—休闲"的对立关系，在信息革命、智能革命的历史背景下，已经逐渐被消解。这为当代中国休闲美学的重建带来了新的契机：休闲美学诞生于生活，是对休闲审美生活、现实生存世界的观照与反思。哲学是对生活的提炼、提升与反思，而新的生活场景又"拯救"了哲学，使其获得新的活力和形态。休闲审美生活成为普通大众的生活常态，给美学提供了新的研究素材和研究质料，开辟了新的领域，注入了新鲜的元素，也必然催生新的理论形态。

---

① 潘立勇、朱璟：《审美与休闲研究的中国话语和理论体系》，《中国文学批评》2016年第4期。

第二节　休闲美学的身体感官机制

休闲是人自在生命的自由体验，审美是休闲的最高层次和最主要方式，自由体验是休闲美学与传统美学的共同追求。与把耳目作为审美感官密切相连，传统美学在审美方式上带有形式观照的距离性，在审美对象上集中于艺术品领域，在审美本质上是对象性超越的自由体验；与把全身体认作为审美经验相对应，休闲美学在审美方式上是全身心的直接感知，在审美对象上是当下整体的具体现实环境，在审美本质上则是融入性的自由体验。所以，与各自秉持的身体感官机制密切相连，传统审美是一种带有距离性并侧重对象性超越的形式化观赏活动；休闲审美则是一种全身心直接感知并身与物化的融入性体验。休闲美学强调审美感官融入性的身与物化，这是其在践履层面的现实关怀。

诚如《孟子·告子章句上》之论述："口之于味也，有同耆焉；耳之于声也，有同听焉；目之于色也，有同美焉。"人类感官，作为同一族群的相同生理器官，有着大体相通的感知愉悦和爱好欲求，这也是以体验为核心理念的传统美学与休闲美学的共同身体基础。虽然两者都注重审美的感官来源，传统美学与休闲美学在审美的具体感知方式、状态和价值指向方面却有不尽相同之认识；显然，视、听、味、嗅、触等感觉在感官朝向、刺激状态和意义体会等方面有所分别。对这些感官的不同倚重导致了传统美学与休闲美学对审美感官的定位有所差异。概之可谓：耳目感官具有外指性朝向和时空组织性的形式化感知，其他身心感官则更倾向于内在体验和直接感受；所以，认为美是外在于人的某种理念、理式或形式的传统美学，倚重甚或独尊耳目而贬抑其他感官；而关注人的当下生存和生命体验的休闲美学，则把诸感官的自在敞开和自由交融作为休闲审美的题中之义。

一 视听观赏：传统美学的审美感知指向

关于人类审美的身体感官，传统美学思想家基本达成了一个共识：人类主要甚至仅仅是通过耳目视听来进行审美和产生美感的。对这一思想的揭橥，可追溯到最早对美的问题进行深入思考的柏拉图。在与希庇阿斯（Hippias）的对话中，他借苏格拉底之口提出，视听快感虽非美本身，却可通达于美①。同时，他把人类其他感官排除在美的讨论之外。②

认为美是一种形式的康德，更是直接把审美的感官限定为"视听"。在他看来，味嗅触等感觉把人的注意力直接导向自己身体的快适感受，并因此让人对刺激物的"质料"本身进行判断；而视听官感，虽然也可以影响人的快意，但因为指向不直接与人发生利害关系的外物，所以才可能"陈述一个对象或它的表象方式"，才可能参与"真正的鉴赏判断"——"作为形式的感性判断。"③ 因此，在整个"美的分析"中，康德忽略其他"经验性感性判断"，仅对耳目之"纯粹的感性判断"来进行审美思考。这在他对"美的艺术的划分"中表现得更为明显。其中，他把"作为外部感官印象"的第三种美的艺术④——"感觉的美的游戏的艺术"，仅仅"划分为听觉和视觉这两种感觉的人造游戏"，而这与它们能"在审美判

---

① 北京大学哲学系美学教研室编：《西方美学家论美和美感》，商务印书馆1980年版，第30—33页。
② 北京大学哲学系美学教研室编：《西方美学家论美和美感》，第31页。
③ ［德］康德：《判断力批判》，邓晓芒译，人民出版社2002年版，第59页。
④ 康德划分的前两种"美的艺术"为"语言艺术"与"造型艺术"，很明显，这两者的感官通道都是耳目。虽然在两者之外，康德对触觉经验亦有重视（这在他对纯粹理性的批判中亦可看出），因此他承认在"造型艺术"中有触觉感知的成分，但同时指出，触觉"并不着眼于美"（［德］康德：《判断力批判》，邓晓芒译，人民出版社2002年版，第167页）。

断中带来一种对形式的愉悦"① 不无关系。

以柏拉图和康德为例，我们要注意的是传统美学思想系统中的两个部分。一部分位于美感之初起，论断人类身体感官与审美的关联，其基本观点如前所述，认为耳目是审美伊始的身体感官，其他身体感官则无审美属性；另一部分位于美与美感之所是，认为美是某种理念或形式。这同处于一种思想系统的两部分之间是否有所呼应？对这一问题的探析或可辨明为什么耳目会有别于其他感官而在美学史中独具审美功能。

桑塔耶纳（George Santayana）对于审美快感的评述可以为这一问题提供启发。像大多传统美学家一样，他认为"绝不是一切快感都是审美的感知"，"审美快感也有生理条件，它们依赖耳目的活动"。并且，他进一步点明了生理快感与审美快感之间的明显区别，"审美快感的器官必须是无障碍的，它们必须是不隔断我们的注意，而直接把注意引向外在的事物。"审美快感之所以要把注意力引向外在事物，是因为"我们的灵魂仿佛乐于忘记它与肉体的关系"，当我们的注意力脱离了肉体而指向外在，灵魂才会愉悦起来，美感才得以生成；而让人"沉湎于肉体之中和局限于感官之内"的生理快感，则"使我们感到一种粗鄙和自私的色调"②。所以，引起生理快感的味嗅触等官感，被排除出了审美范畴。对这些官感更细微的甄别，可见于他对"美的材料"的论述中。他认为味嗅触觉是"非审美"和"低级"的原因，不在于其"享受性"，而是因为他们在本质上"不是空间性的"，而且"没有达到象声音所具有的组织性"③。而"空间性"和"组织性"，正是"形式"的显著特点。

---

① ［德］康德：《判断力批判》，第166—170页。
② ［美］乔治·桑塔耶纳：《美感》，缪灵珠译，中国社会科学出版社1982年版，第24—25页。
③ ［美］乔治·桑塔耶纳：《美感》，第44页。

因此，他把"形式"作为"美的同义语"① 也就不足为奇了。

这就是桑塔耶纳美学思想系统中的两部分——美之所是与审美感官——之间的联系。其理论背后的思想观念，实则代表了仅把耳目作为审美感官的美学家们的思想理络，而他们也往往把美作为一种理念或形式。

这是因为视听与味嗅触等感觉不同，如桑塔耶纳所言，味觉、嗅觉、触觉使人直接关注到自己身体内部的反应和感受，视觉、听觉却直接把人引向外在事物。当人把注意力放在外物时，就不免调用知觉系统对外界进行潜默的认知加工；与人对外物所进行的完形与同构、同化与顺应等诸多心理过程相应，外界呈现为形式化的时空组织性。由此，以这种思想家本人或许也未加以觉察的思维脉络②，美在（外在于人本身的）理念或形式的论断，与审美感官仅在于耳目的观点，成为同一美学思想系统中紧密相连的两个方面。

耳目感官的外指性和对外物的形式化加工过程，使得审美活动无论在生理层面还是心理层面都具有某种"距离性"；同时，这种距离性又体现为审美对象与现实生活相剥离，所以传统美学的审美对象多与日常生活脱离开来，而集中在艺术品领域。通过梳理历史上的美学思想，瑞士近现代美学家布洛（Edward Bullough）对这些传统审美特点的经典总结也正阐明了这一认识："美，最广义的审美价值，没有距离的间隔就不可能成立。"③ 而且，"'距离'标志着艺术创作过程中最重要的步骤，而且可以为通常被泛称为'艺术气质'这东西的一个显著特征。"④ 于是，审美呈现为人对艺术品

---

① ［美］乔治·桑塔耶纳：《美感》，第50页。
② 传统美学思想家们推崇智识和理性，正是他们的这种推崇和由此对形式、理念的赞赏，而使得他们以耳目为审美感官的观点具有某种必然性。如前所述，它们之间其实有着天然关联，思想家们所尊崇的观念已决定了他们对审美感官的选择。
③ 北京大学哲学系美学教研室编：《西方美学家论美和美感》，第278页。
④ 北京大学哲学系美学教研室编：《西方美学家论美和美感》，第277页。

的、带有距离性的视听观赏。而审美之本质，又在于最终超越这种距离，抵达艺术精神之核心，"高升到上界，到美本身"[①]。超越此岸与彼岸的分界、超越现实与精神的距离，从而体悟到那外在于己身的美之理念或形式，这种或"迷狂"或澄净的对象性超越，正是审美的自由之境。

因此，与把耳目作为审美感官密切相连，传统美学在审美方式上带有距离性，在审美对象上集中于艺术品领域，在审美本质上是对象性超越的自由体验。所以说，传统审美的性质和样态，是一种带有距离性并侧重对象性超越的形式化观赏活动。

而这一切在最初感知层面的出发点，则在于耳目感官的"外指性"，其距离性和形式化随之而起。它们带来的美的感受与感动，或者引人赞颂彼岸的救赎而具有神性光彩，或者引人沉思外物的形式而进入理性主义的视野，耳目感官的指向与美学思考的朝向以一种天然的默契联结在了一起。于是，"美"成为"引领我们上升"的"永恒之女性"（歌德语），"上升"是因为人的精力需通过耳目的"外指"而脱离凡俗的肉体，审美要经过对外物的认知与对客观形式的觉察，而非自然直接的身体内部感受；审美感受是一场发生在"永恒之所"的游历——那里或是信仰的神秘天国，或是精神的纯粹世界，却不会是人类的现世肉体。

但在近现代的美学发展中，人本身的存在越来越受到重视。近现代以降的诸多思想家，以对人之经验与存在的颂词，把美的哲思引向人的现世存在甚至是肉体本身。于是，外在于人而作为一种客观形式的美受到更多更强烈的质疑，对美的解释，也由向外寻求而更多地转变为对人存在本身进行回答。相应地，仅把外指性的耳目作为审美感官的看法也受到了冲击。

[①] 北京大学哲学系美学教研室编：《西方美学家论美和美感》，第35页。

二 自在敞开与自由融入：休闲美学的身体感知

"休闲是人的理想生存状态，审美是人的理想体验方式。休闲之为理想在于进入了人类的自在生命领域，审美之为理想在于进入了生命的自由体验状态，两者有着共同的前提与指向。"① 休闲美学着眼于人的当下存在，关注人的自在生命之本然状态，既不会用虚幻的彼岸来否定人的此在之身，也不会以理性式样去束缚活泼泼的生命性情。所以，与传统美学不同，休闲美学不会仅通过耳目去寻求外在于人的彼在之美，而是尊重人感知世界的本然样态，使各种感官"各得其分"、诚如其是，以其自然特性而融合交汇于人的休闲审美过程，使人明闲之本体，得闲之境界。从这个意义上说，人类感知世界的所有感官，就是休闲审美的感官。

把鼻、舌、皮肤乃至人的周身器官视为休闲审美感官，不但是出于休闲活动的实际经验，也是"休闲"本身的学理要求。这是因为"休闲是以其自身为目的的"，正如赫伊津哈对游戏的观点："我们不可能从游戏之外认识游戏，游戏并非一种理性行为。"并且，游戏的乐趣"根本就是非理性的体验"，所以"游戏的目的就是游戏本身"②，而休闲亦复如是。休闲的指向与目的，就在于休闲本身，在于休闲之人的存在本身和感受本身。因此，不像传统美学仅选择"外指性"的耳目作为其审美感官，休闲把人的整个身体作为休闲感官，并认为其"包含美学成分：优雅的动作，和谐的音乐，游戏和运动的复杂性，味觉的敏感和对所有感觉的表达"③。因而人的全身感官都被纳入了休闲美学的研究范畴。

---

① 潘立勇：《休闲与审美：自在生命的自由体验》，《浙江大学学报》（人文社会科学版）2005年第6期。
② [美] 托马斯·古德尔、杰弗瑞·戈比：《人类思想史中的休闲》，第260页。
③ [美] 托马斯·古德尔、杰弗瑞·戈比：《人类思想史中的休闲》，第238页。

传统美学贬抑味嗅触等感觉的一个原因，盖因它们带来的只是暂时的快适，由此认为这些感官无法明晰真正之存在、永恒之美感；对这种历史上的审美态度，身体美学家舒斯特曼关于通俗艺术的辩护可以作为很好的回应：通俗艺术的强烈满足在其"短促性"意义上常"被讥讽为虚假的"，"它们不是真实的，因为它们飞速消逝"，但这种思路并不正确，因为"某种仅仅暂时存在的东西仍然是真正地存在，一个暂时的满足始终是一种满足"[①]。

这一辩护同样可以作为对休闲美学的阐明，特别是在休闲审美的感官经验方面。正是多种感官经验的融合参与，才成就了完满的休闲审美之感受。其中，味嗅触等感觉虽然给人带来的心理快适和满足是短暂和强烈的，但和视听感觉一样，也是真实不妄的休闲审美因素，并带给人美好难忘的休闲审美印象。比如，在山水之间饮酒歌赋是古人常见的休闲活动，对此欧阳修有记曰："醉翁之意不在酒，在乎山水之间也。山水之乐，得之心而寓之酒也。"醉翁之意虽不在酒，但若无酒，醉翁之意、山水之乐，则何所寄寓？所以，那鼻间的酒香、舌尖的酒味与水光山色一起，共同氤氲而成"醉翁"的审美意境，这也是休闲活动的完成与休闲美感的达成。所以，关注人之整体存在状态的休闲审美，对感官问题天然持有平等开放的态度。休闲的敞开，也有赖于多种感官的自由参与，得益于多重感官经验的互相融合。

人类多重感官的互融，必然会对周围具体现实环境有更为直接全面之体认。在休闲审美中，人类身体直接感受着周围具体现实环境，得享自在当下的身体之适："自在"是全身感官自然敞开的本然状态，"当下"是为自在身体所体认的具体环境。这种"身适"，亦即"适"作为休闲之工夫的第一层要求，因为"由身适到心适，

---

① ［美］理查德·舒斯特曼：《实用主义美学》，彭锋译，商务印书馆2002年版，第238页。

最后忘适，是一个工夫渐进的过程"①。以此观之，虽然都注重审美活动中身体之快适，但休闲美学和身体美学于此的侧重点却不相同。在对分析美学的批判和对实用主义的鼓吹中创立起来的身体美学，尤其注重身体的实践样态和训练方式，这也体现在舒斯特曼对身体美学所下的定义中："对一个人的身体——作为感觉审美欣赏（Aisthesis）及创造性的自我塑造场所——经验和作用的批判的、改善的研究。因此，它也致力于构成身体关怀或对身体的改善的知识、谈论、实践以及身体上的训练。"② 其现实落脚点，就是具体化甚至专门化的身体培训与感知训练。而如上所述，休闲美学中的身体，不是亟待塑造和训练的对象，而是其天然本然之状态；不倚重着意为之的外在呈现之形，更注重自在体悟的内蕴融通之身：身、心、物、境相融会，"身适""心适""忘适"相贯通，身与物化，心与境谐，达至自然整一的融入型体验。在身适之中，不但有人类自在之身的多重感官之互融，也有人的身体与具体现实环境的交融，从而让人得以自由融入于其所在的世界情境。

与传统美学以固定的、可普遍展示的艺术品为主要审美对象不同，休闲美学强调以人之所在的具体环境和现实生活为休闲审美之对象。"休闲较之审美，更是切入了人的直接生存领域，使审美境界普遍地指向现实生活。"③ 艺术品多具有时空恒定性，能历经岁月沧桑而不失美的光彩，可以供当时的众人以及历史的后来者一起耳听目见，美之共鉴。但具体的审美休闲情境却不具有传统艺术品那样的恒定性和普遍传达功能，同一休闲地点，因时间不同、天气不

---

① 潘立勇、陆庆祥：《中国传统休闲审美哲学的现代解读》，《社会科学辑刊》2011年第4期。
② [美]理查德·舒斯特曼：《实用主义美学》，彭锋译，商务印书馆2002年版，第354页。
③ 潘立勇：《休闲与审美：自在生命的自由体验》，《浙江大学学报》（人文社会科学版）2005年第6期。

同、共赏者不同,其况味差别可谓迥异。

如苏轼在《记承天寺夜游》的感慨,"何夜无月?何处无竹柏?但少闲人如吾两人者耳。"夜月竹柏皆寻常可见之物,正是如斯二闲人,才赋予了这般"寻常"以生动之象、空明之境。因为"闲",所以周身放松,全身的感官得以明朗敞开,于是秋深冬初之夜的清凉肤感、夜露的清新潮气,以及与挚友散步交谈的轻适体感,共同交融为这样一个美好的休闲体验,此岂仅是耳听目视所能达成。且在休闲审美中,独特环境的味觉、嗅觉和触觉等经验可以予人以很深的美感印象,甚至自成一种休闲审美体验。如清人郑日奎在《游钓台记》的描述,"山既奇秀,境复幽倩……俯仰间,清风徐来,无名之香,四山飓至,则鼻游之。舟子谓滩水佳甚,试之良然,盖是即陆羽所品十九泉也;则舌游之……噫嘻,快矣哉,是游乎!"[①] 山中花木之香,因时而异;山间冲茶之泉,因地而奇。于是,"鼻游""舌游"的感官经验,和具体环境的独特时空游历,以休闲审美的方式融合在了一起。所以,休闲审美必然是一个具体环境下的综合体验,是现实生活中多重感官经验的复合体。浮动流转的光色、捉摸不定的气味、变化不止的湿度温度,诸多机缘的适时逢会,才满足了人的休闲,成就了休闲的人,得享直接当下的休闲审美体验。

至此,就感观层面而言,休闲审美汇通了空间上的外指与此在,打破了时间上的短暂与永恒,使人整个的身体感知得以融会,并融入其所在的具体世界情境之中,进而达至休闲审美的理想境界。这一理想诚如儒家"曾点之乐"的描绘:"暮春者,春服既成,冠者五六人,童子六七人,浴乎沂,风乎舞雩,咏而归。"(《论语·先进篇》)其中,"春服"轻盈旷适的触感,"浴乎沂"

---

① 胡朴安鉴定:《清文观止》,岳麓书社1991年版,第172—173页。

后轻松柔软的体感,"风乎舞雩"时高眺的视野,飒飒风声拂过脸庞的轻灵与飘飘春衫轻抚肢体的爽朗,无一不是要全部感官的自在敞开,要人的整个身体对斯时天地的自由融入;超脱了世俗的种种沾染,这些通透的感觉在交融瞬间所迸发的生命光彩,正体现着休闲审美的高度与深度。

综上,在休闲审美中,人的身体呈现为自在敞开之状态,从而在周身感官的共同互融参与下,得以全身心地、自由无碍地全面融入对具体现实环境的审美之中。自在敞开,直面现实,自由融入,正是休闲美学身体感官的表现状态。相较于传统审美,休闲美学在审美本质上是融入性的自由体验,是生存境界的审美化,主张身与物化,"无往而非乐。"因此,这使得相比于传统美感,休闲美学的美感更为直接无间、此在圆满。

综而论之,与各自秉持的身体感官机制密切相连,传统审美的性质和样态,是一种带有距离性并侧重对象性超越的形式化观赏活动;休闲美学的性质和样态,则是一种全身心直接感知并身与物化的融入型体验,是自在生命的自由体验。由此,休闲美学"使美学从纯粹的'观听之学'成为实践的'身心之学'"[1]。这也正是休闲美学对于当下社会的现世价值所在。

三 身境相谐:休闲美学身体感官机制的社会历史观照

探讨休闲美学的身体感官机制不是谈论"屠龙之技",而是呼应着当下社会的现实问题;关于它的研究也不是无源之水,而是可以在历史文化中寻得启示,这就是休闲美学身体感官机制的社会历史观照。

传统美学对审美感官的偏狭强调,正遭遇来自当今现实的严峻

---

[1] 潘立勇:《休闲与审美:自在生命的自由体验》,《浙江大学学报》(人文社会科学版) 2005 年第 6 期。

考验。本雅明（Walter Benjamin）在《机械复制时代的艺术》中，哀悼在工业化浪潮中行渐消逝的艺术"光晕"，认为这是工业复制所不能生产的艺术之美。"即使最完美的复制，也必然欠缺一个基本元素：时间性和空间性，即它在问世地点的独一无二性。"① 本雅明所谓"机械复制的艺术"，正是视听感知之艺术，这既呼应着以视听为主要审美经验的传统美学惯例，也道出了传统审美感官在当下所遭遇的困境。以前创造和传播视听艺术品，需要较高的人力和物力成本，而随着技术的跃进，现在一些视听艺术的制作门槛大为降低，且传播成本几近为零；特别是随着数字媒体的发达，音频视频的制作、发布和传播已经极其简易。

于是，在当下的社会现实中，仅以视听为审美感官的传统观点至少在两个方面遭遇挑战：首先，在传统美学中，视听的感官外指性、距离性和形式化加工是其之所以成为审美感觉的优点，但随着新媒介环境下视听作品的泛滥，"耳目过载"现象已经成为普遍困扰，其外指性的优点更揆转为审美感知易被外物所累的缺点；并且，大量视听作品存在着粗制滥造之问题，这使得耳目感官基于距离性的形式化加工无从谈起，其审美深度大打折扣。再者，本雅明所批判的光晕之消逝，即审美对象脱离其具体时空的状况，更加严重，在这背后，是人与具体审美环境更为疏离，人的分裂与虚无趋向愈加强烈。

所以，审美感官的当代研究有两方面的诉求。其一，当耳目感官所带来的弊端愈加明显，应该对其作为审美感官的专利进行反思，并思考审美感官之拓展，注意开掘其他感官的审美感知特点；其二，应注重人的审美感官与现实生活相结合，与周围具体环境生态相融合，身境相谐。这两种诉求，也正是本节第二部分所论述的

---

① ［德］瓦尔特·本雅明：《机械复制时代的艺术》，李伟、郭东译，重庆出版社 2006 年版，第 4 页。

休闲美学之审美感官的本然含义。而在现实践履层面，休闲美学在身体感官方面的思想可分别由当代环境美学与中国传统闲赏文化予以体现。

环境美学主张对传统审美感官加以扩展，并且相应地，强调对人所感知的周围具体环境加以重视。其代表人物伯林特认为，"有必要超越传统认识，引进其他感官参与审美"，"其他感官"也即味觉的、嗅觉的、触觉的感官，甚至也有"肌肉感觉和骨骼、关节感觉"等。① 但同时，他认为存在一种感知标准，而且"标准化的维度充满知觉范围，并成为对于某个环境积极或消极价值判断的根据"②。因此，环境美学的落脚点，就主要放在了环境的衡量和改善方面。基于人的全身感知特性，环境美学注重环境的营造，这一点同样是休闲美学的吁求。但环境美学仍把其主要目的寄予探寻外在的、客观的美之标准，这与传统美学把美作为一种客观理念或形式的思想却有着相通的理络。因此，过于注重外在的规范标准，忽略人对身体审美感官的内在体悟与相对把握，成为环境美学的软肋。

休闲美学不但注重外在环境的改善，亦尊重多种审美感官的独立价值，倡导人对审美经验的内在体悟。"这个世界对于人的意义，取决于人对世界的自由感受。……我们可能无法绝对地左右物质世界，但我们可以通过对心灵的自由调节获得自由的心灵空间，进入理想的人生境界。"③ 具体到休闲美学的身体感官机制，就是摒除身外纷扰，澄观鼻舌皮肤等全部身体感官的本身内涵和意义，以助于

---

① ［美］阿诺德·伯林特：《环境美学》，张敏译，湖南科学技术出版社2006年版，第18页。

② 程相占、［美］阿诺德·伯林特：《从环境美学到城市美学》，《学术研究》2009年第5期。

③ 潘立勇：《休闲与审美：自在生命的自由体验》，《浙江大学学报》（人文社会科学版）2005年第16期。

人之审美感受与内在体悟的开启与明朗。于此，中国传统的闲赏文化别具启示意义和资源价值。

闲赏，即古人所谓"燕闲清赏"的简称。"清赏"也是鉴赏，如果把鉴赏等同于审美，那么"闲赏"即与"休闲审美"同义。作为典型的中国传统审美活动①，闲赏涵盖了诸多人体感官。但与环境美学相比，闲赏文化更偏重于人的内在满足和体悟。所以，就审美感官研究而言，其对于味嗅触等感觉的论述更具独特意义。这是因为，耳目之所以成为传统美学的审美器官，取得瞩"目"地位，除却以上美学史的学理分析，最通俗直白的解释，就是在日常生活中，耳目实为人们感知外界的最常用、最主要的感官。可另一方面，耳目的这种功能和作用，也让其更明显地具有使人"耽于耳目"而心驰于物的负作用。古人主张"收视反听"以修心养性，正是因为视听更突出地使得人被外界所纷扰。与此相比，味嗅触觉则可以使人的注意力从指向外物转而观照于内：自己的身体内部反应、我之"自在"。

因而，中国古人在燕闲之际、养神之时，往往或啜茗饮茶，或焚熏古香，或手玩玉石，此等味嗅触觉，皆是以佐内省自照。纵有视听赏鉴，亦只是清欢，而不执迷。"一切药物补元，器玩娱志，心有所寄，庶不外驰，亦清净之本也。"② 不为物累，得享自在，这正是休闲之状态；反观自照，而至于道，这正是休闲审美之堂奥。并且，在中国传统文人看来，味嗅触等感觉并非如传统美学所认为的那样肤浅混杂，而是蕴含着独特深刻的审美体悟，并能使人达至

---

① 日本学者笠原仲二在《古代中国人的美意识》（杨若薇译，生活·读书·新知三联书店，1988年版）中，认为在古代中国人看来，审美对象包括味觉的、嗅觉的或触觉的，等等，且不觉得它们有任何"高、卑、上、下的审美价值差别"（第43页），可以说这种审美意识对中国审美文化有深远影响。

② 高濂：《燕闲清赏笺》，浙江人民美术出版社2012年版，第251页。

高妙的审美境界。如燃古香，即可"悟入香妙，嗅辨妍媸"[①]。这种嗅觉的深刻审美经验，自是如今诸多肤浅的耳目之娱所不能及。于是，在理想的闲赏活动中，审美之人与所赏之物不再是指向性感知的对立关系，也不存在某种恒定精确的衡量标准，而是周身感官的自在敞开，并与外界自由呼吸，悟入妙境，身与物化；身融于境，心与物冥；适而忘适，"无入而不自得"。

所以，在践履层面，基于对身体审美感官的理解，休闲美学注重人类生活环境的建设与改善，且更强调人的内在体悟与周围环境的自由融合。因此，当代环境美学对具体审美环境的思考，传统闲赏美学对个人内在涵养的熏陶养护，都丰实了休闲美学的现实价值和文化内涵。

在当今全球化和信息化语境下，面对当下的审美感官问题，应充分利用和融合中西方的学术成果和传统资源。休闲美学对审美感官的定位，也正是以此为基础。关注人的此在本身，高蹈人的价值本体，主张人之自在生命的自由体验。休闲审美的过程，始于人全身感官的自在敞开，融于天人合一的自由境界；此一过程和所至臻境，既是先贤对美进行哲思之初的指引之光，也是当今休闲美学的价值旨归，是对人类幸福生活的现实观照。

第三节　休闲美学的理论品格

休闲美学着重研究休闲审美作为自由的人本体验的形式、特点和规律。相对于传统美学，休闲美学在领域上超越艺术，在感官上超越视听，在功能上超越欣赏。概言之，休闲美学的哲学基础是人本的自由，观照对象是自由而本真的生命形态，涉身机制是自由的

---

① 高濂：《燕闲清赏笺》，第131页。

全身心体验与践履，社会功能是"成人的过程"，应用价值是体验经济。这是笔者目前对休闲美学理论品格的总体考虑和把握。

笔者多次在不同场合强调，休闲学科应该"顶天立地"[①]，既观照休闲作为理想的生存境界的形上意义，又落实到休闲作为具体的生活方式和产业载体的形下价值。"形而上谓之道，形而下谓之器，形而中谓之心"，相对而言，休闲哲学着重研究"顶天"，即休闲对于人的生存和社会文明的终极性意义，休闲产业学和经济学着重研究"立地"，即休闲产品、休闲服务、休闲消费作为国民经济新的增长点的特色与规律，休闲美学则侧重于研究"体心"，即休闲审美作为自由的人本体验的形式、特点和规律。相对于传统美学，休闲美学在领域上超越艺术，在感官上超越视听，在功能上超越欣赏，既是一种既有深刻的文化基础，又有独特的理论品格的人文美学。概言之，休闲美学的哲学基础是人本的自由，休闲美学的观照对象是自由而本真的生命形态；休闲美学的涉身机制是自由的全身心体验与践履；休闲美学的社会功能是"成人的过程"；休闲美学的应用价值是体验经济。这是笔者目前对休闲美学理论品格的总体考虑和把握。

一 休闲美学的研究现状与建构意义

休闲文化的发展在我国已经有很悠久的历史，至少在宋代休闲文化已经相当繁荣，无论是皇室、士大夫还是普通百姓，从"宫廷奢雅"到"壶中天地"至"瓦肆风韵"，休闲情趣已蔚然成风。当今中国，休闲社会已普遍呈现。随着我国国民经济的发展、国民收入的提高、国人自由支配时间的日益充裕，休闲已愈益成为人们的日常理想生存状态与方式，休闲理论的研究和休闲学科（包括休闲

[①] 苏培：《"顶天立地"开展休闲学研究》，《中国社会科学报》2017年8月18日。

美学）的构建已成为我国哲学社会科学回应社会需求必须面对的世纪性课题。

然而，中国当代的休闲研究起步较迟，休闲文化的美学研究更有隔靴搔痒之憾，尚远未发挥其应有的人文社会功能。当代中国休闲与审美的研究，就研究阶段与学术动态而言，可分为四个阶段，1980年代中至1990年为第一阶段，可谓萌芽与探索期；1995年至2000年为第二阶段，可谓发展译介期；2001年至2005年为第三阶段，可谓开始专门化期；2006年至现在是第四阶段，可谓深入和实施期。就美学研究而言，中国当代美学大体经历了从本质论、认识论，向语言论、生存论乃至生态论的转化，新世纪美学的生活论指向更为突出，美学应该关注当下的生存环境和方式成为学界的共识，休闲美学研究初见端倪。

当前中国休闲美学研究存在的主要问题是：理论构建存在"言必称希腊"的现象，中国本土话语严重不足，不少理论表述流于空洞和雷同，有些只是嫁接与拼凑；已出的编著大体还是处于现象的描述层面，审美与休闲的内在关系，其对和谐社会生活品质和生存境界的人本意义还缺乏深入的研究和系统的剖析，休闲美学有别于传统美学的特征尚未深切地揭示，休闲美学的理论体系尚未独特、原创、深入地建构。在实践层面，"日常生活的审美化"等话题尚未能深入切实地与当下生存内在契合，休闲美学尚未在休闲文化领域发挥其深入、全面的引导和提升的现实人文功能。

鉴于在现实领域，当代中国休闲文化的发展及其存在的问题亟须休闲美学的介入与引导，以使休闲真正重返人性自我创造、自我完善的本质，使国人学会聪明地休闲、把握生存的审美境界；也鉴于美学学科的发展，需要走出传统的抽象领域和艺术中心论，走进当代社会大众丰富活泼的日常生活审美领域，更积极主动地适应社会发展的现实需求，使之具有更多的现实性品格，更切实地发挥应有的社会文化功能，让美学从纯粹的"观听之学"成为生动的"身心之学"；因此，通过休闲、审美与当代生活品质、和谐社会关系的研究，构建当代中国休闲美学，具有重要的理论意义和现实价值，它有助于促进美学更现实地走向生活，丰富和谐社会的精神家园，提升以人为本社会的生存境界。走向休闲、深入休闲、引导休闲文化文化是当代中国美学不可或缺的现实指向，休闲美学应当为当代中国美学文库的重要、必要组成部分，深入系统地构建中国休闲美学已是历史和现实的必然要求。

二 休闲美学对传统哲学、心理、艺术美学的超越

1. 领域超越艺术

传统的美学形态，无论是哲学的、心理的还是艺术的，都对美学的研究领域和观照对象做了这样那样的限定，哲学美学醉心于"美本身"，亦即美的本体、本源、本质等终极问题；心理美学耽于以视听感官为核心的心理体验，艺术美学专注于美的艺术的特征与规律。尽管对美学的研究领域和观照对象的限定有着这样那样的区别，但有一点是大体一致的，即美学的主要观照对象和研究领域是艺术。在西方，黑格尔的"艺术中心论"固不待言，他径直认定美学就是"艺术哲学"；尽管俄国的车尔尼雪夫斯基（Nikolay Chernyshevsky）提出了"美在生活"的理念，但仍不足与艺术中心论的美学主流抗衡。国内现当代美学研究者，首先就身份大多集中于文学和艺术研究领域，其次就关注力也大体放在艺术领域。马采、刘纲纪等先生固然直接主张美学即艺术哲学，即便如中国现代美学的奠基者朱光潜先生，他毕生研究美学的关注力，也主要是放在艺术领域，在他看来，审美对生活的介入，对自然的观照，都需通过艺术的中介，是艺术的对象化的"移情"作用。直到新旧世纪之交，人对自身的生存环境、生存方式和生存境界的关注，自然美学、环

境美学、生态美学等理论形态的出现,才使"艺术中心论"的美学格局开始发生根本性的突破与改观。

传统美学认为,尽管许多对象都可能具有审美的功能,但唯有艺术是专门为美而创造的,因而,艺术天然地成为美学的主要研究领域和观照对象。我们不否认这种见解的合理性,但也应意识到,固执的"艺术中心论"所带来的片面、局限与过分的高傲同样值得反省。我们肯定美学是一种精神哲学,美学的观照对象不是因其固有的属性而决定,乃是由该对象在何种角度与你发生关系,或者说人是从何种角度来观照它而决定的。如朱光潜先生早年举的松树的例子,从经济的角度看是功利关系,从植物学的角度看是认知关系,从情感观照的角度看则呈现审美关系。基于这种视野,审美的对象远远超越于狭义的艺术,几乎生活及环境中的一切现象,只要我们是超直接功利、自由地对待,从而能产生自在的愉悦的对象,都可能发生审美关系。把审美观照和美学研究专注甚或局限于艺术领域的负面效应是明显的:它会在一定程度上疏离活生生的本真生活,局限于贵族式的精神"象牙塔",乃至把审美变成纯粹的形式游戏,把美学变成纯粹的抽象思辨。

已有不少学者指出了这样两个方向相反、结果却相同的事实:一是现实物质生活领域中渗入了越来越多的精神性享受、审美因素;二是审美走出传统艺术领域,正以更丰富、朴实的方式融入公众日常物质生活衣食住行的各个方面。[①] 前者是当代人现实精神生活的丰富与提升;后者则是人类审美价值更广泛的自我实现。我们应当同时对这两者,特别是后者有足够的敏感与重视;若仍抱着传统象牙塔里的艺术中心论不放,就会偏离当代社会大众的审美现实和审美需求,失去时代精神。所以,休闲美学走出传统的艺术中心

---

① 张天曦:《日常生活审美化:当代审美新景观》,《山西日报》2004年3月16日。

论，走进当代社会大众丰富活泼的日常生活审美领域，对传统美学以前有意无意忽视了的其他审美活动形式，诸如工艺审美、自然审美和生活审美展开深入系统的研究，也许可以为当代美学研究拓展出新领域，可以改变美学界长期以来抽象的观念研究倾向，让美学有更多的现实性品格，让这门人文学科能切实地发挥其应有的社会文化功能。

2. 感官超越视听

关于人类审美的身体感官，传统美学思想家基本达成了一个共识：人类主要甚至仅仅是通过耳目视听来进行审美和产生美感的。这一思想的发端，可追溯到最早对美的问题进行深入思考的柏拉图。在与希庇阿斯的对话中，他借苏格拉底之口提出，视听快感虽非美本身，却可通达于美①，同时，他把人类其他感官排除在美的讨论之外。②

德国古典哲学家康德，更是直接把审美的感官限定为"视听"。在他看来，味嗅触等感觉把人的注意力直接导向自己身体的快适感受，并因此让人对刺激物的"质料"本身进行判断；而视听官感，虽然也可以影响人的快意，但因为指向不直接与人发生利害关系的外物，所以才可能"陈述一个对象或它的表象方式"，才可能参与"真正的鉴赏判断"——"作为形式的感性判断"③。因此，在整个"美的分析"中，康德忽略其他"经验性感性判断"，仅对耳目之"纯粹的感性判断"来进行审美思考。④

这种习以为常、一以贯之的观点同样是狭隘和片面的。它高傲地排斥了味嗅触体等感官的审美功能，把审美只限定于对象化、距离性的视听感觉，涉身的全息感觉机能被肢解了。由于传统美学仅

---

① 北京大学哲学系美学教研室编：《西方美学家论美和美感》，第30—33页。
② 北京大学哲学系美学教研室编：《西方美学家论美和美感》，第31页。
③ ［德］康德：《判断力批判》，第59页。
④ 朱璟：《休闲美学的身体感官机制》，《社会科学辑刊》2015年第2期。

仅把耳目作为审美感官，因而在审美方式上带有形式的距离性，在审美对象上集中于艺术品领域，在审美本质上是对象性超越的自由体验；休闲美学则以全身心的自由体验乃至践履作为涉身机制，把全身的感官乃至身心体验作为审美机制，在审美方式上是全身心的直接感知与体验，在审美对象上是当下整体的、活的互动形态和情境，在审美本质上则是融入性践履的自由体验。休闲美学要超越传统美学将审美作为一种带有距离性并侧重对象性超越的形式化观赏活动，而进入一种全身心直接感知并身与物化的融入性践履体验。强调审美感官融入性的身与物化，这是休闲美学在践履层面的现实关怀。

把鼻、舌、皮肤乃至人的周身器官视为休闲审美感官，不但是出于休闲活动的实际经验，也是"休闲"本身的学理要求。这是因为"休闲是以其自身为目的的"，正如赫伊津哈对游戏的观点："我们不可能从游戏之外认识游戏，游戏并非一种理性行为。"并且，游戏的乐趣"根本就是非理性的体验"，所以"游戏的目的就是游戏本身"①，而休闲亦复如是。休闲的指向与目的，就在于休闲本身，在于休闲之人的存在本身和感受本身。因此，不像传统美学仅选择"外指性"的耳目作为其审美感官，休闲把人的整个身体作为休闲感官，并认为其"包含美学成分：优雅的动作，和谐的音乐，游戏和运动的复杂性，味觉的敏感和对所有感觉的表达"②。因而人的全身感官都被纳入了休闲美学的研究范畴。

3. 功能超越欣赏

传统美学的社会功能主要体现在审美教育，而审美教育又有狭义的和广义的两种，狭义的审美教育即指艺术教育，是主旨在提升人们的艺术鉴赏能力的美学教育，这种见解显然是偏窄的，一如把

---

① ［美］托马斯·古德尔、杰弗瑞·戈比：《人类思想史中的休闲》，第260页。
② ［美］托马斯·古德尔、杰弗瑞·戈比：《人类思想史中的休闲》，第238页。

美学限定为艺术哲学；广义的则指以情感和形式的对象化为中介的人生美育，后者功能略广一些，但还是存在着中介与方式的局限性。如最早正式提出"审美教育"的席勒，他把以"游戏"为标志的审美教育作为确证人性、完善人性的最重要乃至唯一的途径。他所谓"游戏冲动"是人的超越于"感性冲动"和"形式（理性）冲动"的第三种"冲动"，其要义是超越对象的实用性，把对象看作"活的形象"。究其要义，还是一种超越于对象的实在性的一种形式观照，亦即形式上的欣赏，这仍是基于视听感官的纯形式超越。

狭义的学校美育虽然较为系统、细致、有条理，但是最大的缺陷就是多于集中在艺术圈域而缺乏情感内容与形式的丰富性与多样性，因而缺少对受教育者持久、广泛的影响力，过于专注视听感官的作用而忽视了人的全身心的体验；相反，休闲审美教育则以更为丰富多样、自由活泼、轻松愉快的方式进行，靠休闲本身的自在、自由、愉悦和丰富、多样、宜人的魅力来吸引人，它引人获得的不仅仅是视听感官的享受与体味，更是全身心的体验与践履。休闲中人们会被舞蹈的形体动态之美所震撼，会陶醉于音乐旋律而三月不知肉味，会在游戏把玩中找到自由与自我的存在感，在旅行中重新认识世界认识自我，这些都并非缘于美的形式观照，而是"内入真有"的全身心体验。

我们认为，审美对人生和社会的意义，不仅仅在于欣赏，还在于介入，在于内在的人性塑造。中国古代的审美教育思想在这方面有非常深厚的资源。孔子提出"游于艺"，就是中国最早对审美教育的解释，"游"不仅仅是形式化的欣赏或观照，而是如朱熹解释的，是"玩物适情"，是把玩中的自由体认与践履。朱熹更是在给友人的信中写道："盖观于外者，虽足以识其崇高巨丽之为美，孰若入于其中者，能使真为我有，而有可以深察其层累结架之所由哉？"（《答林正夫》，《晦庵先生朱文公文集》卷38）这里虽然不是直接在谈美学，但其中表露的美学思想是很明确的：外观丽之美，不若内入真有。统观朱熹的美学思想，可以说，这就是朱熹美学的目的论。朱熹不反对外观，也承认"崇高巨丽之为美"，但他的着重点在于内入，在于"真有而力究"，以"深得其味"；这种"味"不是仅仅在于外观形式的浅层愉悦，而是往往在于内入身心的深层体味，并且有益于德行修养的浸润。朱熹在其著名的《学校贡举私议》中又指出："以其得之于心，故谓之德；以其行之于身，故谓之行，非固有所作为增益而欲谓观听之美也。……故古人教者莫不以是为先。若舜之命司徒以敷五教，名典乐以教胄子，皆此意也。"（《晦庵先生朱文公文集》卷69）在《补试牓谕》中也有类似的主张："盖君子之学，以诚其身，非为观听之美而已。"（《晦庵先生朱文公文集》卷74）外观形式以内入身心为旨归，欣赏美为修养善为旨归，艺术以化育为旨归，这是朱熹理学美学的基本宗旨，因此可以说，以内在地育人为宗旨的审美教育正是朱子理学美学思想的出发点和归宿。这一点，在中国传统美学和艺术精神中也具有极大的代表性。

王阳明"知行合一"的主张在美育上同样符合这个原则，"知之真切笃实处，即是行；行之明觉精察处，即是知，知行工夫本不可离。"（《传习录》中）"闻恶臭属知，恶恶臭属行。"（《传习录》上）"然世之学者有二：有讲之以身心者，有讲之以口耳者。讲之以口耳者，揣摸测度，求之影响者也；讲之以身心，行著习察，实有诸己者也。"（《传习录》中）在审美教育上也是如此，知美即行美，审美并非"揣摸测度，求之影响者"，而是"行著习察，实有诸己者"，没有深切体认践行到美的实处，不足以称为真的审美与知美。

按现代的意识，审美并非高高在上，更非超超在外，而是广泛地存在于我们的日常生活中，它需要人用心去体验和践履。审美若流于形式，或仅局限于纯粹的艺术欣赏，则可能使其游离于人的本质与价值之外，将审美与日常生活相分离，使审美沦为"纯艺术"形式的表现和精神上的自我沉醉，不能真正发挥作为人们理想生活方式和生存境界的人文社会功能。

休闲美学将使美育之"成美"功能回归生活、回归人，深入地拓展美学的人文功能。由于各种各样的原因，中国现代美学的发展在相当长的一段时期抛弃了"以人与生活"为内涵的美学思想，占据主流位置的认识论美学、实践论美学热衷于解决"美"的本质的客观性问题，人生的问题被所谓"客观性"或者"社会性"问题所淹没，美学也就成了与中国人的生命和文化活动几乎没有关系的一种"学术"[①]。这样的美学无法贴近国人的生活，也无法真正走向美育实践。这种美学内容的教育与注重内在的人生体验和人生境界之创生的中国传统美学和艺术精神也格格不入，所以也不可能对国人的精神生活产生真正深刻的影响。另外，休闲美学的应用价值也不容忽视。休闲活动及其载体直接切入了经济生活，其作为"美学经济"的效应远远超越于传统美学的视野。

三　休闲美学的基本理论要素

1. 哲学基础：人本自由与本真体验

休闲何以通向美学？休闲美学的哲学基础何在？这是我们分析休闲美学的基本理论要素是首先需要考察的。这就需要从生存的哲学定位，人本需求的心理分析入手，深入分析休闲文化的人本哲学与心理基础，深入分析审美、休闲与生存境界的内在关系，揭示审美与休闲作为自由生命的自在体验的本质规定与特征，透显审美与休闲在人的理想生存和社会理想状态中的本体意义。

[①] 杜卫：《论中国美育研究的当代问题》，《文艺研究》2004年第6期。

笔者早在十多年前就指出，休闲与审美之间有内在的必然关系。从根本上说，所谓休闲，就是人的自在生命及其自由体验状态，自在、自由、自得是其最基本的特征。休闲的这种基本特征也正是审美活动最本质的规定性，可以说，审美是休闲的最高层次和最主要方式。我们要深入把握休闲生活的本质特点，揭示休闲的内在境界，就必须从审美的角度进行思考；而要让审美活动更深层次地切入人的实际生存，充分显示审美的人本价值和现实价值，也必须从休闲的境界内在地把握。前者是生存境界的审美化，后者是审美境界的生活化。休闲与审美作为人的理想生存状态，其本质正在于自在生命的自由体验。[①]

从人本哲学上讲，人的存在本体就是世界向人的无遮蔽的呈现，也就是人对世界的本真的体验。这个世界对于人的意义，取决于人对世界的自由感受。自在的生命才是人的本真生命，自由的体验才是人的本真体验。作为理想的社会与世界，应该最大可能地提供人本自由，作为现实的人生，应该最大限度地获得本真体验。我们可能无法绝对地左右既定世界，但我们可以通过对心灵的自由调节，获得自由的心灵空间，进入理想的人生境界。所以，我们在注重不断发展物质世界，创造物质水平以提升生存的外部环境和条件的同时，不能忽略自我心灵境界的调节与提升。通过合理的心理与观念的调节与把握，使人生进入"从心所欲不逾矩""无往而非乐"的境界，这就是聪明的审美与休闲，在这里，人的相对的感受系统起了重要的甚至是决定性的作用。休闲美学就是要为这种感受系统提供哲学的、美学的支撑。

2. 观照对象：自由而本真的生命形态

何种现象可以成为休闲美学观照的对象？不仅仅是艺术现象

[①] 潘立勇：《审美与休闲——自在生命的自由体验》，《浙江大学学报》（人文社会科学版）2005年第6期。

（艺术只有在发挥其休闲功能时才成为休闲美学的观照对象，纯粹的艺术鉴赏仍是艺术美学的研究对象），不仅仅是自然（自然只有当其成为休闲的环境、休闲体验的载体时才成为休闲美学的观照对象，否则仍是自然美学的对象），也不仅仅是人自身和社会活动的美（两者只有在体现休闲价值，成为"成人"的意象或场所的时候才成为休闲美学的观照对象，否则仍是人生美学或社会美学的对象）；休闲美学的观照对象可以包含所有这种种现象，但它们必须有一个本质特征，那就是自由而本真的生命或生活的形态。休闲是"以欣然之态做所爱之事"，休闲与审美的本质相通之处是自在生命的自由体验，所面对的对象，是以本真的状态呈现的，与对象所处的关系，是自由的，超越直接功利的（例如，休闲运动与竞技运动不同，前者是自由随性选择的，是超越竞赛直接功利的，后者则相反，带有某种被动与强迫，是有明确的直接的竞技功利目的的）。任何现象、任何活动，当它以自在本真的状态呈现，与参与者构成自由的、超直接功利，并能带来身心的愉悦的时候，它们就可能成为休闲美学的观照和研究对象。

与传统的艺术、自然、社会美不同，休闲活动和休闲现象所呈现的美，不是单向的、静态的，而是主客体互融的、双向的、动态的、活的生态，不是形式主义而是融入主义的，不是有距离的镜像，而是零距离的共同呈现，是忘我的"在场"。

3. 涉身机制：全身心的体验与践履

休闲美学着眼于人的当下存在，关注人的自在生命之本然状态，既不会用虚幻的彼岸来否定人的此在之身，也不会以理性式样去束缚活泼泼的生命性情。所以，与传统美学不同，休闲美学不会仅通过耳目去寻求外在于人的彼在之美，而是尊重人感知世界的本然样态，使各种感官"各得其分"、诚如其是，以其自然特性而融合交汇于人的休闲审美过程，使人明闲之本体，得闲之境界。由此，休闲美学"使美学从纯粹的'观听之学'成为实践的'身心之学'"。它给予人们的体验，不仅仅是形式上的自由与愉悦，而是全身心的快乐与幸福。

如前所述，休闲美学要超越传统美学局限于视听的感官机制，而将全身心体验和践履的涉身机制融入自己的理论体系。关注身体美学对于休闲文化和休闲美学研究的意义，分析"游戏""高峰体验""畅""玩物适情"等作为休闲审美体验的涉身机制，研究身心需求及其满足作为休闲体验与消费的动因，身体感受与幸福指数、生活满意度的关系、身体状态对于生活品质的意义。

4. 社会功能："成人的过程"

休闲是"成人的过程"，休闲美学的社会功能首先也体现在"成人"的功能。人既是"自在"也是"自为"的存在，"成为人"则是"自然向人生成"，必然向自由过渡的过程。休闲和审美都以自由为本质前提，是在一定程度上摆脱了来自物质和文化的压力，从而释放较为全面的本真人性，因此是"成为人"的重要情境和崇高境界。相对而言，作为世俗体验的休闲，以身心的自由"践履"来丰富人性；审美则以"非功利的审美愉悦"来完善人性。但在现实中，休闲往往会因缺乏价值引导而走向"俗闲"乃至"恶闲"；审美则会由于脱离生活而成为流于纯形式的游戏。所以，只有在休闲与审美互动中"成为人"，方能使人消解"实然"的杂质和异化，回归"本然"的全真人性，臻于"应然"的理想境界。

人在休闲中能够释放、培养完整的人性，使人在身心自由、放松的情境下提升自我。审美是休闲选择的导向，使人从感性的欲望和理性的束缚中解放出来，充分体现人的创造性，同时也是人性改造和自我完善的发展过程。因此，休闲和审美作为人生的理想状态，都以自在生命的自由体验为本质前提，以回归本真自我、促进"成为人"为价值与使命，休闲是审美的落地情境，审美是休闲的提升境界。而"游戏"可以说是以自由为前提的休闲体验和审美过程的结合，人只有在游戏中才是感性与理性交互平衡的自由、本真状态，正如席勒所说，"只有当人游戏时，他才完全是人"[①]。我们也可以说，只有审美与休闲的时候，人才完全是真正的人。

5. 应用价值：体验经济

休闲活动是连接体验和产业的中介和载体，休闲活动既是一种体验，而其活动的载体又是一种产业。休闲活动满足人的高层次的内在的需求，满足这种需求的产品的精神附加值特别的巨大，于是，休闲活动及其载体就成为天然的"体验经济"，乃至"美学经济"。因此，通过休闲体验与消费，使审美活动真正现实地切入生存实际，体现人本价值和产业价值，使美学与产业内在结合，这就是文化产业的人本基础、文化产业的内在灵魂，也就是"美学经济"的现实前景所在。休闲是极为具体、极为现实的人的生存和活动方式，其载体又是丰富的产业类型，休闲美学作为应用性很强的学科，对它的研究不能仅仅停留于思辨的阐述和理性的论证，而需要量化和实证的数据使之有切实的依托，对休闲与审美活动及其观念在提高当代生活品质方面的现实价值做深入具体的调研，实现休闲经济的理论与实践对接。由此揭示审美与休闲作为体验经济、文化产业的人本基础，显示其在推进和谐创业，构建和谐社会，提高当代生活品质中的积极意义。

无论是"成人过程"，还是"体验经济"，审美都不拒绝功能，甚至不拒绝功利，只不过，这种功能不是直接的功利，而是自由愉悦状态下获得的更高的、效应性的功利，是"无目的的合目的""无功利的合功利"，是人本层面的"不用之用"。这就是我们与康德美学传统的区别。

---

① [德]席勒：《审美教育书简》，冯至译，北京大学出版社1985年版，第76页。

余 论

休闲与审美的人生境界[①]

休闲是人类自古以来的生存梦想，审美是休闲的内在尺度和境界，休闲与审美两者有着共同的本质和特征。中国人自古就追求休闲与审美的人生境界，"中和"与"度"是其内在的文化意蕴和精神；休闲与审美也是"成人"的方式与途径，自在、自由、自得是其基本特征。休闲时代已经普遍来临，能否聪明地休闲，取决于对世界恰如其分的体验和把握。

一 休闲是人类自古的梦想

休闲是一个自古人们就追求的梦想。两千多年前，亚里士多德说过这样的话，休闲（闲暇）是一切围绕的中心，我们是为了休闲而工作，而不是相反。我们现在奋斗目的是为了什么，最后是为了休闲。这个社会如果能够提供公民休闲的条件和环境，这个社会就是文明而发达的社会；一个人如果能够学会聪明的休闲，就是一个真正的人、完美的人。英国有个著名的哲学家叫罗素（Bertrand Russell），得过诺贝尔文学奖，他说过这样的一句话，能否聪明地用闲（包括闲的时间和闲的金钱），是对人类文明的终极考验。

两千多年前，孔子跟弟子们有一次对话，孔子叫弟子们谈谈自

[①] 本文系作者根据在深圳大学城演讲的部分内容录音整理而成。

己的志向。子路是大弟子,他率先站起来说,他的志向是带兵治理"千乘之国",使其有勇有谋,理想很宏大。冉有说他的志向是治理一个小国家,一定使它国强民富;公西华的志向则是管理一个寺庙。他们一个个志向十分具体而高大,孔子并不表态,还对子路嘲笑了一下。当时孔子著名弟子曾点不作声,孔子问他,你为什么不谈谈你的志向,曾点回答说"异乎诸子所撰",就是我的志向跟大家不一样。孔子说"何伤乎,各言其志罢了"。这个时候《论语》里面记载,"鼓瑟希",瑟是一种乐器,鼓瑟希就是他把弹的乐器停下来。他缓缓地站起来说,我的志向是:仲春四五月,带着五六个弟子,带着三四个书童,在沂河边游游泳、唱唱歌,沐着夕阳归来。此时孔子长叹一声,"吾与点也!"这个"与"就是赞同的意思,我赞同点的境界。这个典故很值得我们思考和回味。我们想象当中,孔子风尘仆仆、忧国忧民、周游列国,最后到处碰壁,落落如丧家之犬,是一个很务实、很有使命感的人,结果他欣赏的居然是曾点那种唱歌游泳,沐着夕阳归来的境界。所以历代文人,历代哲学家,都叫自己的弟子思考,"曾点之乐,乐在何处?"为什么孔子欣赏曾点的境界?这里我们要看一下中国古人的生存境界。古人做人最高境界是圣人,但圣人没有几个,文人中就一个孔子,连孟子都不是,孟子只是亚圣,荀子更不是了。君子是一般士大夫,或者一般人做人的理想境界。什么是君子,孔子讲"文质彬彬,方为君子",君子既要有道德内涵,也要有外在风度。孔子还有一句话更值得我们思考,叫"君子不器"。《周易》讲"形而下谓之器,形而上谓之道",老子讲"道可道,非常道",道无处不在,但却不可言说,无法限定。为什么君子不器呢?任何形而下、现成的东西,都是器,无论你职业也好、地位也好、学术也好,已成的东西都是器。"君子不器"的意思是什么呢?君子要超越器,你不管成就了如何伟大的功业,都是器。王阳明的说法,人要无可无不可,无入而不自得，因而能无往而非乐。曾点不是不能带兵打仗，不是不能治理国家或寺庙，但是这些都是器，这些不是他追求的理想。理想的境界，是作为一个人能够从容自得地在世界上生存，荣不足喜，毁不足悲。台湾一个学者，叫作徐复观，他原来是个军人，后来搞中国文化研究。他说"形而上谓之道，形而下谓之器"，中间还要加上一个"形而中谓之心"。器是我们通过心去创造或把握的，道是我们通过心去认知的，所以心很重要，我们整个中国文化主要是通过调理自己的心，让自己的心更加透明，更加真实，更加自如，然后才能无限地接近世界的本真，跟世界融为一体。曾点的志向正是超越"器"的局限，由心体道，进入无为而无不为的境界。

曾点他能够提出这样的境界，是有条件的。我出生在50年代，长身体的时候，正遇到中国的"暂时困难"。我吃过草，吃过糠，所以我们的身体就这么点高，我1.7米的身高，在那时已经是平均水平。那个时期根本无法奢谈什么休闲，只要有吃的就行了。所以休闲的条件，第一，要有一定的生产力水平，你要有闲，这个闲就是自由支配的时间和财富。成思危副委员长曾提供一个数据，人类在原始时期跟动物赛跑，没有任何休闲时间；到农耕时期有10%的自由支配时间；到手工业时期有17%；蒸汽机的发明，提高了生产力，人们可以有20%多的休闲时间。现在电气化、数字化技术的运用，使我们已经有1/3以上乃至一半的时间，可以自由支配。从经济指数来讲，一个社会人均GDP要达到3000~5000美金，这个社会就进入休闲社会了。休闲社会出现"脱物化"的消费趋势，什么叫脱物化？就是脱离物质需求的消费。经济学有个恩格尔指数，讲的是以食品为基础，满足人的生存需要的物质消费的指数在整个消费中的比例，如果40%~50%，就是小康，我们建设的小康社会就是这样；如果大于60%就是贫穷的，大于80%就是赤贫。目前长三角地区、珠三角地区也好，京津冀地区也好，尤其是杭州、深圳人均GDP超过15000美金，所以休闲时代已经到了。第二，休闲要有觉悟，有境界。举个我成教学生的例子，绍兴的一个老板，平时开宝马，一天抽4包软中华，那是很牛的。有一天碰到，我看他一脸灰色，我说怎么了？他说去了趟澳门，输了5000万元。我去过拉斯维加斯，知道有些中国人特别好赌。那次去拉斯维加斯，我看见有一个人第一天进去，第二天吐着口水出来，他说昨天赢了那么多钱，全输光了。有钱不能保证你聪明地用钱。大家都知道高考多辛苦，有学生在考了以后终于松了口气，可以消遣了，于是从老妈那里偷了一个卡，进入网吧，半个月后抢救出来，休克了。他是突然闲起来了，但他没法聪明地打发自己的时间。所以怎么样利用可以自由支配的时间和财富，是对人类文明的考验。"闲"字的古体字，是门中置木，或门中置月，这是种尺度，是种分寸，也是种境界。中国文化特别讲究分寸，从心所欲不逾矩地适度地做人做事。恰如其分地自由支配，这是我给"休闲"的基本定义。

二 "中和"与"度"的人文精神

我们中国的文化最讲究现世的当下体认，这就是人的文化，因而也就最富于人文精神。中国文化的元典《易经》里有这么几句话，叫"刚柔交错，天文也；文明以止，人文也；观乎天文以察时变，观乎人文，以化成天下"。前面一句话讲的是自然现象，古人以两分法来看世界的一切现象，刚柔、阴阳、日月、山川、动静、善恶等等，通过对自然现象的观察，我们可以了解、把握自然的规律；这种文化在宋代及以前，我们远远领先于世界，但明清落后了，现在还是落后，需要追。后面一句更值得我们注意，就是"文明以止，人文也，观乎人文以化成天下"。中国的"文化"一词其实就是"观乎人文以化成天下"这句话的简略。在这里，关键是要理解"文明以止",这是《周易》对人文解释。什么叫止,止不仅仅是停止,是停止在该停止的地方,该动则动,该止则止,动静得宜。朱熹在《周易本义》里面有一个解释,叫作"止,谓各得其分",按现代语言解释,就是恰如其分,恰到好处。我们通过恰如其分地做人、做事,达到恰到好处的境界,那就是人文,人文的功能就是通过把握这种分寸或度恰如其分地化成天下。

中国人做人做事的基本尺度和最高境界就是恰如其分,看人看物的标准也是恰如其分。无数人给美下过无数的定义,我现在给美下个定义,美就是恰如其分。我们以人体美为例,英国的 BBC5 套做过这样一个实验,选了 38 张照片,让全世界不同民族、不同学历、不同职业的人看,看了后排出次序最喜欢哪张,最不喜欢哪张。那个实验的结果表明,全世界的选择几乎是一样的。人们最喜欢的形象的特点在哪里?就是长得恰如其分。在形式比例上刚好就是 0.618,鼻子刚好在这儿,眼睛刚好在这儿,耳朵刚好在这儿,标致得几乎可以用一个面具套上去。因为恰如其分的呈现,是生命最健康,物品最富于竞争力的表征。我期待着明年的世界杯,我欣赏世界足坛绿茵场上的球星,那份力与美的组合,那种出神入化的动作,太吸引人了!当年阿根廷的战神巴蒂斯图塔(Gabriel Batistuta),那个体形,那个肌肉,多么协调,多么优雅,多么健美,多么恰如其分!恰如其分是健康生命的象征,而畸形正好相反,所以人本能上会对畸形产生抵触。

中国古代谈人的美只讲恰如其分,跟西方不一样,西方会强调美的比例,如 0.618 "黄金分割"。中国古人不说具体的比例,他谈美女的时候,不谈脸蛋,不谈长、高比例是多少,只谈"增之一分则太长,减之一分则太短,施朱则太赤,着粉则太白",不长不短,不红不白,刚刚好。我们平时去旅游,宾馆里经常会写着"宾至如归","归"是什么意思,归就是理想的家园,因为恰如其分,所以我感到很舒适，就是家的感觉。任何事物都一样，穿了一双鞋，很合脚，这双鞋就是为我定做的；穿一件衣服，很得体，这件衣服就是为我做的，这就是恰如其分。所以中国人文化的核心智慧，就是追求一种恰如其分的度，这个度就是"中"，中是"天下之大本"，什么叫"大本"，天下最理想的本然的状态；怎么达到这种本然状态，要通过"和"，"和为天下之达道"，和就是和谐，去掉过分、片面与不协调，回归于本然。比如说练书法，我这个人比较喜欢练字，吃饭喝酒后就练几手。《兰亭序》是天下绝作，我们看到的《兰亭序》都是后人模仿的，真正的《兰亭序》被唐太宗带到墓里去了，他太喜欢了，这个典故具体不展开了。"永和九年"，那个"永"字写得太漂亮了，如果说那个字的"中"是个"大本"，我就不断地练，尽可能地接近它。孔子讲"学而时习之，不亦乐乎"，学是学"中"，学一种标准，习就是不断地练，在过程中慢慢地接近"中"的形态。做人也好，做事也这样，都要通过"和"，去掉片面性，去掉不协调性，慢慢接近最理想的状态，这就是中国"中和"与"度"的人文精神。

三　休闲与审美如何"成人"

审美和休闲都是"成人"的过程。如何成为人，德国古典美学家席勒最早提出审美教育，他认为审美是使人成为人的唯一的途径，也是最重要的途径。人怎么样能够超越动物？最基本特点的就是人对外观感兴趣，动物对外观不感兴趣。动物看到一盆饲料，比对天光海色那是感兴趣得多了，它只是本能的需求；而人对外观感兴趣，对外观感兴趣是人超过动物的最大标志。为什么审美能够使人成为人，因为在审美的过程当中，人把一切东西都对象化了，超越了实用的、功利的考虑，这个时候人就能够进入自由状态。人在感性状态是不自由的，因为受制于动物性的压迫。举个例子讲，大家有没有看过安格尔（Jean Auguste Dominique Ingres）的那幅称作"泉"的美女图，非常经典、优雅、漂亮，我相信在座的男生，没有一个会看见这幅画就流鼻血了，因为你一看就知道这是艺术，在艺术品面前你是自由的。如果真是一个维纳斯（Venus）在洗澡，你看到能不能那么从容淡定？不一定了。所以你把世界上的一切东西都对象化，就能超越自己，就能跟物质，跟世界保持适度而自由的距离。从这个角度讲，审美能够完善人性，从而使人成为人。

中国古代非常注重"成人"的化育方式，尤其是孔子在《论语》中有几个重要的命题，"志于道，据于德，依于仁，游于艺"。"道"和"德"是不一样的，道是抽象的，无处不在，但看不见摸不着，我们只能用志，志就是志向追求；道转化为人具体的品性，就变成德了，德你可以据守；"仁"，二人为仁，指不同人之间的伦理关系，就是对父母要孝，对孩子要爱，对朋友讲信义，等等，这些准则需要遵循，也就是依；这些都是讲性命道德的学问。跟休闲和审美直接相关的是最后一点"游于艺"，"艺"指六艺，相当于我们现在讲的文体活动或者休闲活动，这个同样很重要。朱熹解释，"游于艺"虽然位置排在最后，但是非常重要，因为人在玩的过程中，可以明白各种道理。这个"游"的特点是什么？游这个字原来没有三点水的，部首是一个方字，《说文》解释为"旌之垂"，即锦旗的下摆，随风飘荡，自由自在，三点水是后来加上去的，变成水的流动；无论旗子随风飘荡还是水的流动，特点就是自由自在。朱熹在《四书集注》里，把这个游字解释为"玩物适情。""游"是玩物，适合人的情感需要，状态是自由自在、快乐愉悦。玩对于人很重要，一个人不会玩，你就不是人；你只会干活，你就是机器。要适度地玩，在玩的过程当中慢慢体悟天地之间生存的秘诀，并完善人性。

孔子还有一组命题，叫作"兴于诗，立于礼，成于乐"，这是

"游于艺"的展开。

第一，"兴于诗"。"兴"是古代诗歌表现方法，朱熹解释为"连类引譬"，"兴"有"比"的成分，但又让人联想，从具体的物象联想到抽象的道理。比如说"关关雎鸠，在河之洲，窈窕淑女，君子好逑"，汉儒解释为"后妃之德"，这是穿凿附会。其实这是一首真挚淳朴的民歌，通过鸟儿们亲亲热热的场景，让人联想到爱情的美好、伟大。我联想到海涅的一首诗，大意是写一个小伙子在追求一个小姑娘，这个姑娘很矜持，没有答应。姑娘的耳边有两个声音，一个是理智，提醒姑娘要小心，不要轻易投怀送抱；另一个是情感，怂恿姑娘享受生活，爱情很美好，她很纠结。这个时候一对鸽子飞过来了，站在他们前面互相为对方梳毛，亲吻。小伙子说你看，那个姑娘一看，两眼顿时充满柔情，软瘫在小伙子的怀里，这时理智只能保持沉默，情感在边上偷偷微笑。就一个画面，让人领悟到什么，这就是文学艺术对人情感形象的启蒙作用。比如说一个小女孩，妈妈跟她说，不要和陌生人说话，可能她听不进去。妈妈教她唱儿歌"小白兔乖乖，把门开始。不开不开我不开，妈妈没回来，不能把门开"。"妈妈没回来，不能把门开"，就是不能给陌生人开门，不要跟陌生人说话。唱着这首儿歌，小女孩也许就容易接受这个道理了。跟小孩子讲抽象的道理，是听不进去的，但是用这种故事，他很容易接受。所以古人让小孩通过"司马光砸缸"，学会急中生智，通过"孔融让梨"，从小学会谦让，等等。不光小孩如此，成人也如此。像古希腊人很喜欢看悲剧，悲剧往往讲命运对人的捉弄，人想取得自由，但最后总是落入命运的圈套。最典型的就是俄狄浦斯（Oedipus），后来弗洛伊德把他作为一个心理情结。俄狄浦斯是一个英雄，最后还是在不知不觉的情况下犯了乱伦的错误。柏拉图说，古希腊人们好像很笨，花钱去买眼泪。又说，当人们花钱流了眼泪从剧院里出来的时候，就变得聪明多了。命运是需要敬畏的，于此我们能够学会更聪明地活着。文学艺术就是通过一种形象的方式，让人明白道理，完善人性。

再举个例子，20多年前有个电影叫作《妈妈再爱我一次》，主题歌是《世上只有妈妈好》。情节太简单了，但是简单得很煽情。我去看这个电影时朋友们告诫我，老潘你小心一点，这个片子很煽情的。我说男儿有泪不轻弹，但是为了保险起见，悄悄地带了一包餐巾纸，结果出来的时候用完了。这个电影情节很简单，一对年轻人相爱，爱得很深，生了孩子，孩子非常可爱。但是这对小夫妻最终被婆婆活生生拆散了，因为男方是贵族，女方是平民，门户不当。拆散以后那个媳妇就疯掉了，小孩子在风雨当中寻找妈妈，背景音乐就是《世上只有妈妈好》，那个时候眼泪不得不落下来。假如你的妈妈也是这样的妈妈，你跟她讲道理，婚姻自主、婚姻自由是没用的，让她看这个电影，也许她的心会善解年轻人一些。

第二，"立于礼"。朱熹对"礼"有两个定义，一是"礼者，理也"，礼是天理；二是"礼者，履也"，礼是行为。人生中有些行为是出于本能，比如说对孩子的爱，连动物都具备。不像南京有一个母亲，把自己孩子丢在家里，在外面自己弄赌，孩子被活活饿死，这个母亲已经不是人，连动物都不如。所以对下一代的爱，抚养是人的本能。但是对上一代的孝是需要理的，古人非常重视孝，汉代孝廉就可以当官，不孝马上把你革了，因为孝太重要了，如果父母、长辈养育了你，你不孝，天理何在？所以古代就对尽孝有许多礼的规定，这是天理规定的社会秩序。从"履"的角度讲，礼是行为的规范和艺术。打个比方男生一进校，军训非常有必要，不然有些男生可能就站没站相，坐没坐相。古人讲"立如松、坐如钟、卧如弓、行如风"，飒爽英姿，这符合人的自然体格状态；歪头歪脑的，自以为很舒适，其实可能使形体慢慢变形，不利于身心健康。女性也是这样的，必要的形体和仪态训练非常有用。你脸蛋、皮肤、身材是天生的，化妆品也许能够部分地通过错觉改变一下人们的印象，但是你的气质、仪态是你的魅力所在。女人的魅力不在于脸上，而在于走路的时候，臀部是不是恰如其分地摆动。走路胯部过于夸张性地摆动，会有风尘味；走路胯部过于矜持板执，就会使女性的魅力大打折扣。行为体态和行为艺术是需要训练的，你看那些成功人士，看他穿衣服，看他待人接物，如何得体，如何有品位，这样的人才立得起来。所以就要立于礼，没有这个礼立不起来，人不像人，很难取得人家信任。

第三，"成于乐"。为什么孔子把"成于乐"放在最后？事实上我们接受乐跟接受诗时间并无先后，也许我们听儿歌比背诗还要早。但是为什么乐放在最后？乐作为一种艺术体裁跟诗和礼不一样，诗是语言因素，可以解释；礼仪是一种行为艺术，可以模仿；唯有乐，它非原型性，非语义性。乐是大自然的节奏和人的情感节奏的艺术化，完全靠身心领悟。乐对于成人有两种功能，一是合序，二是合群。乐里面有独乐，有众乐，独唱独奏是独乐，合唱合奏是众乐。独乐对成人的好处在哪里呢？可以增强人的节奏和韵律感，增强协调性，让孩子从小接受键盘音乐，尤其是钢琴音乐，对提升他的形式感、审美感、协调感是有很好处的。我认为对于成人更重要的是合唱与合奏训练。独唱独奏他有才能，有天赋，自行其是就行了。但是合唱团成员就比较容易养成合群的健全的人格。比如说教堂唱诗班，那年我在英国，圣诞节前后，在约翰大教堂观赏弥撒。一位很帅的神职青年，披着一身白纱，身后两排孩子，一排童男、一排童女，他引吭高歌，孩子们几个声部合唱，一边唱一边进去。那个教堂里没有扩音设备，但拱形的建筑形成一个天然的音效，太辉煌了。合唱团鱼贯而入，到祭坛坐好了，神父开始布道，那种氛围、那种境界，真令人灵魂出窍。一个大型的合唱团，几百号人，几百种乐器，在这个演奏的过程当中，参与者就会体会到，不但自己要表现得好，表现得准确，而且要跟他人配合好；不但要跟他人配合好，而且要跟环境、跟天地配合好，默契、和谐，才能造成那种圆浑的效果。在这个过程中，你的心性才能够脱俗，你的人格才能够圆成，这就是成于乐。

四　世界与生存、幸福与境界

何谓世界？在我看来，世界就是你感知的存在。我们每个人只能活3万多天，我已经翻掉2万多张日历了，我的世界还有1万多天，你们大概还有2万多天。没有一个客观的、固定的、统一的世界，全球75亿人，就是75亿个世界。你走了，你的世界不在了，你成为别人世界里面的信息。海德格尔有两个术语，自在物质叫"大地"，这个物质向你呈现，叫"世界"；所以世界都是向独知，向每一个独特的心灵呈现。从王阳明到海德格尔都是这样的观点，我也是这样的观点。再过多少年，我曾经做过的讲座，已经变成别人世界的信息了。世界对于你的意义，取决于你对世界的感受，这句话是我在20年以前，刚进入不惑之年悟出来的，写进了当年我那本书的后记。以后你们有机会看到我那本书，只要看我的后记就行了。这个感悟已经20年了，没过时。当时我有两句话，第一句话是"这个世界对于我的意义，取决于我对世界的感受"，第二句话是"我对这个世界的价值，取决于世界对我的认可"；前面的意义是本在的，后面的认可是外在的。做人就是这样，你要自己本心明觉，然后把握分寸。你就是你的世界，你要有自己的本心、独知，你的世界才朗然呈现。

何谓生存？人在世界上生存，生存不光是活着。余华写过一本书小说，名为《活着》，这本小说我极力推荐，余华写得非常冷静，甚至非常冷峻，他的心理承受能力非常强，一个人遇到的最悲苦的命运事件，他用很平静的方式叙述。书中主人公只是活着，不是生存。生存是自在、自由、自觉、自得的存在，而不仅仅是一个生命体，一个生物体。没有这个前提，这个生物体可能只是一个行尸走肉，很有可能，人活着是随波逐流的一个傀儡。在我看来，真实和自由对于生存具有决定性的意义，不真无在，说了一辈子假话，你就没有活过；不自无我，就是没有自主的见解，就没有你这个你，你就是世界上克隆出来的机器人。

何谓幸福？幸福其实就是你的某种期望与实现之间的一种比例。你的期望高于你的现实，就会沮丧、痛苦；你的现实高于你的期望，就会幸福、快乐。期望与感受百分值永远是100分，两千年前100分，两万年后也是100分，不能认为物质水平提高了多少倍，你的幸福值就提高了多少倍，只有100分！你得想明白了！孔子那个时候是100分，未来也只有100分。我们有几种活法，一种叫谋生，做人不得不谋生，你们在这儿上学，你们的父母亲要支持你们，他得谋生，也许他干的活儿是他不喜欢的，他还得干，谋生，这是被动的生活，往往与幸福无缘。第二是荣生，你要光宗耀祖，拿了博士学位，当了什么大官，回去很体面，社会上很有地位。这是脸面炫耀，当然你肯定会掌握更多的社会资源，但是如果你不真实，你还是外在的，你得到的是给别人看的幸福。第三种活法，就是乐生，乐生是自在的，以自己的生存自足自乐，在这个过程寻求快乐，快乐地活着，也给别人快乐，这才是真正的幸福。

何谓境界？同样的活有不同的境界。禅宗讲境界，境由心生，生命的意义，生命的价值，甚至现象的呈现，都是通过心的。冯友兰先生是中国现代最著名的哲学家之一，现代西方人早期了解中国哲学，大都是通过他那两本书，一本《中国哲学简史》，用英语写的，还有一本是上下卷的《中国哲学史》，被老外翻译成多种语言文字。冯先生认为人有四种境界。一是自然境界，就是人跟动物一样，还没有觉解。二是功利境界，有所觉解，但是为自己谋利，境界狭小。三是道德境界，觉解到为公众为他人谋利，但是还有勉力和刻意的成分，还不是最高的境界。四是天地境界，这是做人最高的境界。天地境界与道德境界的区别是什么呢？比如说你老是想着，要全心全意为人民服务，要鞠躬尽瘁，你那个境界就未到最高。你不刻意想的时候，出于自然做事情，你的境界就更高了。天地无仁，普润万物，道法自然，天地从来没有刻意要做好事，但它们给世界带来福音。咬紧牙关做好事，这不是高的境界，高的境界是很本然地做好事，所以王阳明讲"无善无恶心之体"，至善就是无善无恶，你不要去谈善了，也不要去谈恶了，顺其本性而事事至善，这个就是天地境界。

五　休闲时代与审美生存

美国著名的休闲学家杰弗瑞·戈比对休闲下过这样的定义：休闲是从文化环境和物质环境的外在压力中解脱出来的一种相对自由的生活，它使个体能够以自己所喜爱的，本能地感到有价值的方式，在内心之爱的驱动下行动，并为信仰提供一个基础。这里我说明一下，这个信仰不是宗教信仰，是对生活的信仰，我曾当面与他印证。然后请注意，这个自由是相对自由，不是绝对自由。所谓物质环境，比如说你的经济条件、自由支配的时间；所谓精神文化环境，就是你和社会的观念。我们现在可以大胆地谈休闲，联合国把公民的休闲作为基本权利之一，但是30多年前，我们只讲抓革命促生产，谁能谈休闲？现在有些老同志还是想不通，说你们研究休闲，是资产阶级的东西。中国社科院的一位副院长，有次与我争论起来了。他办了两个刊物，约我写文章。我说文学批评之类我不写，要不可以写写马克思的休闲思想。他说马克思搞革命，搞阶级斗争，哪里搞休闲？我说你错了，马克思搞阶级斗争、搞革命是为了什么，是为了让公民更好地休闲，马克思理想的共产主义其实就是休闲社会。革命不是目的，搞阶级斗争更不是目的，让人能休闲才是最终的目的。这个就是观念形成的文化环境！我们要大胆地、理直气壮地为自己的休闲，为子女的休闲，为公民的休闲奋斗。

休闲提供了创意的情境，而审美提供了创意的思维机制，即灵感思维、形象思维。我们的老校长潘云鹤曾经做过一个实验，是国家"985"重大课题"形象思维的基础研究"，他的研究结论是，逻辑思维是线性的，不能提供创造，只能提供推论；任何创造都是形象思维提供的，形象思维是块状思维、云状思维、碰撞、变形，然后形成创新思维。各位在座的可能好多工科的，工科的学生更要学点形象思维，我如果懂得一点科学，也可能效果更好，两者需要融合。我的微信名是"对酒当歌"，对酒当歌有何不可？对酒当歌、洒落自在的过程当中，也许一下子创意就出来了。老是只顾埋头拉车，一辈子没出息。尤其北大、清华、哈工大这些学校都是高端的学校，我们更需要这种创造的活力。千万不要认为休闲、审美只是一种玩玩的玩意儿，它是一种人存在的理想方式。当然休闲有不同境界，一种是"遁世"，像陶渊明这样，不为五斗米折腰，躲到山林田园里去，这是一种躲避的态度；一种是"谐世"，在这个世界上玩游戏，玩转社会运行规则，比如白居易的"中隐"；还有一种就是自得，就是你无须刻意躲到山林，也无须刻意迎合社会，不管面对什么样的世界，你都能无入而不自得，比如王阳明，这是人生与休闲的最高境界。

休闲跟审美不一样的地方。原来我们理解的审美，主要是艺术审美，主要是形式上的观赏；休闲要落地，要切入生活。休闲有许多体验，体验有许多活动，活动需要许多产品和载体、场所，这些会形成一个巨大的产业经济，21世纪最大的产业就是休闲产业。在发达国家和地区，有几个数字，2/3 的收入用于休闲，1/3 的土地用于休闲，1/3 的人工用于休闲，休闲业绝对是第一产业，而不是制造业，也不是其他的高科技。

那么休闲产业取决于什么呢？取决于人本的需求，按马斯洛的说法，人有五种人本需求，第一生理，第二安全，第三交往，第四自尊，第五自我实现，其规律是越低的需求越不可抗拒，越高的需求越能体现人的境界和品位。生理和安全是低级需求，虽然不可抗拒，然而消费价值很低，因为这些需求只是满足人能够活着；交往、自尊、自我实现是高级需求，虽然并非不可抗拒，然而消费价值依次提升，因为这些需求是满足人有品位地生活。

第一种需求，生理需求最不可抗拒，比如说我们在沙漠上迷路了，3天不喝水，要死人的，撒一泡尿肯定喝，甚至是一摊水，这个水是有毒的，你喝还是不喝？90%的人会喝，因为那个时候生理需求压倒了安全需求。"9·11"双子星座爆炸的时候，有好几个男士跳了下来。跳下来必死无疑，为什么要跳？不跳上千度的高温，活活烤死，更痛苦。

最简单的生理需求满足以后，会考虑安全需求，这是人本的第二种需求。比如食品有没有毒、卫生不卫生，行为合不合法、安不安全，等等。在这两种需求状态下，人只满足基本生存，无须什么休闲业。

第三种需求是交往需求，交往是为了满足爱的本能。人是对象化的社会存在，人在对象化的交流中印证自己的存在价值。人最怕的不是死，死可能在你来不及害怕的时候就突然降临了。人最害怕的是孤独，孤独与人世隔绝，让人甚至感觉不到自己的存在，这是非常恐怖的。所以人都渴望交往，在交往中，休闲消费就产生了，比如喝茶、咖啡、聚餐、派对、沙龙，等等。任何社交活动都是为了满足人的交往需求，而社交活动的消费在休闲经济中占了很大的比重。

人们在交往中最渴望得到什么？那就是人本的自尊需求，是人本的第四种需求。人都渴望他人和社会的认同与尊重，为了满足自尊，有人会一掷千金，于是休闲消费的溢价就大幅提升。有一天看到一个成教学生背个包，我问你这个包多少钱，有几千块钱吗？她说你OUT了，3万！我说你才OUT，花了冤大头的钱，还沾沾自喜。后来想了想，满足了她的自尊心，这3万块也值了，奢侈品就是满足人的一种虚荣的自尊。我们服务业为什么都要提倡微笑服务、低位服务，甚至蹲式服务？比如说上茶、处理投诉，就要尽可能低位，不可以趾高气扬。你满足了客人的自尊，客人就愿意掏钱了。必须尊重顾客，顾客就是上帝，顾客永远是对的，因为他要付钱。

人的最高需求即第五种需求是自我实现，小到一个陶吧里自己动手做的一个罐子，大到极限运动、太空旅游。人最大的成就感能够把自己的想法实现，前两天有两个片子，一个反映西藏的朝圣之旅，另一个讲独自穿越无人区，都是为了自我实现，实现他的生命价值。媒体披露首次太空旅行不久就要举行，花费是人均10个亿，还是不乏人去。尽管这项活动很危险，尽管这项消费很花钱，但他就愿意冒这个险，就愿意花这个钱，这就是自我实现，人的最高需求。

休闲经济是一种体验经济，体验消费的主要不是物品，而是一种感受、一种记忆，而且随着体验层次的不同，消费额度也逐层提升。举个例子讲咖啡，第一是农业经济，附加值最低，二两咖啡豆，只有两毛钱；第二工是业经济，附加值有所增加，但增幅不大，二两咖啡粉可能一块钱；第三是普通的服务经济，附加值大幅提升，你去连锁店买一杯咖啡十来块钱；第四是体验经济，比如说你们有机会到西湖边上去，断桥边上，斜阳西照，坐进主体咖啡厅，夜幕降临，康乃馨、玫瑰花一插，轻音乐一放，你和朋友相视一笑，一杯咖啡送上来，168元，附加值不可思议地提升。人就追求这种消费体验。

审美与休闲,有共同的本质,就是自在生命的自由体验;有共同的特点,就是自在、自由、自得。审美和休闲都不是绝对非功利的,但是它不是直接的功利,而是超越直接的功利。喝一杯开水是为了满足解渴的直接功利,就不是休闲消费;填饱肚子是为了满足解饥的直接功利,就不是审美体验。但从容地品一杯咖啡,超越了直接的解渴需求或功利,就是休闲消费;品一顿色香味俱全的美食,超越了直接的解饥的需求或功利,就包含着审美体验。生活中任何事情,超越直接功利的自由体验必然能给人愉悦。审美与休闲共同的尺度就是恰如其分,共同的功能就是成人。就两者的关系来说,休闲是审美的落地,审美是休闲的提升;休闲需要一种境界,用审美规律来把握;审美不能躲在象牙塔里,要进入民众的生活,那就是休闲。休闲时代已经来临,在休闲时代能否聪明地休闲,取决于你自己能否恰如其分地体验和把握。

主要参考文献

一 原典古籍

（宋）程颢、程颐：《二程集》，中华书局1981年版。

（明）高濂：《燕闲清赏笺》，浙江人民美术出版社2012年版。

（清）郭庆藩：《庄子集释》，王孝鱼点校，中华书局1961年版。

（宋）郭若虚：《图画见闻志》，四部丛刊续编子部。

（清）黄宗羲：《黄宗羲全集》，浙江古籍出版社1985年版。

（宋）黎靖德编：《朱子语类》，中华书局1986年版。

（宋）李焘：《续资治通鉴长编》，中华书局1980年版。

（宋）罗大经：《鹤林玉露》，中华书局出版社1983年版。

（元）脱脱等：《宋史》，中华书局1977年版。

（魏）王弼注，楼宇烈校：《老子道德经注》，中华书局2011年版。

（宋）王辟之：《渑水燕谈录》，中华书局出版社1981年版。

（清）王先谦撰，沈啸寰、王星贤整理：《荀子集解》，中华书局2012年版。

（明）王阳明：《王阳明全集》，上海古籍出版社1992年版。

（宋）杨万里：《诚斋集》，四库丛刊初编本。

（明）袁宏道：《袁宏道集笺校》，上海古籍出版社1981年版。

（清）袁枚：《袁枚全集》，江苏古籍出版社1997年版。

（清）张潮：《幽梦影全鉴（典藏版）》，中国纺织出版社2016

年版。

（明）张岱：《琅嬛文集》，岳麓书社 1985 年版。

（明）张萱：《西园闻见录》，哈佛燕京学社 1940 年版。

（清）赵翼：《二十二史札记》，世界书局 1962 年版。

（清）郑端辑：《朱子学归》，商务印书馆 1937 年版。

（明）郑庆云：《嘉靖延平府志》，四库全书本。

（宋）朱熹：《周易本义》，中国书店《新四书五经》本 1994 年版。

（宋）朱熹：《晦庵先生朱文公文集》，四部丛刊本。

（宋）朱熹：《朱子四书语类》，上海古籍出版社 1992 年版。

二 中文著作

北京大学哲学系美学教研室编：《西方美学家论美和美感》，商务印书馆 1980 年版。

蔡仁厚：《王阳明哲学》，台湾三民书局 1992 年版。

蔡尚思：《蔡元培学术思想传记》，棠棣出版社 1950 年版。

蔡元培：《蔡元培全集》，浙江教育出版社 1997 年版。

蔡元培：《蔡元培选集》，中华书局 1959 年版。

陈来：《宋明理学》，辽宁教育出版社 1991 年版。

陈来：《有无之境——王阳明哲学的精神》，人民出版社 1991 年版。

陈中凡：《两宋思想述评》，东方出版社 1996 年版。

方东美：《原始儒家道家哲学》，台湾黎明文化事业股份有限公司 1983 年版。

冯友兰：《新原人》，《三松堂全集》第四卷，河南人民出版社 1986 年版。

高平叔编：《蔡元培美育论集》，湖南教育出版社 1987 年版。

郭齐勇：《熊十力学术文化随笔》，中国青年出版社 1999 年版。

胡朴安鉴定：《清文观止》，岳麓书社 1991 年版。

黄仁宇：《中国大历史》，生活·读书·新知三联书店1997年版。

瞿汝稷编：《指月录》，巴蜀书社2012年版。

李江帆：《第三产业经济学》，广东人民出版社1990年版。

李零：《郭店楚简校读记》，北京大学出版社2002年版。

李泽厚：《历史本体论》，生活·读书·新知三联书店2002年版。

李泽厚：《美学三书》，安徽文艺出版社1999年版。

林语堂：《生活的艺术》，中国戏剧出版社1991年版。

刘海春：《生命与休闲教育》，人民出版社2008年版。

刘小枫：《拯救与逍遥》，上海三联书店2001年版。

刘笑敢：《老子：年代新考与思想新诠》，台湾东大图书股份有限公司1997年版。

刘悦笛、李修建：《当代中国美学研究（1947—2009）》，中国社会科学出版社2011年版。

刘悦笛：《生活美学：现代性批判与重构审美精神》，安徽教育出版社2005年版。

履权：《两宋史论》，中州书画社1983年版。

马惠娣：《休闲：人类美丽的精神家园》，中国经济出版社2004年版。

蒙陪元：《心灵超越与境界》，人民出版社1998年版。

蒙培元：《情感与理性》，中国人民大学出版社2009年版。

缪钺：《宋诗鉴赏辞典》，上海辞书出版社1987年版。

牟宗三：《从陆象山到刘蕺山》，台湾学生书局1993年版。

潘立勇：《审美人文精神论》，浙江大学出版社1996年版。

潘立勇：《一体万化——阳明心学的美学智慧》，北京大学出版社2010年版。

潘立勇：《朱子理学美学》，东方出版社1999年版。

潘天寿等撰：《中国画家丛书（郑燮）》，上海美术出版社1980年影印本。

皮朝纲：《禅宗美学史稿》，电子科技大学出版社1994年版。

钱明：《阳明学的形成与发展》，江苏古籍出版社2002年版。

王维：《哲学视角中的科学技术、经济与社会发展》，东方出版中心2010年版。

王文革主编：《文化创意十五讲》，中国传媒大学出版社2013年版。

王志敏、方珊：《佛教美学》，辽宁人民出版社1989年版。

吴平编：《名家说禅》，上海社会科学出版社2003年版。

吴松弟：《中国人口史》，复旦大学出版社2000年版。

吴晓亮主编：《宋代经济史研究》，云南大学出版社1994年版。

谢和耐：《南宋社会生活史》，中国文化大学出版社1982年版。

徐复观：《中国艺术精神》，华东师范大学出版社2001年版。

严正：《儒学本体论研究》，天津人民出版社1997年版。

扬之水：《古诗文名物新证》，紫禁城出版社2004年版。

杨培明主编：《创思八讲：创意、创新与创造性思维》，北京师范大学出版社2014年版。

杨天宇撰：《礼记译注》，上海古籍出版社2010年版。

姚淦铭、王燕编：《王国维文集》，国文史出版社2007年版。

叶朗《中国美学史大纲》，上海人民出版社1985年版。

阴景曙：《国民学校休闲教育》，商务印书馆1948年版。

袁行霈主编：《中国古代文学史》，高等教育出版社2005年版。

曾枣庄、刘琳主编：《全宋文》，上海古籍出版社2006年版。

张法：《中国美学史》，四川人民出版社2006年版。

张世英：《哲学导论》，北京大学出版社2002年版。

张栻：《张栻集》，岳麓书社2010年版。

张再林：《中唐——北宋士风与词风研究》，人民文学出版社2005年版。

赵敦华主编:《西方人学观念史》,北京出版社2004年版。

赵所生、薛正兴:《中国历代书院志·国朝石鼓书院志》,江苏教育出版社1995年版。

钟星选注:《元好问诗文选注》,上海古籍出版社1990年版。

周膺:《后现代城市美学》,当代中国出版社2009年版。

朱光潜:《朱光潜全集》,安徽教育出版社1987年版。

朱骏生:《说文通训定声》,武汉古籍出版社1983年版。

朱瑞熙:《辽宋西夏金社会生活史》,中国社会科学出版社1998年版。

宗白华:《宗白华全集》,安徽教育出版社2008年版。

赵勇:《迎头赶上,还是领跑全球:全球化时代的美国教育》,华东师范大学出版社2010年版。

中国科学院哲学所西方哲学史组编:《存在主义哲学》,商务印书馆1963年版。

三 中文译著

[英] J. 曼蒂、[英] L. 奥杜姆:《闲暇教育的理论与实践》,叶京等译,春秋出版社1989年版。

[美] 阿诺德·伯林特:《环境美学》,张敏译,湖南科学技术出版社2006年版。

[古希腊] 柏拉图:《柏拉图全集》,王晓朝译,人民出版社2003年版。

[美] 查尔斯·K. 布赖特比尔:《休闲教育的当代价值》,陈发兵、刘耳、蒋书婉译,中国经济出版社2009年版。

[美] 杜威:《民本主义与教育》,邹恩润译,商务印书馆1928年版。

[德] 恩斯特·卡西尔:《人论》,甘阳译,上海译文出版社2004年

版。

［德］瓦尔特·本雅明：《机械复制时代的艺术》，李伟、郭东译，重庆出版社 2006 年版。

［美］费正清、［美］赖肖尔：《中国：传统与变革》，陈仲丹等译，江苏人民出版社 1992 年版。

［德］伽达默尔：《诠释学 I：真理与方法》，洪汉鼎译，商务印书馆 2010 年版。

［德］海德格尔：《海德格尔谈诗意地栖居》，丹明之译，工人出版社 2011 年版。

［德］海德格尔：《路标》，孙周兴译，商务印书馆 2009 年版。

［德］海德格尔：《诗·语言·思》，彭富春译，文化艺术出版社 1991 年版。

［日］和田清：《中国史概说》，商务印书馆 1964 年版。

［荷］赫伊津哈：《游戏的人》，多人译，中国美术学院出版社 1996 年版。

［荷］赫伊津哈：《游戏的人》，何道宽译，花城出版社 2007 年版。

［美］杰弗瑞·戈比：《你生命中的休闲》，康筝译，云南人民出版社 2000 年版。

［美］卡尔·R. 罗杰斯著，《个人形成论：我的心理治疗观》，杨广学等译，中国人民大学出版社 2004 年版。

［美］凯文·林奇：《城市形态》，林庆怡、陈朝晖等译，华夏出版社 2001 年版。

［德］康德：《道德形而上学奠基》，杨云飞译，人民出版社 2013 年版。

［德］康德：《判断力批判》，邓晓芒译，人民出版社 2002 年版。

克尔凯郭尔：《非此即彼》，京不特译，中国社会科学出版社 2009 年版。

[法] 勒·柯布西埃:《走向新建筑》,吴景祥译,中国建筑工业出版社1981年版。

[美] 理查德·舒斯特曼:《生活即审美:审美经验和生活艺术》,彭锋等译,北京大学出版社2007年版。

[美] 理查德·舒斯特曼:《实用主义美学》,彭锋译,商务印书馆2002年版。

[日] 笠原仲二:《古代中国人的美意识》,杨若薇译,生活·读书·新知三联书店1988年版。

[美] 鲁道夫·阿恩海姆:《艺术与视知觉》,滕守尧译,四川人民出版社1998年版。

[德]《马克思恩格斯文集》第三卷,人民出版社2009年版。

[德]《马克思恩格斯选集》第一、二卷,人民出版社2012年版。

[美] 马斯洛:《动机与人格》,许金声、程朝翔译,华夏出版社1987年版。

[苏] 米·贝京:《艺术与科学》,任光宣译,文化艺术出版社1987年版。

[法] 莫里斯·梅洛-庞蒂:《知觉的首要地位及其哲学结论》,王东亮译,生活·读书·新知三联书店2002年版。

[挪] 诺伯格-舒尔茨:《存在·空间·建筑》,尹培桐译,中国建筑工业出版社1990年版。

[美] 奇科·汤普森:《真是一个好创意:创造卓越创意的思维方法》,电子工业出版社2010年版。

[美] 乔治·桑塔耶纳:《美感》,缪灵珠译,中国社会科学出版社1982年版。

[古罗马] 塞涅卡:《哲学的治疗》,吴欲波译,中国社会科学出版社2007年版。

[美] 施坚雅:《中华帝国晚期的城市》,叶光庭等译,中华书局

2000年版。

［德］叔本华：《作为意志和表象的世界》，石冲白译，商务印书馆，1982年版。

［美］梭罗：《瓦尔登湖·经济篇》，徐迟译，上海译文出版社1982年版。

［美］托马斯·古德尔，［美］杰弗瑞·戈比：《人类思想史中的休闲》，成素梅等译，云南人民出版社2000年版。

［美］托马斯·门罗：《走向科学的美学》，石天曙、滕守饶译，中国文联出版公司1986年版。

［德］席勒：《美育书简》，徐恒醇译，中国文联出版社1984年版。

［德］席勒：《审美教育书简》，冯至译，北京大学出版社1985年版。

［美］雪莉·特克尔：《群体性孤独》，周逵、刘菁荆译，浙江人民出版社2014年版。

［古希腊］亚里士多德：《亚里士多德全集》（第八卷），苗力田译，中国人民大学出版社1992年版。

［古希腊］亚里士多德：《亚里士多德全集》（第九卷），苗力田译，中国人民大学出版社1994年版。

［古希腊］亚里士多德：《政治学》，吴寿彭译，商务印书馆1965年版。

颜一编：《亚里士多德选集》（政治学卷），中国人民大学出版社1999年版。

［美］宇文所安：《中国中世纪的终结：中唐文学文化论集》，生活·读书·新知三联书店2006年版。

［美］约翰·凯利：《走向自由——休闲社会学新论》，赵冉译，云南人民出版2000年版。

［德］约瑟夫·皮珀：《闲暇：文化的基础》，刘森尧译，新星出版

社 2005 年版。

四　中文期刊论文

阿诺德·柏林特:《审美生态学与城市环境》,《学术月刊》2008 年第 3 期。

包弼德:《唐宋转型的反思》,《中国学术》2000 年第 3 期。

陈国灿:《宋代太湖流域农村城市化现象探析》,《史学月刊》2001 年第 3 期

陈雪虎:《生活美学:三种传统及其当代会通》,《艺术评论》2010 年第 10 期。

程相占、阿诺德·伯林特:《从环境美学到城市美学》,《学术研究》2009 年第 5 期。

狄拉克:《美妙的数学》,《自然科学哲学问题丛刊》1983 年第 4 期。

杜卫:《论中国美育研究的当代问题》,《文艺研究》2004 年第 6 期。

樊月培:《目前各地实施休闲教育概况》,《山东民众教育月刊》1932 年第 9 期。

冯友兰:《宋明道学通论》,《哲学研究》1985 年第 2 期。

高建平:《美学与艺术向日常生活的回归——兼论杜威与"日常生活审美化"的理论渊源》,《文艺争鸣》2010 年第 9 期。

葛剑雄:《宋代人口新证》,《历史研究》1993 年第 6 期。

郭舒权、车明正:《休闲消费浪潮与休闲产业的崛起》,《经济问题探索》1995 年第 10 期。

胡敏中:《论创意思维》,《江汉论坛》2008 年第 3 期。

赖勤芳:《技术视域中的休闲美学反思》,《美与时代》2012 年 7 月上旬刊。

赖勤芳：《消费视域中的休闲美学反思》，《湖北理工学院学报》（人文社会科学版）2014 年第 5 期。

赖勤芳：《休闲美学及其论域》，《甘肃社会科学》2011 年第 4 期。

李宝贵：《你怎样利用闲暇时间》，《时兆月报》1935 年第 30 卷第 3 期。

李再永：《增加就业的新途径——休闲产业》，《山西财经大学学报》1999 年第 1 期。

林群：《理性面对传播的"微时代"》，《青年记者》2010 年第 2 期。

林峥：《"到北海去"——民国时期新青年的美育乌托邦》，《北京社会科学》2015 年第 4 期。

刘悦笛：《杜威的"哥白尼革命"与中国美学鼎新》，《文艺争鸣》2010 年第 5 期。

刘悦笛：《"生活美学"的兴起与康德美学的黄昏》，《文艺争鸣》2010 年第 3 期。

刘悦笛：《"生活美学"建构的中西源泉》，《学术月刊》2009 年第 5 期。

马惠娣：《建造人类美丽的精神家园：休闲文化的理论思考》，《未来与发展》1996 年第 3 期。

马惠娣：《建造人类美丽的精神家园——休闲文化的理论思考》，《未来与发展》，1996 年第 6 期。

马惠娣：《休闲：文化哲学层面的透视》，《自然辩证法研究》2000 年第 1 期。

蒙培元：《漫谈情感哲学（上）》，《新视野》2001 年第 1 期。

潘立勇：《当代中国休闲文化的美学研究与理论建构》，《社会科学辑刊》2015 年第 2 期。

潘立勇：《关于当代中国休闲文化研究和休闲美学建构的几点思考》，《玉溪师范学报》2014 年第 5 期。

潘立勇:《美学在科学领域中的作用》,《文艺研究》1993 年第 5 期。

潘立勇:《审美与人的现实解放》,《外国美学》1995 年第 12 期。

潘立勇:《西学"存在论"与中学"本体论"》,《江苏社会科学》2004 年第 2 期。

潘立勇:《休闲、审美与文化创意》,《湖南社会科学》2017 年第 6 期。

潘立勇:《休闲与审美:自在生命的自由体验》,《浙江大学学报》(人文社会科学版)2005 年第 6 期。

潘立勇:《阳明心学的美学智慧》,《天津社会科学》2004 年第 4 期。

潘立勇:《"自得"与人生境界的审美超越——王阳明的人生境界论》,《文史哲》2005 年第 5 期。

潘立勇、陆庆祥:《中国传统休闲审美哲学的现代解读》,《社会科学辑刊》2011 年第 4 期。

潘立勇、章辉:《从传统人文艺术的发展到城市休闲文化的繁荣——宋代文化转型描述》,《中原文化研究》2013 年第 2 期。

潘立勇、朱璟:《审美与休闲研究的中国话语和理论体系》,《中国文学批评》2016 年第 4 期。

庞学铨:《试论休闲对于城市发展的文化意义》,《浙江大学学报》(人文社会科学版)2010 年第 1 期。

庞学铨:《休闲学研究的几个理论问题》,《浙江社会科学》2016 年第 3 期。

庞耀辉:《谈闲暇时间观》,《新疆社会科学》1985 年第 2 期。

彭国翔:《"治气"与"养心":荀子身心修炼的功夫论》,《学术月刊》2019 年第 9 期。

漆侠:《宋代社会生产力的发展及其在中国古代经济发展过程中的地位》,《中国经济史研究》1986 年第 1 期。

钱穆:《理学与艺术》,《宋史研究集》1974年第7辑。

乔根锁:《本觉:中国佛教心性本体的根本内涵》,《西藏民族学院学报》(哲学社会科学版)2009年第5期。

宋志明:《简论佛教本体论的中国化》,《浙江社会科学》2004年第1期。

苏培:《"顶天立地"开展休闲学研究》,《中国社会科学报》2017年8月18日。

苏涛、彭兰:《技术载动社会:中国互联网接入二十年》,《南京邮电大学学报》(社会科学版)2014年第3期。

汤乐毅:《休闲产业:启动消费的亮点》,《企业经济》1999年第8期。

王娟、楼嘉军:《城市居民休闲活动满意度的性别差异研究》,《华东经济管理》2007年第11期。

王元骧:《"需要"和"欲望":正确理解"审美无利害性"必须分清的两个概念》,《杭州师范大学学报》(社会科学版)2014年第6期。

谢恩皋:《休闲教育问题》,《教育杂志》1925年第17卷第12号。

谢桃坊:《宋代书会先生与早期市民文学》,《社会科学战线》1992年第3期。

于光远:《论普遍有闲的社会》,《自然辩证法研究》2002年第1期。

于光远:《社会主义建设与生活方式、价值观和人的成长》,《中国社会科学》1981年第4期。

泽炎:《论闲暇》,《华年》1934年第3卷第27期。

曾长秋、张永红:《休闲文化的困境与超越》,《光明日报》2009年6月27日第6版。

张邦炜:《瞻前顾后看宋代》,《河北学刊》2006年第5期。

张法:《休闲与美学三题议》,《甘肃社会科学》2011 年第 4 期。

张弓、张玉能:《新实践美学与生活美学》,《陕西师范大学学报》(哲学社会科学版) 2018 年第 5 期。

张鸿雁:《休闲文化:社会发展的新机遇》,《探索与争鸣》1995 年第 12 期。

张楠:《城市故事论——一种后现代城市设计的建构性思维》,《城市发展研究》2004 年 5 期。

张平增、梁庆辉:《思维张力及其健康拓展的环境核心模块辨析》,《学术论坛》2010 年第 4 期。

张天曦:《日常生活审美化:当代审美新景观》,《山西日报》2004 年 3 月 16 日。

张耀天:《〈禹贡〉堪舆考》,《船山学刊》2013 年第 4 期。

章辉:《论休闲异化》,《兰州学刊》2014 年第 5 期。

章辉:《中国当代休闲美学研究综述》,《美与时代》2011 年第 8 期。

郑明、陆庆祥:《人的自然化:休闲哲学论纲》,《兰州学刊》2014 年第 5 期。

郑璞生:《小学教师合理的休闲生活》,《静安》1937 年第 4 号。

朱厚泽:《关于当前中西部城市发展中的几点思考》,《自然辩证法》2003 年第 7 期。

朱璟:《休闲美学的身体感官机制》,《社会科学辑刊》2015 年第 2 期。

朱立元:《关注常青的生活之树》,《文艺争鸣》2013 年第 13 期。

邹雪:《审美文化:休闲研究新的理论视界——张玉勤教授〈休闲美学〉简评》,《黄海学术论坛》第 19 辑。

五 外文著作

Bailey, P., *Leisure and class in Victorian England: Rational recreation* and the contest for control: 1830 – 1885, London: Methuen, 1978.

Borsay, P., *A History Leisure: The British Experience since* 1500, New York: Palgrave Macmillan, 2006.

Csikszentmihalyi, M., *Flow: the psychology of optimal experience*, New York: Harper & Row, 1990.

De Grazia, S., *Of time, work, and leisure*, New York: The Twentieth Century Fund, 1962.

Dulles, F. R., *America Learns To Play: A History of Popular Recreation 1607 – 1940*, New York: D. Apleton-Century Company, 1940.

Florida, R., *The Rise of the Creative Class: And How It's Transforming Work, Leisure, Community and Everyday Life*, New York: Basic Books, 2002.

Florida, R., *The Rise of the Creative Class Revisited: Revised and Expanded*, New York: Basic Books, 2012.

Godbey, G., *Leisure in your life*, Philadelphia: Saunders College Pub, 1999.

Henderson, K. A., *Introduction to Recreation and Leisure Services*, Andover: Venture Publishing, 2001.

Hill, J. Sport, *leisure and culture in twentieth-century Britain*, New York: Palgrave, 2002.

Mark Elvin, *The Pattern of the Chinese Past*, Stanford: Stanford University Press, 1973.

Murphy J. F., *Concepts of Leisure: Philosophical Implications*. Englewood: Prentice-Hall, Inc., 1974.

Perkin, H., *The Rise of Professional Society: England since* 1880. London: Routledge, 1989.

Roberts K., *The Business of Leisure: Tourism, Sport, Events and Other*

Leisure Industries. London：Palgrave，2016.

六　外文期刊论文

Banhidi, M., Flack, T., "Changes in Leisure Industry in Europe", *International Leisure Review*, vol. 2 (2), 2013.

Beard J., M. Ragheb, "Measuring leisure satisfaction", *Journal of Leisure Research*, No. 12, 1980.

Dickason, J., "1906: A pivotal year for the playground movement", *Park & Recreation*, vol. 20 (8), 1985.

Jones, S. G., "Trends in the Leisure Industry since the Second World War", *The Service Industries Journal*, vol. 6 (3), 1986.

Parker, S., "Work and Leisure Industries", *World Leisure & Recreation*, vol. 41 (4), 1999.

Ragheb M., R. Tate, "A behavioral model of leisure participation, based on leisure attitude, motivation and satisfaction", *Leisure Studies*, No. 12, 1993.

Rodríguez-Ferrándiz R., "Culture Industries in a Postindustrial Age: Entertainment, Leisure, Creativity, Design", *Critical Studies in Media Communication*, vol. 31 (4), 2014.

七　学位论文

李平：《王国维休闲美学思想》，硕士学位论文，暨南大学，2006年。

苏状：《"闲"与中国古代文人的审美人生——对"闲"范畴的文化美学研究》，博士学位论文，复旦大学，2008年。

章辉：《南宋休闲文化及其美学意义》，博士学位论文，浙江大学，2013年。

索　引

A

安乐　103，104

B

白居易　36，61，79，80，95，96，155，367

包弼德　59

本体论　30，102，129，130，132，135，146，149，154－159，165，241，242，280，282，287，288，314，323

C

蔡元培　215，217，260－262，267，270，272，273，278

禅宗　19，47，62－65，142，156，158，161－163，365

畅　13，122，218，239，240，242，292，352

场所精神　176

常快活便是工夫　112，135

超功利　2，13，73，226，292，314，322

超然物外　72，75，76

陈来　105，106，109，112，143，146

程颢　34，51，52，101，103－105，129，139，232

程颐　103－105，107，139

"成人"　215，219，220，222，223，225，226，228，351，352，354，359，360

成于乐　126，360，363，364

《传习录》　37，103，110－113，115－119，130－132，135，136，139，218，220，244，250，285，348

创意思维　228－234，236－240，379

从心所欲不逾矩　2，8，12，23，24，26，101，104，106，109，

110，112，125，133，134，139，219，350，357

D

《道德经》 143，245

道器 323

道法自然 18，99，147，243，309，366

道无方体 135

当下具足 135

顶天立地 15，50，142，250，251，341

《东京梦华录》 41，44

遁世境界 12，24，34-36，114

E

恶闲 5，9，223，352

F

方东美 142

放下 115，116，118，155，159-163，294，315

冯友兰 102，115，126，138，139，150，320，365

G

高峰体验 13，182，218，242，304，352

葛拉齐亚 182，218

各得其分 12-14，19，23，24，30，100，101，120，129，133，134，136，140-142，228，242，332，351，358

观听之学 1，6，14，141，220，286，291，336，343，352

工具理性 123，209，324

H

海德格尔 122，123，173，174，250，255，285，292，313，316，364

好整以暇 262

汉唐气象 60

合规律性 2，226，280，292

合目的性 2，10，226，227，280，292

赫伊津哈 14，182，222，232，242，298，299，332，346

话语体系 12，13，17，21，120，121，125，129，142-144，146，149，153-155，166，170

壶中天地 3，52，65，66，78，95，97，215，341

活泼泼 14，104，111，125，128，131，137，141，332，351

J

寂 155，157

极高明而道中庸 18, 137, 323, 326

假日经济 189

践履 12-15, 61, 105, 121, 124, 128-131, 134, 138, 141, 142, 155, 219, 222, 224, 327, 338, 340, 341, 346-348, 351, 352

践履体验 14, 346

敬畏 20, 26, 67, 98, 101-107, 109-113, 115, 116, 126, 137, 245, 302, 362

杰弗瑞·戈比 14, 144, 163, 211, 217, 218, 222, 235, 239, 332, 346, 366

解脱 61, 64, 146, 149, 155, 163-165, 211, 216, 217, 220, 238, 271, 309, 320, 324, 366

K

凯利 182, 194, 243, 300, 306

康德 191, 192, 261, 270-273, 282, 283, 328, 329, 345, 353

孔颜乐处 19, 23, 101, 102, 113

孔子 18, 19, 25, 38, 70, 89, 99-101, 106, 112, 124-126, 133, 215, 218, 222, 270, 271, 278, 347, 354, 355, 359, 360, 363, 365

L

老庄 18, 37, 99, 145, 146, 149, 150, 153, 154, 243, 246, 319

老子 100, 144-147, 150, 274, 355

乐 19, 37, 101-103, 107-109, 111-114, 118, 120, 125-127, 129, 134, 135, 137, 164, 165, 219

乐能消融渣滓 19, 20

乐生 12, 70, 72, 280, 365

乐为心之本体 20

理论品格 340, 341

李渔 68, 95, 155, 243, 302

李泽厚 51, 60, 133, 165, 280

理查德·舒斯特曼 283, 333, 334

良知现成 135

《林泉高致》 79, 86, 91

林泉之志 91, 92

林下风流 19, 23, 101

陆九渊 91, 130

卢梭 35, 198-200

《论语》 223, 355, 360

罗伯茨 185, 186, 190

M

马克思 180, 192, 196, 197, 217,

221, 228, 242, 246, 261, 265, 281, 295, 317, 318, 321, 366

马斯洛　194, 195, 197, 218, 242, 368

美学经济　11, 170, 349, 353

《梦粱录》　41, 48, 95

蒙培元　32, 163, 276

孟子　12, 29, 34, 78, 124, 277, 355

牟宗三　130

N

《你生命中的休闲》　163, 182, 235, 290

P

平常心　161, 162

Q

奇克森特米哈伊　182, 218, 239, 242

气质之性　134

恰到好处　13, 30, 32, 85, 129, 133, 137, 141, 219, 358

恰如其分　13, 19, 30, 100, 121, 129, 133, 134, 138, 140, 141, 219, 226, 354, 357-359, 363, 370

《清明上河图》　20, 52, 58, 65

R

人本哲学　7, 8, 38, 168, 184, 258, 259, 349, 350

人本心理　7, 194, 195, 240

《人类思想史中的休闲》　14, 144, 235, 239, 332, 346

人生境界　2, 8, 28, 33, 38, 39, 76, 100, 102, 104, 106, 107, 109, 121, 125, 138, 152, 155, 169, 267, 273, 278, 280, 338, 349, 350, 354

人生论美学　257, 268, 269, 275, 283, 284

人生态度　8, 18, 38, 63, 76, 92, 99, 136, 169, 303

人生体验　8, 28, 102, 169, 225, 267, 268, 284, 349

人生哲学　18, 61, 67, 100, 284

仁智境界　87, 89

S

洒落　18, 20, 55, 61, 67, 77, 98, 99, 101-113, 115, 116, 118, 126, 135, 239, 245, 250, 256, 302, 367

山水之心　86, 87

邵雍　51, 77-79, 86, 271, 278

舍得　160

身体感官机制　327，336，338，345

身闲　12，29，63，69，81，93，151，302

身心体认　124，128

身心之学　1，6，14，141，220，286，291，336，343，352

审美教育　108，127，128，215，218-220，223，224，227，257，258，261，262，286，297，346-348，359

《审美教育书简》　292，353

审美境界　1-3，6，10，12，24，33，75，103，113，116-119，132，141，152，155，163，165，292-294，297，301，304，334，339，342，350

审美救赎　168，316，321

审美满意度　304

审美生存　18，366

审美思维　227，240，241，252，254，255，262

审美无功利　270，272-274，283

生存境界　2，3，5-7，17，33，67，216，276，286，287，290，292，293，336，341-343，349，350，355

生存论　5，8，280-282，287，288，342

生活满意度　13，352

生活美学　63，257，268，269，276，277，280-284，286，287，291，305

事上工夫　113，125，128，131

诗意栖居　65，289，290

叔本华　270-275，278

斯特宾斯　108

思维张力　167，214，215

《四书集注》　127，220，360

宋型美学　60

宋元境界　60

私人领域　27，28，47，71，82

苏轼　27，30，33，51，56，57，61，62，64，65，72-76，80，83，86，87，89，93，94，97，134，155，243，271，302，335

俗闲　5，9，223，352

随兴休闲　108

随缘任运　141，155，159，161-163

梭罗　198-200

T

陶渊明　35，61，64，78，154，367

体验经济　10，11，15，169，290，291，312，341，353，369

天地境界　28，95，137，138，280，320，366

天地之教　87，88

天地之性　108，134，135

天人合一　13，19，25，30，97，100，103，105，119，121，126，137－139，165，166，277，278，340

W

玩物适情　12，13，19，20，33，58，68，72，120，126，127，218，219，222，223，227，244，268，313，347，352，360

万法本闲　155，159，165

王国维　270－273，278

王龙溪　37，114，115，137

王阳明　20，25，36，37，98，102，103，109，111－118，125，128，130－132，135，137，139，218，220，249，250，255，277，348，355，364，366，367

微时代　171，198，200－213，256，380

文化产业　10，11，169，170，186－188，240，290，291，295，353

文化创意　240－242，244，245，250－252，254，255

文明以止　133，142，357，358

悟　63，160

无可无不可　19，38，50，60－62，100，115，309，355

物化世界　9，152，226

无入而不自得　19，23，28，36，80，100，102，109，112，114，116－118，126，139，141，224，244，251，340，355，367

无善无恶心之体　37，112，114，137，139，366

无往而非乐　8，19，23，36，74，100，112，114，117，129，139，224，336，350，356

无为　18，25，30，32，37，99，101，115，142－154，162，243，274，356

物闲　12，23，30，63

无用之用　246

X

席勒　151，216，217，261，292，347，353，359

《闲情偶寄》　68，243

闲适　24，25，31，34－36，51，53，72，74，77，78，80，82，91，96，104，242，314

闲田地　155，158

闲暇　2，3，7－9，25，27，28，30－32，35，38，42，43，46，49，74，76，98，147－149，151，169，188－190，192，206－209，211，212，227，231，239，248，257－263，266，268，297，298，303，310，314，321，324，354

《闲暇：文化的基础》　149，151，231，234，297

新儒学　23，126

《心经》　159，160

心上工夫　113，125，128，131，252

心适　12，23，30，31，63，242，333，334

心闲　12，29，31，37，63，69，72，73，75，77，81，151，242，302

心性本闲　157－159

逍遥　18，32，53，63，69，72，75，77，81，87，99，103，111，143，150－154

谐世境界　12，24，36，114

幸福指数　13，290，352

熊十力　124

胸次悠然　18，19，38，99，100，102，126

休闲本体　24，25，28，71，111，133

休闲工夫　28，29，111，136，140，159，162

休闲环境　29，177－181

休闲价值　160，182，225，297，351

休闲教育　5，228，230，233－240，257－268，296，297

休闲境界　4，8，9，12，32，33，35－38，72，77，95，98，100－102，111，113，114，116，138，140，141，145，152，155，163，164，169，293，302，303，321

休闲空间　92，178，179，194，258，265，268

休闲旅游　8，188，189，226，296

休闲美学　1，2，4－7，10－15，21，33，66，120，142－144，149，150，153－155，166，168－170，257，269，287，294，296，304－308，310，311，313，315，316，320－327，331－334，336－338，340－344，346，349－353

休闲情境　243，334

休闲社会　3，46，49，215，312，341，356，366

休闲时代　9，171，172，198，200，225，257，266，286，

289，293－295，315，354，357，366，370

休闲实践 10，33，34，310，320，321，323

休闲体验 8，11，13，103，104，107，170，188，191，196，203，208，209，296，304，309，315，321，335，351－353

休闲文化 1－13，18，39，42，44，46－48，51，59，67，72，77，85，86，94，120，154，155，168，169，179，182，188，215，225，226，294－297，301，303，305，306，311，341－343，349，352，380－383，385

《休闲宪章》 237

休闲消费 5，8，9，15，44，46，177，183，189，196，225－227，294，296，318，341，368－370

休闲心理 8，296

休闲需求 8，71，86，184，190，191，257

休闲学 1，4－6，15，28，29，120，122，134，141，142，145，149，163，176，182，217，257，290，292，296，298，300，305，313，323，341，366，381，382

休闲异化 206

休闲运动 189，351

休闲制约 28，107，108，197，313

徐复观 146，356

虚静逍遥 19，23，101

寻乐顺化 103，120，122，126，141，142，309

Y

雅闲 9，223

亚里士多德 98，214，227，263，297，298，309，314，321，354

严肃休闲 108

阳明心学 20，23，67，97，98，109，116

异化 5，9，25－27，34，79，80，143，150，151，168，192，194，197－200，206，210，212，213，217，221，225－227，294，305，308，318，321，323－325，352

艺教 19，127，128

《易传》 13，30，134，137

优游 34，72，75，83，135，153，154

游憩空间 179－181

游世 142，146，150－155

游戏 13，14，77，114，122，127，145，146，148，151，

152，154，173，174，182，
186，194，219，222，224，
232，239，242，245，256，
267，268，292，297-300，
318，328，332，344，346，
347，352，353，367

《游戏的人》 182，298，299

游戏说 292

游艺 20，128，218，220，224，295

游于艺 19，20，58，127，215，218，222，244，347，360

于光远 4，25，188，190，219，257

鸢飞鱼跃 38，102，104，126，132，137

袁宏道 35，155，302

原始儒学 98-102

悦则本体渐复 20，111，135

约瑟夫·皮珀 27，144，149，151，231，297

Z

曾点 18，19，38，77，90，99，100，355，356

曾点之乐 18，19，23，97-99，101，102，140，309，335，355

张载 108，130，132，134

真空妙有 141

中隐 36，61，65，79-81，367

《中庸》 13，30，105，110，124，126，133，137，139

周敦颐 77，104，118，126

《周易》 133，279，355，358

朱光潜 266，273-275，278，279，283，343，344

朱熹 13，18-20，30，33，51，58，72，77，86，87，90，91，94，97，99，100，102，103，105-107，126，127，129，130，132，133，135，139，218，220-223，232，242，244，249，268，347，348，358，360-362

《朱子语类》 107，112，127，130，132，139，371

庄子 30，31，35，36，47，64，72，90，91，114，143-152

《庄子》 32

自得境界 12，24，34，36，37，113，114，138，232

自慊 117，125，136，139

自适 28，30-32，36，72-75，85，114，139，148，242

滋味 160，165，196

自由 2，3，6-10，13-15，18，20，26-28，33-39，42，43，47，51，64，66，68，71，73，

74，78，91，98，99，102，104，106，107，109，110，114，117，119，123，126－128，133，137－139，141－143，145－149，151－153，155，157，160－163，168，169，179，181，182，190－197，199，206，209－211，213，215－229，231－244，247－249，251，258，259，261－265，268，274，275，286，287，292，295，297，309，310，313－315，317，318，320－327，331－334，336，338，340，341，344，346，347，349－354，356，357，359－362，365，366，370

自在生命 2，14，37，38，114，137，139，141，142，182，209，216，221，226，241，292，323，326，332，336，340，350－352，370

终极识度 20，121，125，129，170

宗白华 273，278－280，283

《走向自由——休闲社会学新论》 182，194，220，300，306

后　　记

本书为潘立勇负责承担的国家社科基金一般项目"当代休闲文化的美学研究与理论建构"（项目批准号为：15BZX11）最终成果，由潘立勇主撰，其指导的博士撰写或合写了若干章节。本课题是负责人对此前完成的国家社科基金项目"审美与休闲：和谐社会的生存方式和生存境界"（07BZX065）的延伸与拓展，前课题主要研究审美与休闲的关系及两者对和谐社会的人本意义，本课题则进一步研究审美对于提升休闲文化的意义，在此基础上构建中国特色的当代休闲美学，进而解决休闲美学的理论品格、身体机制、话语体系、中西比较等基础性理论问题。

本课题旨在回应当代中国休闲文化发展及其美学研究存在主要问题：在理论领域，存在"言必称希腊"的现象，西方休闲文化及理论呈现扩大、渗透的文化殖民倾向，中国休闲话语权严重不足，不少理论研究流于空洞和雷同，原创性不足、领域开拓不足、实践深入不足，美学尚未在休闲文化领域发挥其深入、全面的引导和提升的现实人文功能，休闲美学尚未原创性地、系统深入地建构；在现实领域，休闲消费的异化现象频出、休闲作为炫耀性符号功能被夸大、有些休闲方式流于"俗闲"乃至"恶闲"；休闲活动及载体过于产业化、标准化，背离休闲自由实现人性需求的本质，"微时代"技术带来的休闲变革又产生了两重性影响。鉴于当代中国休闲文化及其美学研究的现状和问题，如何使休闲真正重返人性自我创造、自我完善的本质，学会聪明地休闲、把握生存的审美境界，在中西比较中深入发掘和弘扬中国本土民族传统的休闲审美精神智慧和话语体系，构建当代中国休闲文化和休闲美学的中国独特话语和理论体系，以资在国际休闲和审美领域与西方平等对话，是当代中国休闲学和美学研究的当务之急，也是本课题研究的主要目的。

本研究对当代中国休闲发展的现实意义是通过美学理论和审美境界引导健康的休闲文化，提升国民的休闲生活品质，使"日常生活审美化"有切实介入国民生存状态的现实途径，美学提升休闲，引导当代健康的休闲文化，休闲文化丰富美学，推动审美切入人本生存，两者相得益彰，共同提升国民的生活品质，在现实地满足人民群众对美好生活追求的过程中起到人文引导作用；对当代中国美学发展的理论意义是通过审美与休闲内在关系的研究，使美学从较为纯粹的"观听之学"成为更为丰富生动的"身心之学"，并通过对中国传统休闲审美理论智慧和本土话语资源的深入系统发掘、整理，并作创造性转化、创新性发展，在此基础上构建具有中国特色的当代休闲美学理论体系，丰富中国美学的文库。由此试图达到三个目的：一是促进中国当代休闲文化研究的深入，二是深化审美研究的社会人文功能，三是推进中国休闲美学的原创建构。

全书分上下两篇，上篇为"传统中国休闲审美的理论智慧、生存境界和话语体系"，由"传统中国休闲审美的理路和走向"、"传统中国休闲审美的生存境界"和"传统中国休闲审美的话语体系"三章构成。本篇从休闲审美思想和文化的历史发展和走向切入，深入系统地梳理了传统中国从先秦原始儒家、道家、魏晋玄学，到隋唐中国化的佛家，乃至宋明新儒学源远流长的休闲理论和哲学智慧，勾勒了其独特而深刻的休闲审美哲学内在的理路和休闲文化发展的脉络；着重分析了宋代休闲文化繁荣导致的美学转向、形成的休闲旨趣和境界,揭示宋代社会的转型特征,指出宋代美学在追求理性的同时,又走向生活,走向休闲,并深入地剖析了阳明心学通过本体工夫论对"敬畏"与"洒落"矛盾张力的化解所达到的休闲审美智慧和境界;最后系统地梳理分析了儒道释三家各自异中有同、殊途同归的休闲审美旨趣,及其基于"本体—工夫—境界"理路的话语和体系,分析它们如何以"天人合一"作为终极识度,以休闲审美作为沟通、融合天人的工夫,最终圆成"本体—工夫—境界"的独特的中国休闲审美本土话语和理论体系。

下篇为"当代中国休闲审美的社会实践、思维张力和理论构建",由"当代中国休闲审美的社会实践"、"当代中国休闲审美的思维张力"、"当代中国休闲美学的建构脉络和需求"和"当代中国休闲美学的理论构建"四章构成。与传统社会注重较为外在的物质性需求不同,休闲时代人们追求更为内在的精神性体验,这在人们的生活状态、栖居环境、产业内涵、娱乐方式等各方面均带来了巨大的变化。本编先着重就当代的存在与栖居环境、休闲产业的人本内涵、"微时代"(数字化时代)的休闲变革及其两重性影响等方面做概要性的探讨;进而将休闲审美精神体验及其思维活力对于人类相关精神活动及其创造的引领和影响力视为思维张力,探讨了休闲和审美精神状态和活动体验,对于人类教育、文化创造等精神活动所具有的重要引领、催动和影响力;接着梳理了中国休闲美学建构的现代脉络,从传统中国到现代中国,艺术化人生观念、艺术和审美教育传统,不但源远流长,从来未曾中断,而且在现代中国,受过国际化现代教育和学术熏陶的人文学者开始借西鉴古,一方面引进、借用西方的现代学术观念,另一方面更深入地发掘、借鉴传统中国的思想资源和话语,在休闲审美研究领域已经有了重要的理论建树,从现代人生论美学到当代生活美学及相关理论形态发展转化,成为当代中国休闲美学构建的内在传承脉络。而当代中国休闲时代的全面到来，休闲需求的全方位凸显，则对当代中国休闲美学建构发出了现实吁求。针对当代中国社会的生产方式、生活状态和精神需求发生的重大变化，传统的劳动和消费以体力劳动和物质需求为基础和价值支点，到当代以智能劳动和精神体验为基础和价值支点的转向，作为研究人类通过情感体验和对象性观照的方式把握世界的精神哲学，美学的形态也需要适应时代与社会的变化，切入新的人本体验场域，构建更吻合人们精神需求和体验的理论形态，本篇进而探讨了当代中国休闲美学构建的新语境。与传统的哲学、心理、艺术美学不同，休闲美学在观照领域、身体机制、社会功能等方面都需要拓展与超越，据此，本编最后从（1）哲学基础：人本自由与本真体验；（2）观照对象：自由而本真的生命形态；（3）涉身机制：全身心的体验与践履；（4）社会功能："成人的过程"；（5）应用价值：体验经济等方面系统、深入地探讨了当代中国休闲美学的理论品格，以作为构建的理路基础。

可以说，本书首次较为系统地揭示了审美与休闲的内在关系及其以审美提升休闲文化的实践意义，并对休闲美学的理论品格和逻辑结构做了深入分析，提出建设性的设想。其中对审美和休闲的人本意义、应用价值、身体机制及审美与休闲的中国话语、理论品格的研究均具有原创性意义。其学术价值体可现在：（1）拓展当代美学研究的内涵与外延，推动美学回归当下生活；（2）提升休闲文化研究的境界，强化休闲作为人的一种存在方式的哲学内涵；（3）初步勾画休闲美学的理论品格和逻辑体系；（4）初步梳理休闲与审美研究的中国本土话语和体系。相对于已有研究，本课题在本体理论上研究更为深入，更具创新，更有学科交叉性，在现实关注上更加切入社会和时代的新的生活方式和精神需求，既顶天又立地。本课题研究形成的学术观点已多为学界引用，也在社会上引起了重要的反响。

书中文本全部已在学术刊物以系列论文形式发表，最终根据统一主旨和内在脉络，整合修改成专著，其中若干章节因本书逻辑结构需要而对原文题目作了调整。兹将相关论文原刊及作者信息做必要说明。代序：当代中国休闲文化的美学研究与理论建构（潘立勇，原刊于《社会科学辑刊》2015年第3期）。第一章第一节"传统中国休闲审美思想的内在理路"（潘立勇、陆庆祥，原刊于《社会科学辑刊》2011年第4期）；第二节"传统中国休闲文化的繁荣与美学转向"（潘立勇，原刊于《浙江社会科学》2013年第4期）。第二章第一节"宋代休闲审美的人生哲学和境界"［潘立勇、陆庆祥，原刊于《浙江大学学报》（人文社科版）2013年第3期］；第二节"宋代士人日常生活的休闲审美风范和旨趣"（潘立勇、陆庆祥，原刊于《哲学分析》2013年第1期）；第三节"阳明心学的休闲审美智慧与境界"（潘立勇，原刊于《广西民族大学学报》2021年第2期）。第三章第一节"儒家休闲审美的话语与体系"（潘立勇，原刊于《社会科学辑刊》2016年第4期）；第二节"道家休闲审美的话语与体系"（陆庆祥，原刊于《社会科学辑刊》2016年第4期）；第三节"佛家休闲审美的话语与体系"（吴树波，原刊于《社会科学辑刊》2016年第4期）。第四章第一节"存在与栖居的休闲审美观照"（潘立勇、章辉，原载《湖泊休闲旅游研究》，江西出版社2015年6月版）；第二节"休闲产业的人本内涵与价值实现"（潘立勇、汪振汉，原刊于《江苏行政学院学报》2019年第6期）；第三节"'微时代'的休闲反思"（潘立勇、寇宇，原刊于《浙江社会科学》2018年第12期）。第五章第一节"休闲与美育"（潘立勇，原刊于《美育学刊》2016年第1期）；第二节"休闲教育与创意思维"（潘立勇、武晓玮，原刊于《浙江大学学报》2019年第2期）；第三节"休闲、审美与文化创意"（潘立勇，原刊于《湖南社会科学》2017年第6期）。第六章第一节"民国时期的休闲教育与审美教育理论建构"（叶设玲，原刊于《美育学刊》2016年第1期）；第二节"从现代人生论美学到当代生活美学"（潘立勇、刘强强，原刊于《陕西师范大学学报》2020年第4期）；第三节"走向休闲——中国当代美学不可或缺的现实指向"（潘立勇，原刊于《江苏社会科学》2008年第4期）；第四节"休闲美学建构的社会文化基础与吁求"（章辉，原刊于《社会科学辑刊》2015年第3期）。第七章第一节"当代中国休闲美学构建的语境"（潘立勇、张耀天，原刊于《枣庄学院学报》2020年第1期，由张耀天初稿刊发，在整合成本书章节时由潘立勇作了重大改写，题目也做了改动）；第二节"休闲美学的身体感官机制"（朱璟，原刊于《社会科学辑刊》2015年第3期）；第三节"休闲美学的理论品格"（潘立勇，原刊于《杭州师范大学学报》2015年第6期）。余论"休闲与审美的人生境界"（潘立勇，根据深圳大学城"名家讲座"录音整理而成）

在此特别感谢浙江大学人文学院哲学系对本书的出版资助，感谢本人指导、已在高校工作的章辉博士帮助整理"索引"，朱璟博士帮助整理"主要参考文献"，也感谢中国社会科学出版社责任编辑朱华彬副编审为本书的辛勤细致工作。

潘立勇
2021年春